# FORTSCHRITTE DER CHEMIE ORGANISCHER NATURSTOFFE

EINE SAMMLUNG VON ZUSAMMENFASSENDEN BERICHTEN


UNTER MITWIRKUNG VON

A. BUTENANDT · F. KÖGL · E. SPÄTH
BERLIN UTRECHT WIEN

HERAUSGEGEBEN VON

L. ZECHMEISTER
PÉCS


## DRITTER BAND


BEARBEITET VON

R. J. ANDERSON · O. DIELS · F. G. FISCHER
L. PAULING · W. SIEDEL


MIT 10 ABBILDUNGEN IM TEXT

WIEN
VERLAG VON JULIUS SPRINGER
1939

ISBN-13: 978-3-7091-7187-5 E-ISBN-13: 978-3-7091-7186-8
DOI: 10.1007/978-3-7091-7186-8



SOFTCOVER REPRINT OF THE HARDCOVER 1ST EDITION 1939

# Inhaltsverzeichnis.

# Bedeutung der Dien-Synthese für Bildung, Aufbau und Erforschung von Naturstoffen.

Von O. DIELS, Kiel.

## Einleitung.

### Eigenart der Dien-Synthese.

Trotz des Reichtums an synthetischen Methoden, über den die moderne organische Chemie verfügt, ist die Zahl derjenigen verschwindend gering, deren Bedeutung sich auf ihrem Gesamtgebiet auszuwirken vermag. Eigentlich sind es nur die FRIEDEL-CRAFTSsche und die BARBIER-GRIGNARDsche Reaktion, die eine Ausnahme machen. Sie haben sich daher im Laufe von Jahrzehnten zu einem unentbehrlichen Forschungsprinzip des Organikers entwickelt.

Auch die *Dien-Synthese* darf man mit Fug und Recht dazuzählen. Zwar ist die Erkenntnis ihres Prinzips [DIELS und ALDER (*1*)] weit jüngeren Datums, aber die seit diesem Zeitpunkt verflossenen zwölf Jahre haben genügt, uns einen Begriff von ihrer Vielseitigkeit und von ihrer Bedeutung für die organisch-chemische Forschung zu geben.

Es hat sich dabei herausgestellt, daß die Dien-Synthese in ihrer Eigenart den zuerst genannten, altbewährten Forschungsprinzipien in gewissem Sinn überlegen ist, ja daß sie in der Gesamtheit der organisch-chemischen Methoden eine exklusive Stellung einnimmt. Man wird dies begreifen, wenn man sich von den Ursachen, vom Verlauf und von der Art der Reaktionsprodukte der Dien-Synthese ein Bild zu machen sucht.

Die an ihrem Verlauf regelmäßig beteiligten Partner sind „*Diene*" und „*philo-diene Komponenten*". Die Diene enthalten ein System „konjugierter Doppelbindungen", während die philodienen Komponenten durch eine „aktive" Doppel- oder durch eine Dreierbindung ausgezeichnet sind. Durch die „ungesättigten Potentiale" nun, die bei den „Dienen" in der 1,4-, bei den „philodienen Komponenten" in der 1,2-Stellung massiert sind, kommt es zu einem gegenseitigen Ausgleich der Reaktionspartner und zu einer *Adduktbildung*, die offenbar deswegen so außerordentlich begünstigt ist, *weil sie zu sechsgliedrigen Ringsystemen* führt:

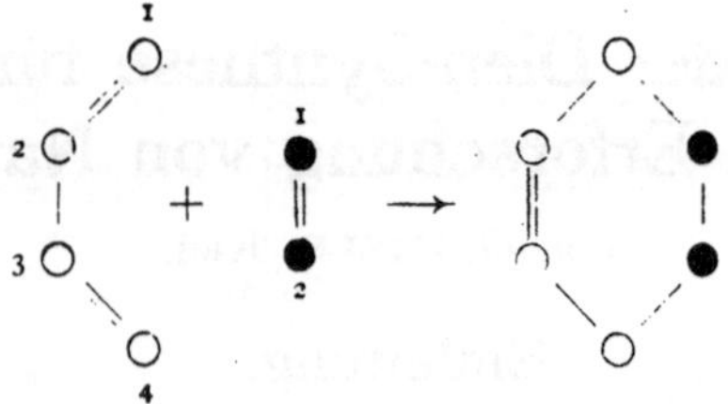


Dabei tut es im Prinzip nichts zur Sache, ob sich die *Diene* von *offenen Ketten*, von isocyclischen oder von heterocyclischen *Ringsystemen* ableiten und von welcher Art die philodienen Komponenten sind, vorausgesetzt, daß sie eine genügend „aktive" doppelte oder dreifache Bindung enthalten. Um dies noch an einem weiteren Beispiel zu zeigen, sei der Ablauf einer Dien-Synthese zwischen einem *cyclischen* Dien und einer philodienen Komponente mit *dreifacher* Bindung schematisch dargestellt:

Auch für den Fall, daß die „aktive" Doppelbindung, wie z. B. bei den *Azo-dicarbonsäureestern*, zwischen *N-Atomen* liegt, verläuft die Dien-Synthese völlig glatt und in typischer Weise (*2*):

Man hat Grund zu der Annahme, daß *sämtliche* bisher beobachteten Adduktbildungen zwischen Dienen und „philodienen Komponenten" *primär* im Sinne der im vorhergehenden skizzierten Schemata verlaufen, auch wenn sich die Primärprodukte nicht fassen lassen, sondern *„unter Wasserstoffverschiebung" stabilisieren*. Wenn z. B. aus α-Methyl-pyrrol und Maleinsäure ein Addukt von der Struktur einer α-Methyl-α'-pyrrol-bernsteinsäure entsteht (*3*), so dürfte es sich dabei ziemlich sicher um den Ablauf folgender Reaktionen handeln, die in der ersten Phase eine *echte* Dien-Synthese vorstellen, aber im Endeffekt auf eine *„substituierende Addition"* hinauslaufen. Derartige Fälle sind außerordentlich zahlreich.

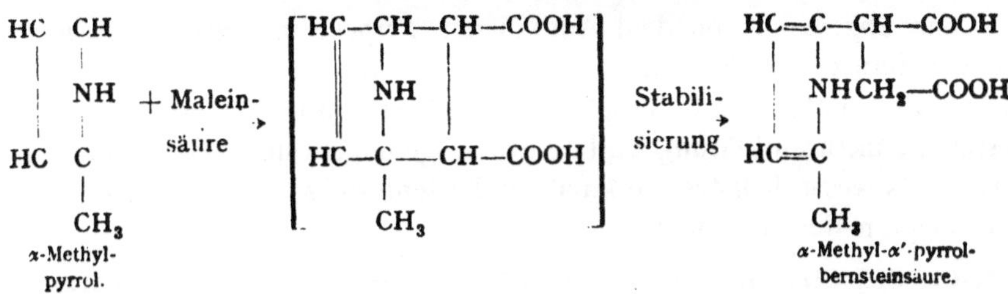


Aus alledem ergibt sich, wie nicht im einzelnen gezeigt werden soll, daß das Prinzip der Dien-Synthese zu den allermannigfaltigsten Verbindungstypen führen muß (4) und daß zu diesen voraussichtlich auch zahlreiche Vertreter gehören werden, wie sie von der *Natur* in verschwenderischer Fülle und vom verschiedenartigsten Bau gebildet werden.

Diese Vermutung wird noch wahrscheinlicher durch die Erkenntnis, daß sich die Dien-Synthese aus der überwältigenden Mehrzahl der anderen organischen Synthesen durch eine *besondere Eigentümlichkeit heraushebt*: Sie verläuft in sehr vielen Fällen völlig *freiwillig*, also ohne Anwendung von Katalysatoren, „Kondensationsmitteln" oder von irgendwelchen anderen Stoffen, wie sie sich in der organisch-präparativen Praxis bei nahezu sämtlichen Synthesen als unentbehrlich erweisen. Freiwillig auch insofern, als die das Wesen der Dien-Synthese ausmachende Adduktbildung häufig genug *bei Zimmertemperatur* stattfindet.

Die Eigenart der Dien-Synthese, die sich nicht bloß in der Fülle der durch sie erschlossenen Möglichkeiten, sondern ebenso sehr in ihrem freiwilligen, glatten Verlauf ausprägt, hat von Anbeginn an zu großen Hoffnungen für die *Erforschung von Naturprodukten* berechtigt. Inwieweit sich diese erfüllt haben, soll in den folgenden Abschnitten mitgeteilt werden, in denen die Bedeutung der Dien-Synthese für Bildung, Aufbau und Erforschung der Naturstoffe zum Gegenstand einer kurz zusammenfassenden Betrachtung gemacht wird.

## I. Bedient sich die Natur der Dien-Synthese als Aufbauprinzip?

Man war schon längst darauf aufmerksam geworden, daß eine große Zahl von Naturstoffen zum *Isopren*

$$\begin{array}{l} H_2C\cdot C{-}CH\ \ CH_2 \\ \qquad\ \ | \\ \qquad CH_3 \end{array}$$

Isopren.

in Beziehung steht. Aber erst die Forschungen der letzten Jahre haben gezeigt, wie weit dies geht, und daß es sich hierbei vielfach um solche Verbindungen handelt, denen im biologischen Geschehen eine besonders wichtige Rolle zufällt.

Denn abgesehen von dem Aufbau der *Terpene* und des *Kautschuks* aus den Bausteinen des genannten „Diens", hat sich ergeben, daß auch der als Bestandteil des Chlorophyllfarbstoffs erkannte Alkohol *Phytol* — dessen Strukturaufklärung und Synthese gelungen sind [F. G. Fischer (5)] — als wesentlichstes Merkmal die kettenförmige Aneinanderreihung von Isopren-Resten zeigt:

$$CH_3{-}\underset{\substack{|\\ CH_3}}{CH}{-}CH_2{-}CH_2{-}CH_2{-}\underset{\substack{|\\ CH_3}}{CH}{-}CH_2{-}CH_2{-}CH_2{-}\underset{\substack{|\\ CH_3}}{CH}{-}CH_2{-}CH_2{-}CH_2{-}\underset{\substack{|\\ CH_3}}{C}{=}CH{-}CH_2OH$$

Phytol.

Besonders auffällig tritt uns ferner diese „Isopren-Verkettung" bei den *Carotinoiden* entgegen, wo wir z. B. im *Lycopin* einer Substanz mit 8 miteinander verankerten Isoprenresten begegnen:

$$\left[CH_3{-}\underset{\substack{|\\ CH_3}}{C}{=}CH{-}CH_2{-}CH_2{-}\underset{\substack{|\\ CH_3}}{C}{=}CH{-}CH{=}CH{-}\underset{\substack{|\\ CH_3}}{C}{=}CH{-}CH{=}CH{-}\underset{\substack{|\\ CH_3}}{C}{=}CH{-}CH{=}\right]_2$$

Lycopin.

und wo auch die *Carotine* selbst und ebenso das *Crocetin* nach demselben Prinzip aufgebaute Moleküle sind.

$$\left[\begin{array}{l} \quad H_2C \quad CH_3 \\ \qquad\ \diagdown\ \diagup \\ \qquad\ \ C \\ H_2C \diagup \quad \diagdown C{-}CH{=}CH{-}\underset{\substack{|\\ CH_3}}{C}{=}CH{-}CH{=}CH{-}\underset{\substack{|\\ CH_3}}{C}{=}CH{-}CH{=} \\ H_2C \diagdown \quad \| C{-}CH_3 \\ \qquad\ CH_2 \end{array}\right]_2$$

β-Carotin.

$$HOOC{-}\underset{\substack{|\\ CH_3}}{C}{=}CH{-}CH{=}CH{-}\underset{\substack{|\\ CH_3}}{C}{=}CH{-}CH{=}CH{-}CH{=}\underset{\substack{|\\ CH_3}}{C}{-}CH{=}CH{-}CH{=}\underset{\substack{|\\ CH_3}}{C}{-}COOH$$

Crocetin.

Da ferner das *Vitamin A* als im Organismus gebildetes Abwandlungsprodukt des *Carotins* die Struktur

$$\begin{array}{l} \quad H_3C \quad CH_3 \\ \qquad\ \diagdown\ \diagup \\ \qquad\ \ C \\ H_2C \diagup \quad \diagdown C{-}CH{=}CH{-}\underset{\substack{|\\ CH_3}}{C}{=}CH{-}CH{=}CH{-}\underset{\substack{|\\ CH_3}}{C}{=}CH{-}CH_2OH \\ H_2C \diagdown \quad \| C{-}CH_3 \\ \qquad\ CH_2 \end{array}$$

Vitamin A.

besitzt und durch die Synthese des *Tocopherols* aus Trimethyl-hydrochinon und Phytyl-bromid auch der Bau des *Vitamins E* klar zutage liegt [Karrer, Fritzsche, Ringier und Salomon (6)], so ergibt sich, daß auch diese lebenswichtigen Stoffe durch eine Kette von Isoprenresten ausgezeichnet sind.

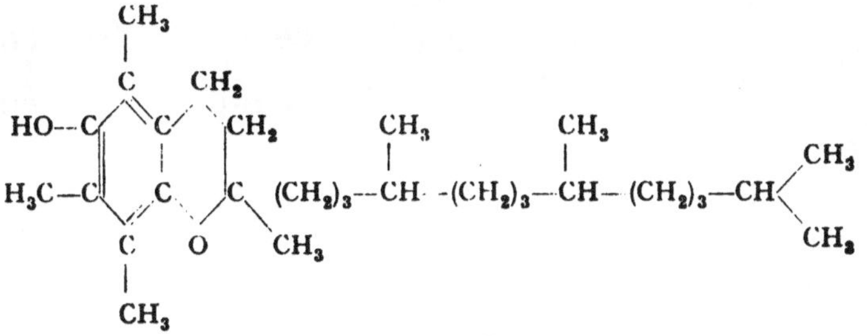

```
        CH3
        |
        C   CH2
HO--C//  \C/   \CH2          CH3              CH3
    ||    |     |             |                |               CH3
H3C--C\\  C    C\  (CH2)3--CH -(CH2)3--CH- (CH2)3--CH<
        \/ \  /  \                                           CH3
        C   O     CH3
        |
        CH3
```

Vitamin E.

Bedenkt man endlich, daß auch die *Sterine*, die man als kompliziertere Terpenalkohole auffassen kann und die wegen ihrer Beziehungen zu den *Gallensäuren*, *Vitaminen*, *Sexualhormonen* und zu anderen Verbindungsklassen ein besonderes Interesse beanspruchen, ihre Beziehungen zum Isopren nicht verleugnen können, so gewinnt die Frage eine besondere Bedeutung, nach welchem Aufbauprinzip die Natur bei der Bildung aller dieser bedeutsamen Stoffe vorgeht?

Man hat dazu in der neueren und neuesten Zeit wiederholt Stellung genommen, ohne daß indessen eine allseitig einleuchtende Entscheidung getroffen werden konnte.

Wenn z. B. von ASCHAN (7) die Vermutung ausgesprochen wird, „daß es unwahrscheinlich sei, daß der *Kohlenwasserstoff* (Isopren) tatsächlicher Baustein bei der Synthese in der Zelle ist und daß die Bildung (der Verbindungen mit Isoprenketten) verständlicher erschiene aus entsprechend konstituierten, reaktionsfähigen *Hydroxyl-* oder *Carbonylverbindungen*", so darf man vielleicht darauf hinweisen, daß diese Ansicht *vor* der Entdeckung des Prinzips der *Dien-Synthese* ausgesprochen worden ist.

Die Feststellung, daß man dem *freien Isopren* bisher in der Pflanze nicht begegnet ist, scheint mir kein genügender Grund, nicht ***mit einer vorübergehenden Bildung dieses Diens*** beim Ablauf des biologischen Geschehens ***zu rechnen.*** So wenig man mit voller Sicherheit den Formaldehyd als Assimilationsprodukt des Kohlendioxyds in der Pflanze oder die Brenztraubensäure als höchst wichtiges „Zwischenglied" der alkoholischen Gärung in Substanz fassen kann, so wäre meines Erachtens auch eine „Interimsbildung" von Isopren in der Pflanze durchaus denkbar. Die Frage wäre bloß nach dem Ursprung des Isoprens und nach der Art seiner weiteren Umwandlung in die Produkte, als deren Baustein es auftritt.

Was zunächst das erstere Problem betrifft, so wäre die Bildung des *Isoprens* durch den Ablauf folgender Vorgänge denkbar [ASCHAN (*8*)]:

$$CH_3{-}CO{-}CH_3 + CH_3{-}CHO \xrightarrow{\text{Aldolisierung}} H_3C{-}C(OH)(CH_3){-}CH_2{-}CHO \xrightarrow{\text{Reduktion}} H_3C{-}C(OH)(CH_3){-}CH_2{-}CH_2OH \xrightarrow{2\,H_2O} H_3C{-}C(=CH_2){-}CH{=}CH_2$$

Für die weitere Umwandlung des „Diens" in die zahlreichen, teils ketten-, teils ringförmigen Verbindungen, als deren „Baustein" es erscheint, stehen dem pflanzlichen Organismus vielfache Methoden der Verankerung, der Reduktion, der Oxydation, der Hydrierung und Dehydrierung, der Wasser-abspaltung und -anlagerung usw. zur Verfügung, und ich halte es für sehr wahrscheinlich, daß auch das Prinzip der *Dien-Synthese* in irgendeiner Form zur Wirkung kommt. Jedenfalls will mir eine solche Auffassung nicht minder gerechtfertigt erscheinen, als wenn man die Bildung der „Isoprenketten" durch *Aldol-kondensation* entsprechender Aldehyde mit darauf folgender Wasserabspaltung zu deuten versucht:

$$CH_3{-}CHO + CH_3{-}CH_2{-}CHO \longrightarrow CH_3{-}CH(OH){-}CH(CH_3){-}CHO + CH_3{-}CH_2{-}CHO \longrightarrow$$

$$\longrightarrow CH_3{-}CH(OH){-}CH(CH_3){-}CH(OH){-}CH(CH_3){-}CHO \quad \text{usw.}$$

$$CH_3{-}CH(OH){-}CH(CH_3){-}CH(OH){-}CH(CH_3){-}CHO \xrightarrow{-2\,H_2O} CH_3{-}CH{=}C(CH_3){-}CH{=}C(CH_3){-}CHO$$

Man wird meines Erachtens der Wahrheit am nächsten kommen, wenn man das Auftreten so zahlreicher Naturprodukte mit „Isopren-Verkettungen". im wesentlichen durch ein *Zusammenwirken von Aldol-Kondensation und Dien-Synthese* erklärt, also durch zwei Reaktionen, die beide durch die Leichtigkeit ihres Verlaufes den in der Natur herrschenden Verhältnissen Rechnung tragen.

## II. Künstliche Gewinnung von Naturprodukten durch Dien-Synthese.

Wie oben dargelegt worden ist, führt die Dien-Synthese zur Bildung von carbo- oder heterocyclischen *Sechsringen*. Da nun gerade derartige Systeme in schier unerschöpflicher Fülle in der Natur auftreten — man denke z. B. an *Terpene*, *Sesquiterpene*, *Alkaloide*, *Sterine*, *Gallensäuren*, *Vitamine*, *Hormone*, *Bitterstoffe*, *Saponine* u. a. —, so wird die Dien-Synthese zum Aufbau der Grundskelette derartiger Stoffe ein neues, brauchbares Instrument vorstellen, das um so wertvoller ist, als bei seiner Verwendung Komplikationen durch Umlagerungen oder durch sonstige tiefergreifende Veränderungen im Molekül ausgeschlossen sind.

Macht man sich die oben vorgetragene Anschauung zu eigen, daß auch in den Fällen, wo das Endergebnis einer Dien-Synthese in einer „*substituierenden Addition*" besteht, *primär* die normale Bildung eines Addukts in 1,4-Stellung stattfindet, so wird natürlich die Zahl der durch Dien-Synthese zugänglichen Naturprodukte noch ganz erheblich vergrößert. Es sei daher betont, daß die in den folgenden Abschnitten enthaltenen *Beispiele*, die die Bedeutung der Dien-Synthese für den Aufbau von Naturprodukten dartun sollen, keinen Anspruch auf Vollständigkeit machen.

## 1. Dien-Synthesen in der Reihe der Terpene und Campher.

Allgemein bekannt ist der zur Bildung von *Dipenten* führende Vorgang (9), der nach unseren heutigen Vorstellungen auf einer echten Dien-Synthese zwischen zwei Molekülen *Isopren* beruht, von denen das eine als Dien, das andere als „philodiene Komponente" fungiert:

$$2\ H_2C{=}C(CH_3){-}CH{=}CH_2 \longrightarrow \text{Dipenten}$$

2 Isoprene. — Dipenten.

Dieselbe Dimerisierung durch Dien-Synthese läßt sich auch beim *Myrcen*, einem aus zwei Isoprenresten gebauten Terpen

$$H_2C{=}CH{-}C({=}CH_2){-}CH_2{-}CH_2{-}CH{=}C(CH_3)_2$$

Myrcen.

durchführen und führt — neben anderen Produkten — zur Bildung von *α-Camphoren* (*10*), das sich auch aus Campheröl isolieren läßt und wohl folgende Struktur besitzt:

α-Camphoren.

Auch 1 Molekül *Isopren* läßt sich an das Dien *Myrcen* durch Dien-Synthese anlagern (*11*). Die Struktur des so entstehenden „*Cyclo-isopren-myrcens*" hat sich durch Cyclisierung zum „*Bicyclo-isopren-myrcen*" [RUZICKA und BOSCH (*12*)] und durch dessen Dehydrierung zum *Eudalin* einwandfrei feststellen lassen:

Myrcen + Isopren. → Cyclo-isopren-myrcen. →

→ Bicyclo-isopren-myrcen. → Eudalin.

Ein weiteres, interessantes Kapitel im Bereich der durch die Dien-Synthese leicht zugänglich gewordenen Terpene bilden die *Irone*. Diese wegen ihres intensiven, edlen Veilchengeruchs geschätzten Stoffe finden sich in den Wurzeln von *Iris florentina*, *I. germanica* und *I. pallida*. Das eigentliche

„Iron", das daraus zunächst in reinem Zustand isoliert (*13*), in seiner Struktur eingehend studiert und auf mühseligem Weg auch synthetisch aufgebaut worden ist (*14*), scheint nach alledem der Formel

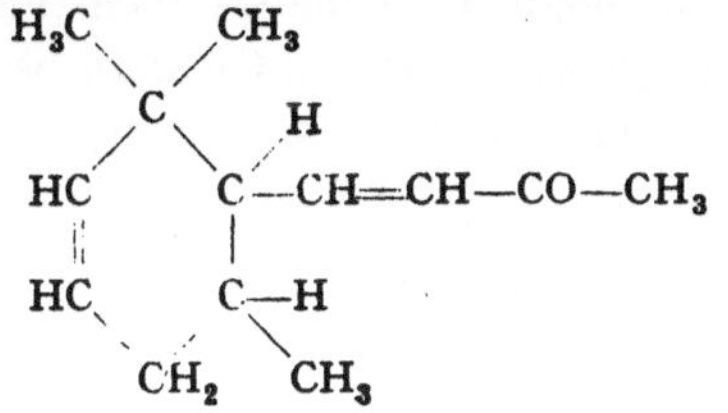

```
     H3C   CH3
        \ /
         C     H
        / \   .
     HC     C—CH═CH—CO—CH3
     ║      |
     HC     C—H
       \   / \
        CH2   CH3
```

Iron.

zu entsprechen. Es bestand daher die Aussicht, Iron durch Dien-Synthese aus 1,1-*Dimethyl-butadien* und *Crotonaldehyd* mit anschließender Kondensation des zu erwartenden Addukts mit Aceton gewinnen zu können:

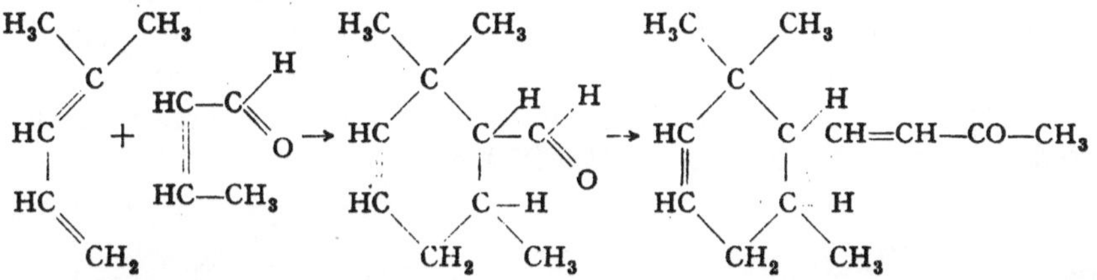

```
H3C   CH3               H3C   CH3              H3C   CH3
   \ /          H          \ /                    \ /
    C     HC—C<            C      H  H            C      H
   //        \\          /  \    /  /           /  \    /
HC    +   ║     O  →  HC      C—C<       →  HC      C  CH═CH—CO—CH3
|         ║                |   |    \\O      ║      |
HC        HC—CH3        HC      C—H         HC      C  H
  \\                      \    / \            \    / \
   CH2                     CH2    CH3          CH2    CH3
```

1,1-Dimethyl-butadien
+ Crotonaldehyd.

Iron.

Daß dieses — scheinbar so nahe — Ziel nicht ganz erreicht worden ist, liegt lediglich daran, daß die für die Iron-Synthese erforderliche „Dien-Komponente" 1,1-Dimethyl-butadien stets mehr oder minder weitgehend mit dem damit isomeren 1,3-Dimethyl-butadien vermischt ist. So kommt es, daß das durch Dien-Synthese gewonnene „Iron" in beträchtlicher Menge ein Isomeres

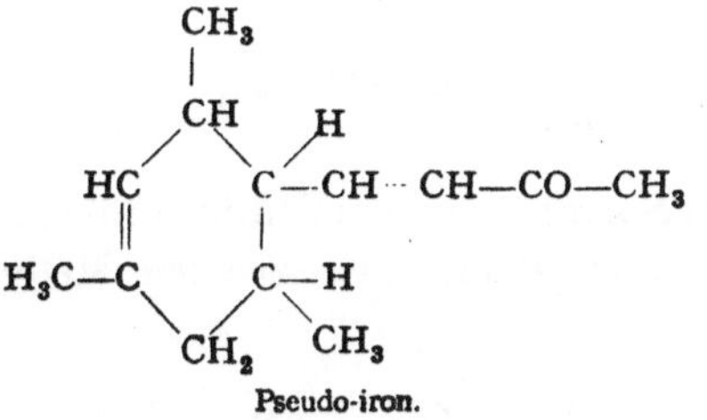

```
          CH3
          |
          CH    H
         /  \  /
      HC      C—CH··CH—CO—CH3
      ║       |
  H3C—C       C—H
        \    / \
         CH2    CH3
```

Pseudo-iron.

enthält, das als „*Pseudo-iron*" bezeichnet worden ist (*15*). Das tut aber der Tatsache keinen Abbruch, daß zum Aufbau mannigfaltigster, auch von der Natur produzierter „Veilchen-riechstoffe" ein neuer, bequemer Weg gefunden ist.

In der Reihe der *Terpene* und *Campher* spielen bekanntlich die *bicyclischen Systeme*, als deren wichtigste die des *Pinan-* und des *Camphan-*Typus erscheinen, eine hervorragende Rolle. Ihr synthetischer Aufbau war — wie man z. B. an der Synthese des *Camphers* selbst (*16*) ermessen kann — mit den früheren Hilfsmitteln der Synthese mühsam und umständlich. Diese Schwierigkeiten sind durch die *Dien-Synthese* weitgehend beseitigt worden, da sie die Möglichkeit bietet, Sechsringe mit eingebauten „Brücken", aus ein, zwei, ja sogar aus drei Gliedern bestehend [Diels und Alder (*17*)], in der einfachsten Weise aufzubauen. Es sei dies an den

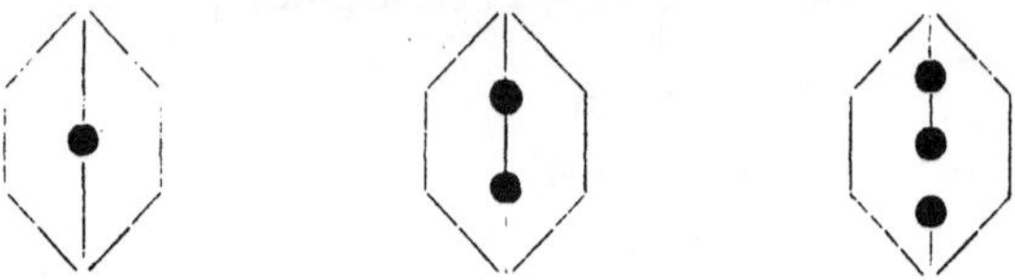

durch „Dien-Synthese" ausgeführten Synthesen des *Norcamphers* (*18*), des *Camphers* (*19*) und des *Santens* (*19*) gezeigt.

Zur Synthese des interessanten *Norcamphers* wird der durch Dien-Synthese aus Cyclopentadien und Acrolein glatt entstehende Endomethylen-2,5-tetrahydro-benzaldehyd (I) hydriert, der perhydrierte Aldehyd (II) in sein *Enol-acetat* (III) übergeführt und aus diesem durch oxydative Spaltung der *Norcampher* (IV) gewonnen:

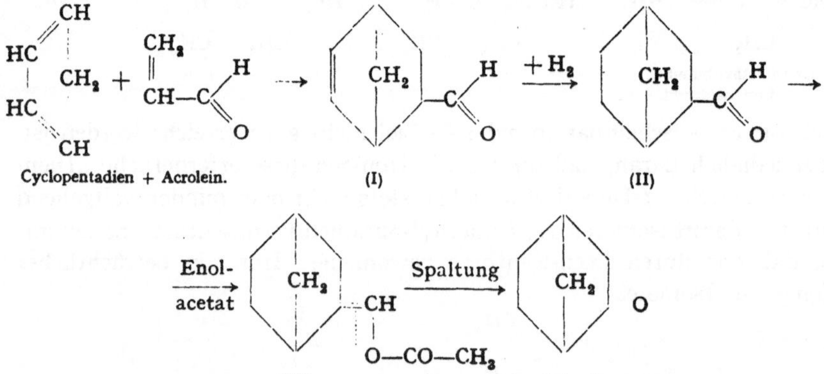

HC=CH–$CH_2$–CH=CH (Cyclopentadien) + $CH_2$=CH–CHO (Acrolein) → (I) $\xrightarrow{+H_2}$ (II) → $\xrightarrow{\text{Enol-acetat}}$ (III) (–CH–O–CO–$CH_3$) $\xrightarrow{\text{Spaltung}}$ (IV)

Cyclopentadien + Acrolein. (I) (II)

(III) (IV). Norcampher.

Der weitere Weg vom Norcampher zum Campher führt durch *Methylierung*, unter Eintritt erst einer, dann einer zweiten Methylgruppe zunächst zum *Camphenilon*:

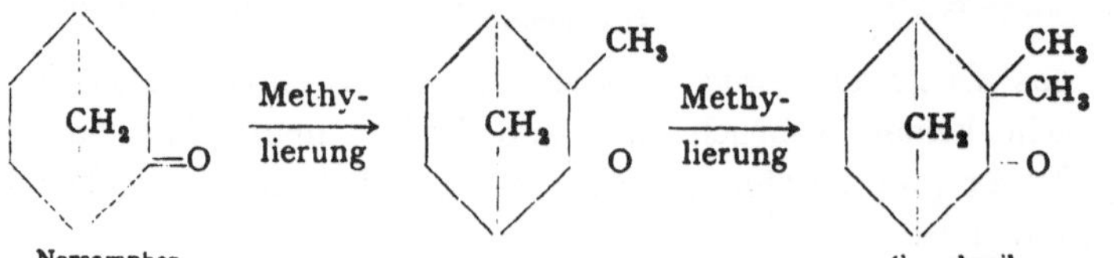

Norcampher $\xrightarrow{\text{Methylierung}}$ (–$CH_3$) $\xrightarrow{\text{Methylierung}}$ Camphenilon (–$CH_3$, –$CH_3$)

Norcampher. Camphenilon.

Dieses läßt sich zum *Methyl-camphenilol* „grignardieren", das bei der Wasserabspaltung in *Camphen* übergeht:

Camphenilon. — Grignardierung → Methyl-camphenilol. — $-H_2O$ → Camphen.

Das letztere kann dann schließlich — unter Ablauf einer BERTRAM-WALBAUMschen Reaktion — über *Isobornyl-acetat* und *Borneol* in den *Campher* selbst übergeführt werden:

Camphen. → Isobornyl-acetat. → Borneol. → Campher.

Auch die Synthese des im Sandelholzöl vorkommenden *Santens* (*20*) läßt sich vom Norcampher aus in der Weise bewerkstelligen, daß man ihn *methyliert*, das Methylierungsprodukt zum „*Santen-hydrat*" grignardiert und aus diesem schließlich durch Wasserabspaltung das *Santen* gewinnt:

Norcampher. → Methyl-norcampher. → Santen-hydrat. → Santen.

## 2. Dien-Synthesen in der Reihe des Cantharidins.

„Das *Cantharidin* kommt im Körper von Käfern aus der Familie der *Meloiden* vor und findet sich vor allem in deren Blut und in den Nebendrüsen des männlichen Geschlechtsapparats" (*21*). Seine durch eingehende Forschungen begründete Strukturformel [GADAMER (*22*)]:

Cantharidin.

ist durch den, bei der Dehydrierung mit Palladiumkohle beobachteten Zerfall in *Furan* und *Pyrocinchonsäure-anhydrid* wesentlich gestützt worden (BRUCHHAUSEN und BERSCHE (*23*)):

```
      CH     CH3           CH     CH3
     / | \   /            / | \   /
 H2C   |  C—CO         HC   |  C—CO         HC═CH          CH3—C—CO
  |    O  |    >O ——→   ‖   O  |    >O ——→   |    >O   +      ‖    >O
 H2C   |  C—CO         HC   |  C—CO         HC═CH          CH3—C—CO
     \ | /   \            \ | /   \
      CH     CH3           CH     CH3
```

Cantharidin. Furan. Pyrocinchonsäure-anhydrid.

Unter der Annahme ihrer Richtigkeit schien sich in der Anlagerung von Pyrocinchonsäure-anhydrid an Furan nach dem Prinzip der Dien-Synthese ein einfacher und aussichtsreicher Weg zum Aufbau des Cantharidins zu bieten, denn das hierbei zu erwartende Addukt mußte sich durch Hydrierung glatt in *Cantharidin* überführen lassen:

```
              CH3             CH     CH3                  CH     CH3
               |             / | \   /                   / | \   /
 HC═CH        C—CO        HC   |  C—CO           H2C    |  C—CO
  |   |        ‖    >O →   ‖   O  |    >O   +H2 →  |    O  |    >O
  |   O   +   C—CO        HC   |  C—CO           H2C    |  C—CO
  |   |        |             \ | /   \                   \ | /   \
 HC═CH        CH3             CH     CH3                  CH     CH3
```

Furan + Pyrocinchonsäure-anhydrid. Addukt. Cantharidin.

Allein trotz vielfach wiederholter Bemühungen (*24*) ist diese ein besonders interessantes Ergebnis versprechende Dien-Synthese bisher nicht gelungen.

Da das Pyrocinchonsäure-anhydrid andererseits z. B. mit *Cyclopentadien* unter normaler Adduktbildung zu reagieren vermag:

```
                    CH3                CH     CH3
                     |                / | \   /
 HC═CH              C—CO           HC   |  C—CO
  |   |              ‖    >O   →    ‖  CH2 |    >O
  |  CH2    +       C—CO           HC   |  C—CO
  |   |              |                \ | /   \
 HC═CH              CH3                CH     CH3
```

so wird das Scheitern einer Adduktbildung mit *Furan* vermutlich darauf zurückzuführen sein, daß das hierbei zu erwartende Addukt (siehe oben) offenbar eine ganz ungewöhnliche Neigung zur *Rückwärts-dissoziation* besitzt.

Trotzdem hat die Dien-Synthese für den Ausbau und für die Erforschung der Cantharidinreihe eine erhebliche Bedeutung, da sie uns mit der größten Leichtigkeit die synthetische Darstellung zweier dem Cantharidin ganz nahestehender Stoffe, *Nor-* bzw. *Iso-cantharidin*, gestattet. Das erstere läßt sich durch Anlagerung von *Maleinsäure-anhydrid* an *Furan* und darauf folgende Hydrierung des Addukts, *Iso-cantharidin* durch Hydrierung des aus *α,α'-Dimethyl-furan* mit *Maleinsäure-anhydrid* glatt entstehenden Addukts gewinnen:

Dien-synthese → $+ H_2$ →

Furan + Maleinsäure-anhydrid. — Nor-cantharidin.

Dien-synthese → $+ H_2$ →

α,α'-Dimethylfuran + Maleinsäure-anhydrid. — Iso-cantharidin.

Der Versuch, ausgehend vom *Iso-cantharidin*, durch Verschiebung der beiden Methylgruppen — unter der gemäßigten Einwirkung von Aluminiumchlorid — zum Cantharidin zu gelangen (*25*), führte zu einer Verbindung, die zwar im Aussehen, Schmelzpunkt, Zusammensetzung und Löslichkeit dem Cantharidin entspricht, aber als *Iso-cantharsäure* erkannt worden ist. Ihre Bildung ist auf folgende Vorgänge zurückzuführen:

$+ AlCl_3$ → →

Iso-cantharidin.

```
                CH3   O────────┐              CH3   O────────┐
                  \  /         │                \  /         │
                   C           │                 C           │
                  / \   H      │                / \   H      │
               H2C   C<        │             H2C   C<        │
Laktoni-        |    | \       │    — HCl     |    | \       │
sierung  →      |    |  COOH   │              |    |  COOH   │
               H2C   CH────────CO            HC    CH────────CO
                  \  /                          \\ /
                   C                             C
                  / \                            |
               CH3   Cl                         CH3
                                          Iso-cantharsäure.
```

Derzeit ist zwar noch nichts darüber bekannt, ob die durch Dien-Synthese so leicht zugänglichen nächsten Verwandten des Cantharidins: *Nor-* und *Iso-cantharidin*, in der Natur vorkommen, aber davon unabhängig hat die Feststellung, daß das eigenartige Skelett des Cantharidins durch Dien-Synthese erschlossen werden kann, ihre Bedeutung.

## 3. Dien-Synthesen in der Pyrrol-Reihe.

Das weitverbreitete Vorkommen von *Pyrrolderivaten* in wichtigen Naturstoffen der verschiedensten Art ließ eine Prüfung der Frage lohnend erscheinen, ob die Darstellung mancher dieser — nicht ganz leicht zugänglichen — Verbindungen durch das Hilfsmittel der Dien-Synthese erleichtert werden kann. Man war nach den beim Furan gemachten Beobachtungen a priori zu der Annahme berechtigt, daß auch Pyrrol „Dien"-Eigenschaften besitzen und daher zum Eingehen von Dien-Synthesen geneigt sein müsse. Zunächst schien es auch wirklich so, daß diese Anschauung durch die Beobachtungen in jeder Hinsicht bestätigt wird, denn *Pyrrol* und seine am Stickstoff oder am Kohlenstoff alkylierten Homologen haben in der Tat die größte Neigung, mit „philodienen Komponenten" unter den typischen Erscheinungen echter Dien-Synthesen *Addukte zu bilden.* Aber es hat sich dann gezeigt, daß dies *nicht* durch *Ring*bildung unter Addition der Reaktionspartner in *1,4-Stellung*, sondern durch das Phänomen der *„substituierenden Addition"* geschieht. Wenigstens sieht es im Endergebnis so aus; aber es ist bereits auf S. 3 auf die Möglichkeit, ja auf die Wahrscheinlichkeit hingewiesen worden, daß die bei den Pyrrolen (und ebenso bei gewissen anderen Verbindungstypen) als Endprodukte gefaßten Verbindungen der Dien-Synthese durch *„Stabilisierung"* der in diesen Fällen nicht faßbaren — normal gebauten — Primäraddukte unter Wasserstoff-verschiebung und Spaltung des labilen Ringgefüges entstehen:

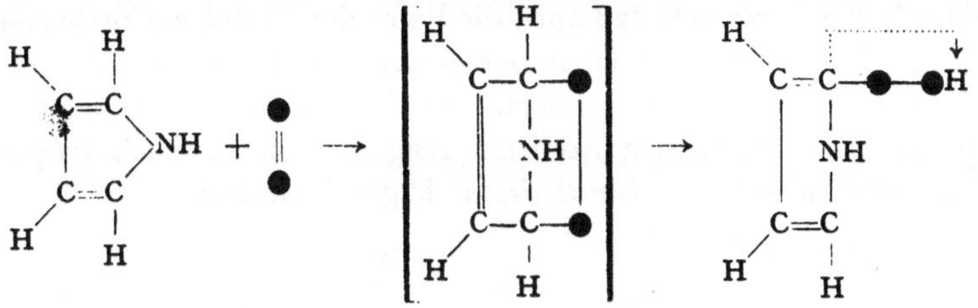

Es mag dahingestellt bleiben, ob diese Anschauung, die bisher nicht exakt geprüft worden ist, zutrifft oder nicht. Jedenfalls lassen sich die Pyrrole unter den auf den anderen Gebieten bewährten Bedingungen und Erscheinungen „echter" Dien-Synthesen mit großer Leichtigkeit in Verbindungen überführen, die wegen ihrer Beziehung zu wichtigen Naturstoffen Interesse verdienen.

Aus der großen Zahl derartiger Verbindungen seien nur einige Beispiele herausgegriffen:

*α-Methyl-pyrrol-α'-bernsteinsäure*, die nach folgendem Schema entsteht:

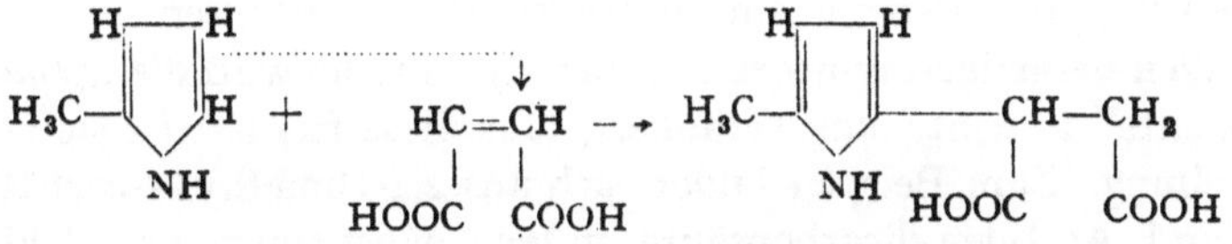

α-Methyl-pyrrol-α'-bernsteinsäure.

und wegen ihrer Beziehung zum natürlichen *Uroporphyrin* [FISCHER und ORTH (*26*)] Interesse bietet. Ganz allgemein hat sich herausgestellt,

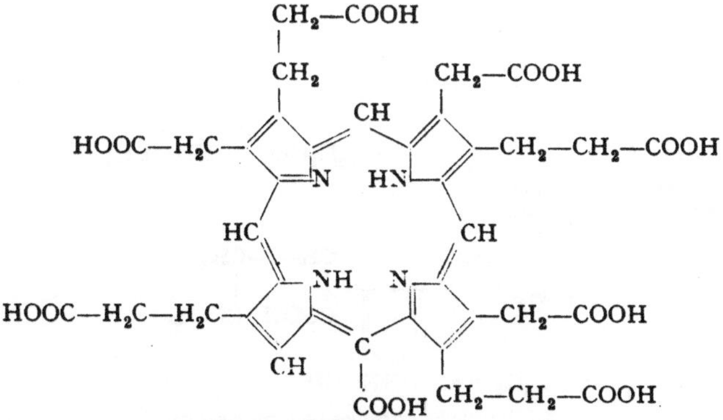

Uroporphyrin.

daß methyl-substituierte Pyrrolderivate mit den Resten der Essig-, Propion- und Bernsteinsäure als Seitenketten, die die Bausteine so mancher Naturprodukte bilden, aus methylierten Pyrrolen aller Art durch Dien-Synthese mit der größten Leichtigkeit sich gewinnen lassen, wie aus der umfangreichen Literatur hervorgeht (*27*).

Weiter hat sich gezeigt, daß auch die Ester der *Acetylen-dicarbonsäure,* die sich auf dem gesamten großen Gebiet der Dien-Synthesen als „philodiene Komponenten" bewährt haben, mit den Pyrrolen glatt nach dem Prinzip der substituierenden Addition reagieren, z. B. *α-Methyl-pyrrol* mit *Acetylen-dicarbonsäure-dimethylester* folgendermaßen:

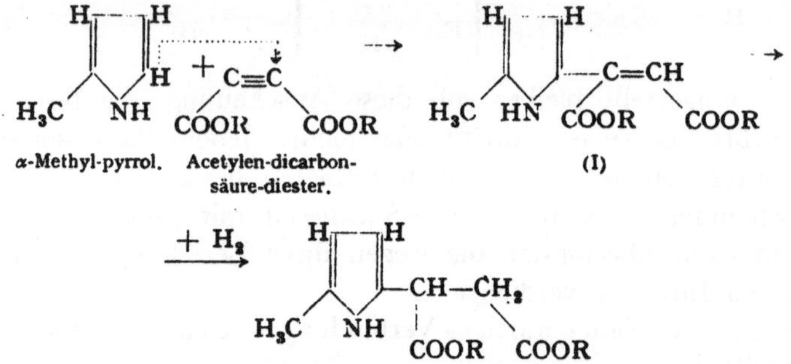

H H H H
H + C≡C → C=CH →
$H_3C$ NH COOR COOR $H_3C$ HN COOR COOR

α-Methyl-pyrrol. Acetylen-dicarbon-säure-diester. (I)

$+ H_2$ → H H
CH—$CH_2$
$H_3C$ NH COOR COOR

(II). α-Methyl-pyrrol-α'-bernsteinsäure-ester.

Natürlich läßt sich das Reaktionsprodukt (I) durch Hydrierung glatt in α-Methyl-pyrrol-α'-bernsteinsäure-ester (II) überführen.

Bei allen derartigen Synthesen in der Pyrrolreihe wird die „philodiene Komponente" in α-Stellung verankert, falls diese frei ist; ist sie besetzt, in β-Stellung. Zum Beispiel bildet sich aus 2,4-Dimethyl-5-carbäthoxy-pyrrol und Acetylen-dicarbonsäure unter „substituierender Addition" ein Addukt, das bei der Hydrierung in 2,4-Dimethyl-5-carbäthoxy-3-bernsteinsäure übergeht [FISCHER, HARTMANN und RIEDL (*28*)]:

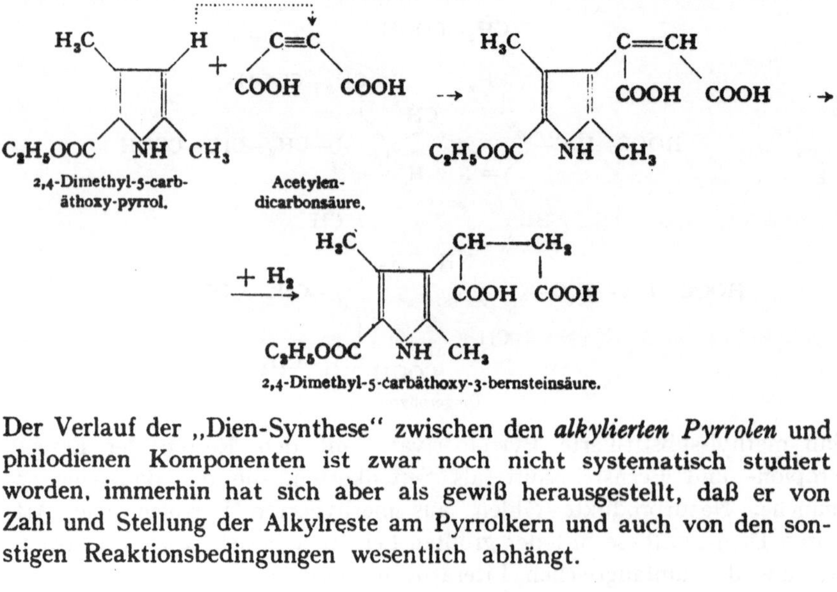

$H_3C$ H + C≡C → $H_3C$ C=CH
COOH COOH COOH COOH →
$C_2H_5OOC$ NH $CH_3$ $C_2H_5OOC$ NH $CH_3$

2,4-Dimethyl-5-carbäthoxy-pyrrol. Acetylen-dicarbonsäure.

$+ H_2$ → $H_3C$ CH——$CH_2$
COOH COOH
$C_2H_5OOC$ NH $CH_3$

2,4-Dimethyl-5-carbäthoxy-3-bernsteinsäure.

Der Verlauf der „Dien-Synthese" zwischen den *alkylierten Pyrrolen* und philodienen Komponenten ist zwar noch nicht systematisch studiert worden, immerhin hat sich aber als gewiß herausgestellt, daß er von Zahl und Stellung der Alkylreste am Pyrrolkern und auch von den sonstigen Reaktionsbedingungen wesentlich abhängt.

So vermögen *Acetylen-dicarbonsäure*, bzw. ihre Ester mit *Pyrrolen* nicht bloß im Verhältnis 1 : 1, sondern auch 1 : 2 oder 2 : 1 zu reagieren, wobei es sich keineswegs um die Bildung von Molekülverbindungen, sondern um festgefügte Addukte handelt, deren Struktur einwandfrei aufgeklärt werden konnte. Zum Beispiel besitzt das aus 2,4-Dimethyl-pyrrol und Acetylen-dicarbonsäureester im Verhältnis 2 : 1 gebildete Addukt (29) die Struktur eines *Di-carbomethoxy-di-(2,4-dimethyl-)pyrryl-äthans*:

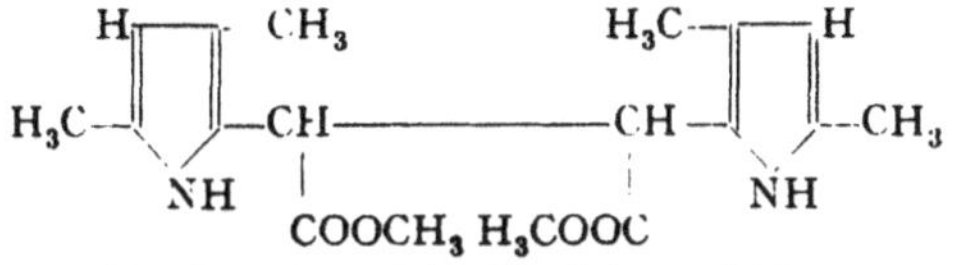

Di-carbomethoxy-di-(2,4-dimethyl-)pyrryl-äthan.

Es ist also durch die Verankerung zweier Pyrrolkerne durch eine Kohlenstoff-„Zweierkette" ausgezeichnet, die freilich an Bedeutung dem in der Natur so weitverbreiteten Typus des Di-pyrryl-*methans* erheblich nachstehen dürfte.

## 4. Dien-Synthesen in der Lupinan-Reihe.

Ein im höchsten Maß eigenartiger und für die cyclischen Basen *Pyridin*, *α-Picolin*, *Chinolin*, *Isochinolin* u. a. charakteristischer Verlauf der Dien-Synthese findet mit *Acetylen-dicarbonsäureester* statt. Er besteht darin, daß sich — unter sehr energischer Reaktion — Addukte aus den genannten Verbindungen bilden, *die sämtlich die Komponenten im Verhältnis von 1 Mol. Base zu 2 Molekülen Acetylenester* enthalten (30).

Diese Reaktion, die besonders eingehend am *Pyridin* studiert worden ist, bietet nicht bloß wegen der Art ihres Verlaufs ein allgemeineres Interesse, sondern sie paßt deshalb in den Rahmen der vorliegenden Abhandlung hinein, weil sie uns in die Reihe des *Nor-lupinans* führt, deren bemerkenswertester Vertreter das in den Lupinen (*Lupinus luteus* und *L. niger*) enthaltene Alkaloid *Lupinin* ist. Man hat ihm auf Grund eingehender Untersuchungen (31) die nachstehende Struktur beigelegt:

Lupinin. Nor-lupinan.

die die einfache Beziehung zum Nor-lupinan deutlich zum Ausdruck bringt.

Als Abkömmling des dem letzteren zugrunde liegenden Ringsystems, des „*Chinolizins*", nämlich als dessen Tetracarbonsäureester, ist das Addukt aus Pyridin und Acetylen-dicarbonsäureester aufzufassen:

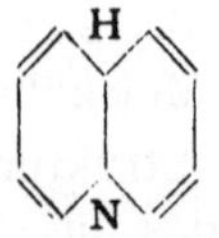

Chinolizin. 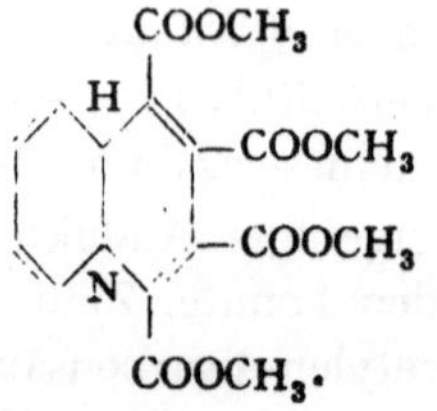 Chinolizin-tetracarbonsäureester.

Anfänglich wurde seine Bildung so interpretiert, daß das Pyridin — unter „Verschiebung eines $\alpha$-ständigen H-Atoms", also durch „substituierende Addition", — zunächst 1 Molekül Acetylenester in $\alpha$-Stellung zum N-Atom verankert:

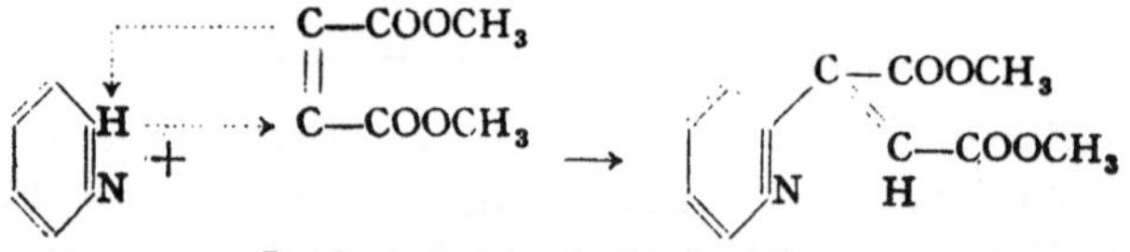

Pyridin + Acetylen-dicarbonsäureester.

und daß dann in der zweiten Phase der Reaktion *ein weiteres Molekül Acetylenester* unter Ablauf einer normalen Dien-Synthese und unter Bildung von *Chinolizin-tetracarbonsäureester* angelagert wird.

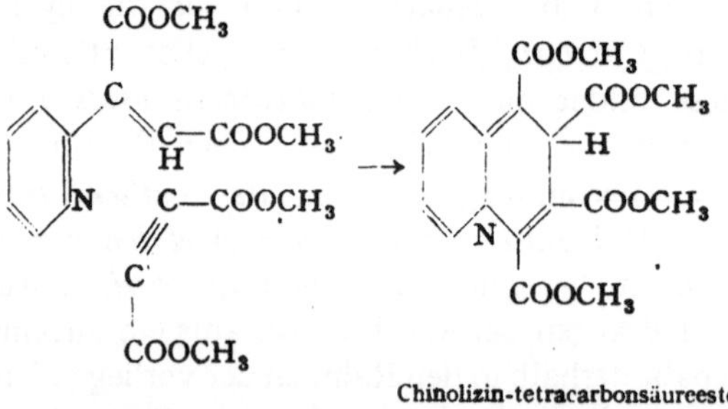

Chinolizin-tetracarbonsäureester.

Auf Grund umfassender Untersuchungen, deren Ergebnisse und Schlüsse — zumal nach den damit völlig übereinstimmenden Erfahrungen beim Chinolin, Isochinolin, Chinaldin, $\alpha$-Picolin u. a. — gesichert erscheinen, mußte indessen nach einer anderen Deutung des zur Bildung des *Chinolizin-tetracarbonsäureesters* führenden Reaktionsverlaufes gesucht werden. Vor allem deswegen, weil sich gezeigt hatte, daß bei vorsichtigem Arbeiten — unter sorgfältigem Ausschluß auch kleiner Mengen von *Säuren* — nicht bloß beim Pyridin, sondern auch bei den anderen genannten Basen zunächst „*labile*", aber nichtsdestoweniger sehr *charakteristische Addukte gleicher Zusammensetzung* entstehen, die sich unter der Wirkung von Säuren, durch Erwärmen, aber auch unter anderen Bedingungen „stabilisieren", d. h. in die bereits erwähnten *Chinolizin-tetracarbonsäureester* überführen lassen.

Auf Grund dieser allgemein gemachten Beobachtung und eines eingehenden, vergleichenden Studiums dieser „labilen" und „stabilen"

Addukte hat sich schließlich die Anschauung herausgebildet, daß sich unter der Wirkung des Pyridins und der anderen Basen *zwei Moleküle Acetylen-dicarbonsäureester zu einer ungesättigten Kette zusammenschließen, die dann zunächst nur einseitig am Stickstoff fixiert wird* (*32*):

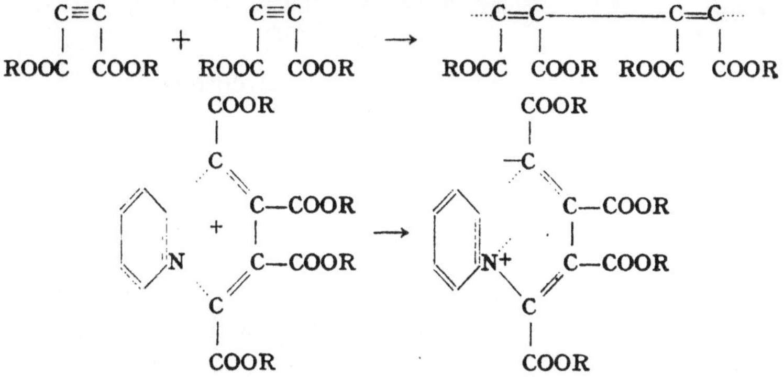

$$\underset{\text{ROOC}\ \ \text{COOR}}{\text{C}\equiv\text{C}} + \underset{\text{ROOC}\ \ \text{COOR}}{\text{C}\equiv\text{C}} \longrightarrow \cdots\underset{\text{ROOC}\ \ \text{COOR}}{\text{C}=\text{C}}-\underset{\text{ROOC}\ \ \text{COOR}}{\text{C}=\text{C}}\cdots$$

COOR, C, C—COOR, +, N, C—COOR, C, COOR → COOR, C, C—COOR, N+, C—COOR, C, COOR

Die „labilen" *Primär-addukte* sind demnach als *„total organisch substituierte Ammoniumverbindungen mit einem ionogen gebundenen Substituenten aufzufassen"*.

Bei ihrem Übergang in die *„stabilen"* Chinolizin-tetracarbonsäureester findet — unter Aufhebung der —N=C-Doppelbindung des Pyridinkerns — die Verknüpfung des anderen Endes der ungesättigten Kette in α-Stellung zum N-Atom statt:

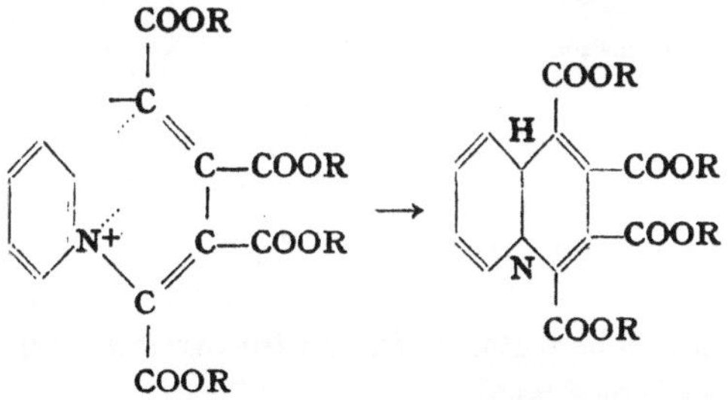

COOR, C, C—COOR, N+, C—COOR, C, COOR → COOR, H, COOR, COOR, N, COOR

In summa läuft also die Reaktion zwischen Pyridin (bzw. den anderen Basen) und Acetylen-dicarbonsäureester darauf hinaus, daß es als „philodiene Komponente" an die ungesättigte Kette, die außerdem den Charakter eines Diens besitzt, angelagert wird:

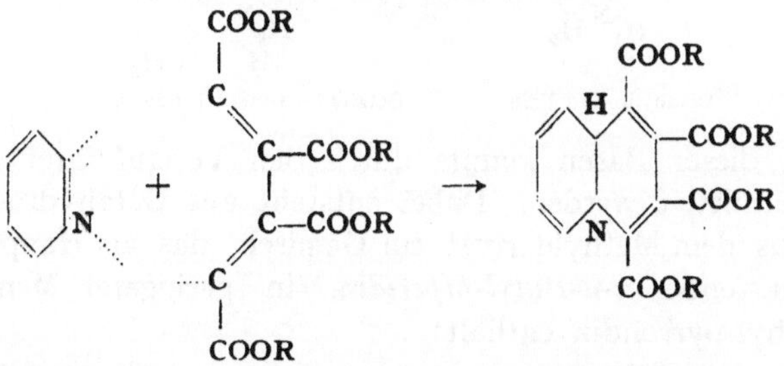

N + COOR, C, C—COOR, C—COOR, C, COOR → COOR, H, COOR, COOR, N, COOR

Man durfte erwarten, durch Verseifung des als Reaktionsprodukt entstehenden *Chinolizin-tetracarbonsäureesters* zu einer *Tetracarbonsäure*, von dieser durch Decarboxylierung zum Chinolizin und durch dessen Hydrierung schließlich zum *Nor-lupinan* zu gelangen:

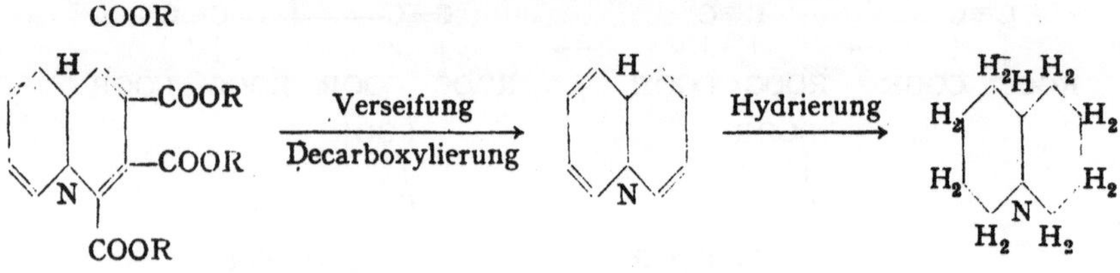

COOR
H
—COOR
—COOR
N
COOR
Verseifung
Decarboxylierung
H
N
Hydrierung
$H_2$ H $H_2$
$H_2$ $H_2$
$H_2$ $H_2$
N
$H_2$ $H_2$

Chinolizin-tetracarbonsäureester. Chinolizin. Nor-lupinan.

Es zeigte sich indessen, daß es bei diesen Abwandlungsreaktionen zu einer *Ring-verengerung* kommt, die teils unter Verlust von 1 C-Atom zum „Indolizin", teils unter Erhaltung dieses C-Atoms zum *1-Methyl-indolizin führt* (*33*):

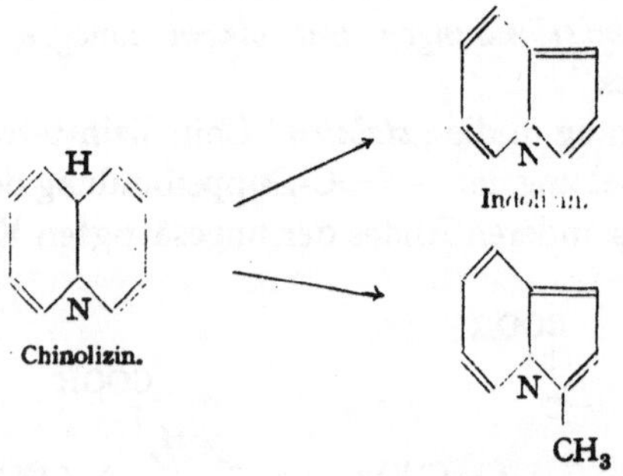

H
N
Chinolizin.
N
Indolizin.
N
$CH_3$
1-Methyl-indolizin.

So kommt es, daß bei der Hydrierung des Abwandlungsprodukts des Chinolizin-tetracarbonsäureesters nicht Nor-lupinan, sondern ein Gemisch der ihm äußerst ähnlichen Basen *Octahydro-indolizin* und *Octahydro-1-methyl-indolizin* gewonnen wird:

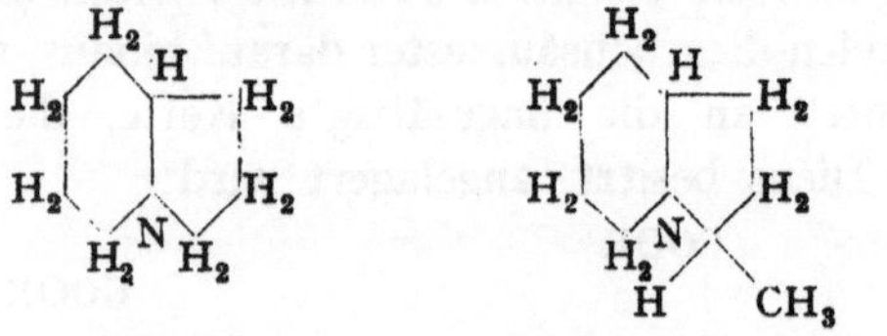

$H_2$ H
$H_2$ $H_2$
$H_2$ $H_2$
N
$H_2$ $H_2$
Octahydro-indolizin.

$H_2$ H
$H_2$ $H_2$
$H_2$ $H_2$
N
$H_2$
H $CH_3$
Octahydro-1-methyl-indolizin.

Die Struktur dieser Basen konnte durch den Verlauf ihrer Spaltung einwandfrei ermittelt werden. Dabei entsteht aus Octahydro-indolizin *d,l-Coniin*, aus dem Methylderivat ein Gemisch, das als Hauptprodukt das zu erwartende *α-n-Butyl-piperidin*, in geringerer Menge α-n-Butyl-α'-methyl-pyrrolidin enthält:

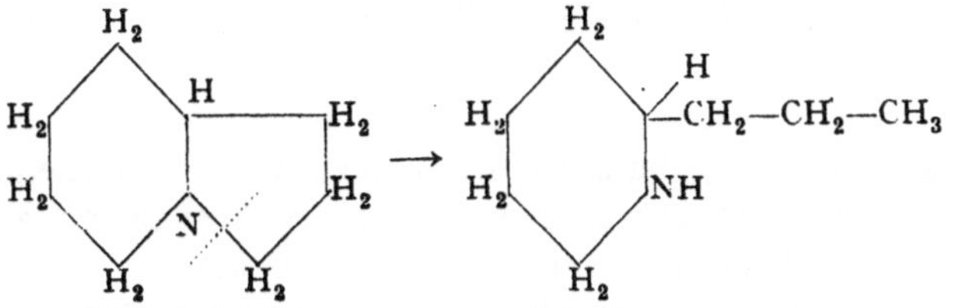

Octahydro-indolizin. → *d,l*-Coniin.

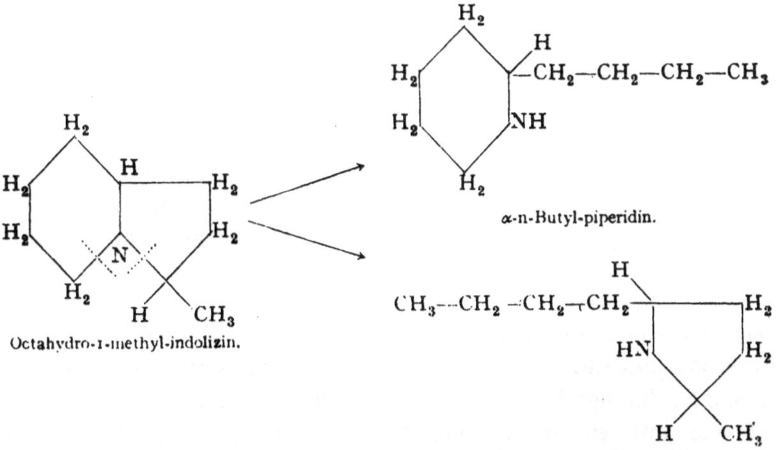

Octahydro-1-methyl-indolizin. → α-n-Butyl-piperidin. / α-n-Butyl-α'-methyl-pyrrolidin.

## III. Die Dien-Synthese als Hilfsmittel zur Erforschung von Naturprodukten.

Für die Erkenntnis und Erschließung der in der Natur vorkommenden, häufig sehr kompliziert gebauten Stoffe ist es nicht bloß von Interesse, die *von der Natur* zu ihrer Bildung eingeschlagenen Wege sowie die *uns* für diesen Zweck zur Verfügung stehenden Methoden kennenzulernen. Ebenso wichtig erscheint vielmehr die Frage, auf welche Weise es gelingt, den für das Wesen eines Naturstoffs charakteristischen Bau des Moleküls in allen seinen Teilen zu erkennen und einwandfrei nachzuweisen. Bekanntlich steht der organisch-chemischen Forschung zur Lösung dieser Aufgabe ein ungeheuer reichhaltiges methodisches Material zur Verfügung, das sich von Jahr zu Jahr um wertvolle Beiträge vermehrt.

Es ließ sich voraussehen, daß auch die *Dien-Synthese*, die in ihrem typischen Verlauf auf der Adduktbildung zwischen Dienen und philodienen Komponenten — unter Bildung hydroaromatischer Sechsringe — beruht, der Erforschung von Naturstoffen dienen würde, da diese nicht selten ein oder mehrere „Systeme konjugierter Doppelverbindungen" als besonders wichtige Gruppen in ihrem Molekül enthalten.

Nun gab es zwar schon vor der Entdeckung der Dien-Synthese experimentelle Hilfsmittel, die für den „Nachweis" solcher konjugierter

Systeme eine Rolle spielen, wie z. B. die Erfahrungen bei der *Hydrierung*, ferner die bei Refraktionsbestimmungen beobachteten „*Exaltationen*" und endlich die Feststellungen bei der „*selektiven Absorption*" (34). Allein bei der Auswertung der nach diesen Methoden gewonnenen Befunde war immerhin Vorsicht geboten, da zahlreiche Ausnahmen auftraten, so daß die Entscheidung nicht immer einwandfrei war.

Dagegen sind die durch *Dien-Synthese* erhaltenen Ergebnisse — sofern es sich um den Nachweis „konjugierter Doppelbindungen" handelt — wesentlich zuverlässiger. Denn wenn man von den Fällen absieht, wo sich diese auf *zwei kondensierte Ringsysteme* (35) verteilen, führt die Adduktbildung mit dem besonders reaktionsfähigen *Maleinsäure-anhydrid* glatt und einwandfrei zu einem sicheren Ergebnis.

Es würde zu weit führen, alle Fälle aufzuzählen, bei denen man sich innerhalb der letzten 10—12 Jahre dieses neuen Forschungsprinzips mit Erfolg bedient hat. Ich beschränke mich daher darauf, an einigen besonders interessanten Beispielen seine *Überlegenheit* über die älteren Methoden zu zeigen.

Die chemische Erforschung des *Muscarufins*, des Farbstoffs des Fliegenpilzes [KÖGL und ERXLEBEN (36)], die mit außerordentlich geringen Substanzmengen durchgeführt wurde, führte zu der Vorstellung, daß es eine Seitenkette mit einem eingelagerten System „konjugierter Doppelbindungen" enthält. Sie ließ sich — trotz der minimalen, zur Verfügung stehenden Substanzmenge — dadurch *beweisen*, daß die Triacetylverbindung des Leuko-muscarufins mit *Maleinsäure-anhydrid* glatt das zu erwartende Addukt bildet:

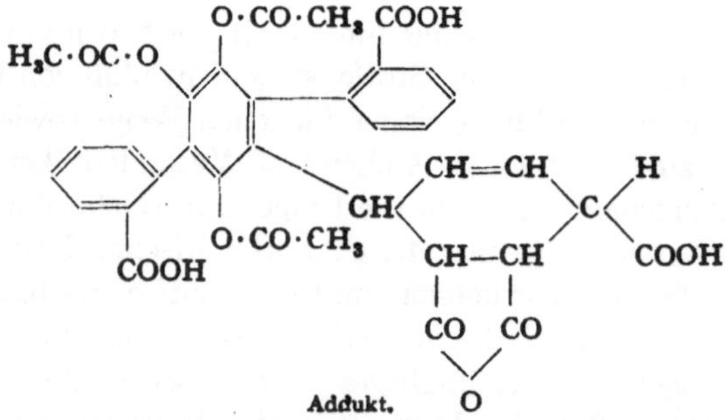

O·CO·CH$_3$ COOH
H$_3$C·OC·O
CH=CH H
CH C
O·CO·CH$_3$ CH—CH COOH
COOH
CO CO
O

Addukt.

Die Überlegenheit des neuen Forschungsinstruments ließ sich dann weiter an der Leichtigkeit der Strukturaufklärung des *α-Phellandrens* ermessen [DIELS und ALDER; ALDER und STEIN (37)], die besonders in die Augen fällt, wenn man die mühsamen und eingehenden Untersuchungen früherer Forscher (38) damit vergleicht. Das Prinzip des neuen Verfahrens besteht in folgendem: α-Phellandren und α-Naphtochinon treten unter typischer Dien-Synthese zu einem Addukt zusammen, das sich durch Luft in alkalischer Lösung unter Austritt der beiden δ-Wasserstoffatome zum

*Chinon (I) dehydrieren* läßt. Wird dieses erhitzt, so zerfällt es völlig glatt in *β-Methyl-anthrachinon* und in *Isopropyl-äthylen*, wodurch die Struktur des Phellandrens und die normale Verankerung mit α-Naphtochinon erwiesen ist:

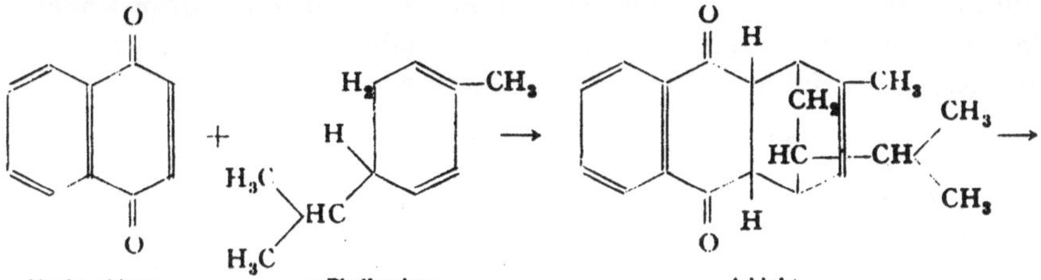

α-Naphtochinon. α-Phellandren. Addukt.

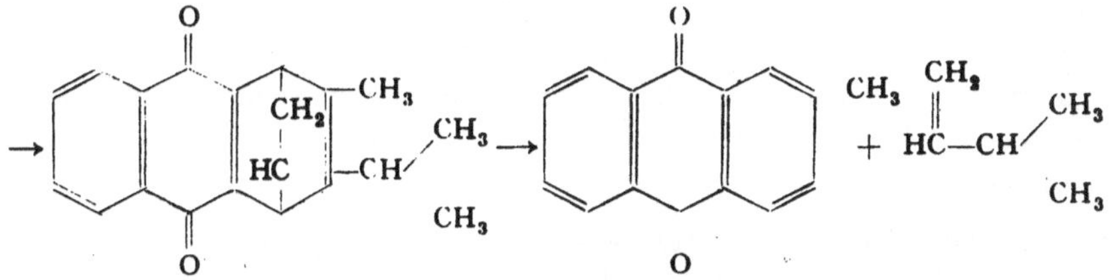

(I) β-Methyl-anthrachinon. Isopropyl-äthylen.

Interessanter noch erscheint die Rolle, die die Dien-Synthese auf dem Gebiete gewisser *Sterine* und *Vitamine* nicht bloß wie beim Muscarufin in *diagnostischer*, sondern auch in *präparativer* Hinsicht gespielt hat. Sie tritt besonders überzeugend bei der *Gewinnung des reinen Vitamin* $D_2$ *aus Ergosterin* zutage. Daß von den *drei* Doppelbindungen dieses Sterins sich *zwei* in „konjugierter Stellung“ zueinander befinden, hatte man zwar schon vorher angenommen. Aber die Tatsache, daß es mit *Maleinsäureanhydrid* glatt ein Addukt bildet [WINDAUS und LÜTTRINGHAUS (39)], war nicht bloß als willkommene Bestätigung dieser Annahme zu werten, sondern man durfte daraus unbedenklich den wichtigen Schluß ziehen, daß sich im *Ergosterin* das konjugierte System in *einem* Ringe befindet, wie dies in der heutigen, sicher bewiesenen Strukturformel zum Ausdruck kommt:

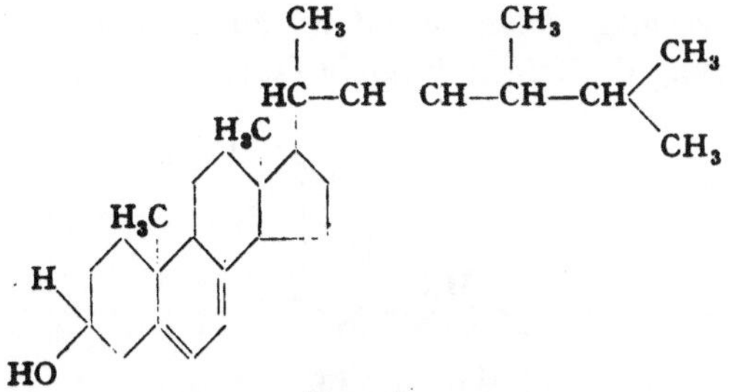

Ergosterin.

Ebenso ließen sich die unter der Wirkung chemischer Agentien oder bei der *Bestrahlung* des Ergosterins auftretenden Umlagerungsprodukte durch das „Dien-Reagens“ *Maleinsäure-anhydrid* auf das Vorhandensein bzw. Fehlen des „konjugierten Systems“ prüfen und — was noch wichtiger ist — von den Verbindungen trennen, bei denen die Adduktbildung mit dem „Dien-Reagens“ behindert oder überhaupt nicht möglich ist. Bekanntlich bieten die sich bei der Bestrahlung des Ergosterins abspielenden Vorgänge ein kompliziertes Bild und die dabei der Reihe nach auftauchenden Produkte [WINDAUS, v. WERDER und LÜTTRINGHAUS (*40*)]:

Ergosterin → Lumisterin → Tachysterin → Vitamin D → Suprasterine

boten zunächst für eine Trennung und damit auch für die Reindarstellung des *Vitamin D* große Schwierigkeiten. Sie ließen sich dadurch überwinden, daß bei den genannten Stoffen die Neigung zum Eingehen von „Dien-Synthesen“ recht verschieden ist, so daß durch eine Art von *„fraktionierter Dien-Synthese“* eine Trennung möglich wurde.

Man machte sich dabei das beim Studium der Dien-Synthese allgemein beobachtete Phänomen zunutze, daß von den drei, als „philodiene Komponenten“ häufig benutzten Anhydriden:

| $HC—CO$ / $HC—CO$ (>O) | $H_3C—C—CO$ / $HC—CO$ (>O) | $H_3C—C—CO$ / $H_3C—C—CO$ (>O) |
|---|---|---|
| Maleinsäure-anhydrid. | Citrakonsäure-anhydrid. | Pyrocinchonsäure-anhydrid. |

das Maleinsäure-anhydrid am *energischesten*, das in der Reihe als letztes Glied aufgeführte Pyrocinchonsäure-anhydrid am *schwächsten* reagiert.

Entsprechend seiner Stellung in der angeführten Reihe erweist sich das *Citrakonsäure-anhydrid*, was die Leichtigkeit der Adduktbildung mit Dienen betrifft, von *mittlerer* Reaktionsfähigkeit. Hierdurch bot sich die Möglichkeit, aus dem rohen Bestrahlungsgemisch des Ergosterins das besonders „wirksame“ Dien *Tachysterin* durch seine glatte Adduktbildung mit Citrakonsäure-anhydrid zu entfernen und auf diese Weise zum Vitamin D in kristallinischer Form zu gelangen [WINDAUS, LINSERT, LÜTTRINGHAUS und WEIDLICH (*41*)]. Mit dem stärker wirkenden Maleinsäure-anhydrid vermag dieses ebenfalls zu reagieren. Auch an der Struktur-aufklärung des reinen *Vitamin $D_2$* (Calciferol):



Vitamin $D_2$.

hat die Dien-Synthese Anteil. Denn aus dem daraus mit *Maleinsäure-anhydrid* entstehenden Addukt konnte durch Dehydrierung mit Platin *β-Naphtoesäure* gewonnen werden:

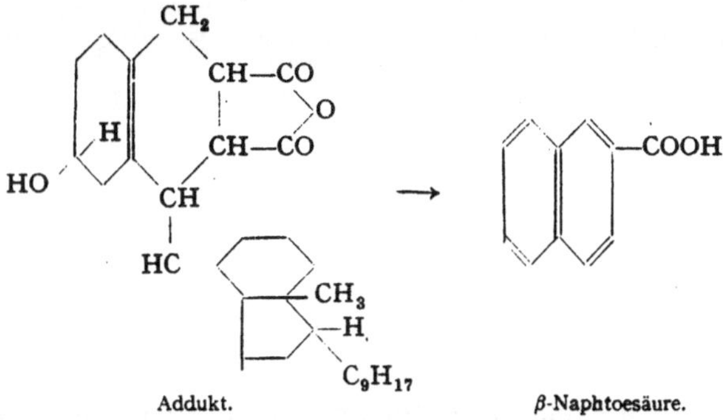

Addukt. β-Naphtoesäure.

Der Erforschung *ungesättigter Fette* und *Öle* und insbesondere ihrer analytischen Untersuchung hat die „Dien-Synthese" insofern gedient [KAUFMANN und BALTES (*42*)], als sich der Gehalt dieser Stoffe an „konjugierten Doppelbindungen" durch Behandlung mit standardisierten Lösungen reinsten Maleinsäure-anhydrids in Aceton bequem ermitteln läßt. Für *β-Eläostearin* und auch für praktisch so wichtige Naturprodukte wie *Holz-* und *Leinöl* läßt sich auf diese Weise ihre „Dien-Zahl" bestimmen.

Auch beim „Verkochen" des Holz- und Leinöls zum „*Leinölstandöl*", „das nach wie vor trotz aller Erfolge der modernen Kunstharze und Cellulosederivate einer der wichtigsten, wenn nicht gar die wichtigste Operation bei der Herstellung von Öllacken und Ölfarben-bindemitteln ist" (*43*), scheint es sich nach modernen Vorstellungen im wesentlichen um den Ablauf von „Dien-Synthesen" zu handeln. Dabei dürfte sich derselbe Vorgang abspielen, der bei der Polymerisation des Cyclopentadiens zum Di-cyclopentadien, des Isoprens zum Dipenten, des Myrcens zum Di-myrcen und in vielen analogen Fällen die entscheidende Rolle spielt: der Eintritt von Dien-Synthesen, der dadurch bedingt ist, daß von 2 Molekülen des Diens sich das eine als „Dien", das andere dagegen als „philodiene Komponente" betätigt, mit dem Endergebnis der Bildung von Systemen des Tetrahydro-benzols.

Die Polymerisationsvorgänge, die z. B. beim „Verkochen" des Holzöls stattfinden, sind nach dieser Auffassung auf das Verhalten der — als Glycerid — darin in reichlicher Menge enthaltenen *Eläostearinsäure* zurückzuführen. Es ist nicht verwunderlich, daß in diesem Fall, wo sich die Dien-Synthese in der Hitze abspielt, die Adduktbildung zwischen verschiedenen Doppelbindungen und auch sterisch in *verschiedener* Art verläuft, wie man schon aus den beiden folgenden Formelbildern ersehen kann, die nur *eine* dieser Isomeriemöglichkeiten zum Ausdruck bringen:

$$CH_3-(CH_2)_3-CH{=}CH-CH-CH-CH{=}CH-(CH_2)_7-COOH$$

$$CH_3-(CH_2)_3-HC \quad CH-CH \quad CH-(CH_2)_7 \quad COOH$$

$$HC{=}CH$$

$$CH_3-(CH_2)_3-CH{=}CH-CH-CH-CH{=}CH-(CH_2)_7-COOH$$

$$HOOC-(CH_2)_7-HC{=}HC-HC \quad CH-(CH_2)_3-CH_3$$

$$HC{=}CH$$

Zum Schluß darf vielleicht auch darauf hingewiesen werden, daß der für die Wasserstoff-übertragung durch *Codehydrasen* wichtige Wechsel *Pyridin* $\rightleftarrows$ *Dihydro-pyridin* an Modellversuchen insofern schärfer präzisiert werden konnte, als es durch die glatte Adduktbildung mit Maleinsäure-anhydrid gelang, den Nachweis zu führen [Karrer und Mitarbeiter; Mumm und Diederichsen (*44*)], daß die entscheidenden 2 H-Atome am Stickstoff- und am $\alpha$-ständigen C-Atom angelagert sind, daß es sich also um *$\alpha$-Dihydroverbindungen* handelt. Von den beiden ($\alpha$- und $\gamma$-) Isomeren des N-Methyldihydro-$\gamma$-phenyl-lutidin-dicarbonsäure-esters (I) und (II) vermag nur das erstere — als typisches heterocyclisches Dien — mit Maleinsäureanhydrid ein Addukt von der Struktur (III) zu bilden:

COOR, H, $H_5C_6$, $CH_3$, ROOC, $N-CH_3$, $CH_3$ (I)

COOR, H, $H_5C_6$, $CH_3$, ROOC, $N-CH_3$, $CH_3$ (II)

COOR, $CH-CO$, H, $H_5C_6$, $CH_3$, O, ROOC, $N-CH_3$, $CH-CO$, $CH_3$ (III)

## *Ausblick.*

Es ist auf den vorstehenden Blättern der Versuch gemacht worden, zu zeigen, inwiefern die „Dien-Synthese" als neues Forschungsprinzip der organischen Chemie unsere Vorstellungen über Bildung, Darstellungsmöglichkeiten und Wesen so mancher *Naturstoffe* nach den verschiedensten Richtungen gefördert und damit der Erschließung und dem Ausbau dieses unermeßlichen Gebietes einen Dienst geleistet hat. Aber diese Zusammenstellung kann, wenn sie uns auch, dem Charakter der Dien-Synthese entsprechend, ein ungewöhnlich buntes und wechselvolles Bild bietet, nicht entfernt Anspruch auf Vollständigkeit erheben: Dazu ist bereits heute die Fülle des Materials eine allzu große! Es ist anzunehmen, daß auch in Zukunft an immer weiteren Anwendungen des Prinzips sich die Unentbehrlichkeit der Dien-Synthese bei der Bearbeitung von Naturstoffen erweisen wird.

Und sollte es — worauf wir hoffen — gelingen, die tieferen Ursachen für Eintritt und Verlauf der Dien-Synthese — in ihrer echten oder abgewandelten Form als „substituierende Addition" — aufzuklären, so wird auch diese Erkenntnis bestimmt der Erforschung der Naturstoffe zugute kommen.

## Literaturverzeichnis.


1. Diels, O. u. K. Alder: Synthesen in der hydroaromatischen Reihe. I. Mitteil. Liebigs Ann. Chem. **460**, 98 (1928).
2. — Blom J. H. u. W. Koll: Über das aus Cyclopentadien und Azoester entstehende Endomethylen-piperidazin und seine Überführung in 1,3-Diaminocyclopentan. Liebigs Ann. Chem. **443**, 242 (1925); erste Mitteilung darüber bei der „Versammlung südwestdeutscher Dozenten der Chemie", Frankfurt a. Main 1922. — Blom, J. H.: Dissert. Kiel, 1923. — Koll, W.: Dissert. Kiel, 1925.
3. — u. K. Alder: Synthesen in der hydroaromatischen Reihe. X. Mitteil. Liebigs Ann. Chem. **486**, 211 (1931).
4. *Zusammenfassungen*: Diels, O.: „Die ‚Dien-Synthesen' ein ideales Aufbauprinzip organischer Stoffe." Angew. Chem. **42**, 911 (1929). — Alder, K.: Die Methoden der Dien-Synthese. Handb. biolog. Arbeitsmethoden, Abt. I, Teil 2/II$_2$, S. 3079—3192 (1931). — Diels, O.: Dien-Synthese und Selen-Dehydrierung in ihrer Bedeutung für die Entwicklung der organischen Chemie. Ber. dtsch. chem. Ges. **69**, 195 (1936). — Delaby, R.: La Synthèse Diénique selon Diels et Alder. Bull. Soc. chim. France (1937) (Conférence faite devant la Société Chimique de France, le 22 janvier 1937). — Diels, O.: Über organisch-chemische Entdeckungen und ihre Bedeutung für Gegenwart und Zukunft. Chemiker-Ztg. **61**, 7 (1937). — Ellis, Ch.: The Chemistry of Synthetic Resins II, 830 (1935).
5. Fischer, F. G.: Die Konstitution des Phytols. Liebigs Ann. Chem. **464**, 69 (1928). — Fischer, F. G. u. K. Löwenberg: Die Synthese des Phytols. Liebigs Ann. Chem. **475**, 183 (1929).
6. Karrer, P., H. Fritzsche, B. H. Ringier u. H. Salomon: α-Tocopherol. Helv. chim. Acta **21**, 520, 820 (1938).
7. Aschan, O.: Hypothetisches bezüglich der biologischen Entstehung der Harzsäuren. Chemiker-Ztg. **49**, 689 (1925).
8. Siehe Zitat 7.
9. Wallach, O.: Zur Kenntnis der Terpene und der ätherischen Öle; 2. Abhandlung. Liebigs Ann. Chem. **227**, 295 (1885). — Harries, C. D.: Zur Chemie des Parakautschuks. Ber. dtsch. chem. Ges. **35**, 3265 (1902).
10. Vgl. z. B. Richter-Anschütz: Chemie der Kohlenstoffverbindungen, 2. Bd., 1. Hälfte. S. 342 (1935).
11. Semmler, F. W. u. K. G. Jonas: Zur Kenntnis der Bestandteile ätherischer Öle (Synthese des Diterpens α-Camphoren, $C_{20}H_{32}$ und des Sesquiterpens Cyclo-isopren-myrcen, $C_{15}H_{24}$). Ber. dtsch. chem. Ges. **46**, 1566 (1913).
12. Ruzicka, L. u. W. Bosch: Polyterpene und Polyterpenoide LXII. Die Konstitution des Cyclo-isopren-myrcens. Helv. chim. Acta **14**, 1336 (1931).
13. Tiemann, F. u. P. Krüger: Über Veilchenaroma. Ber. dtsch. chem. Ges. **26**, 2675 (1893); Zum Nachweis von Ionon und Iron. Ber. dtsch. chem. Ges. **28**, 1754 (1895); **31**, 808 (1898). — Tiemann, F.: Über die Veilchenketone und die in Beziehung dazu stehenden Verbindungen der Citral-(Geranial-)Reihe. Ber. dtsch. chem. Ges. **31**, 808 (1898).

14. MERLING, G.: Über die Umwandlung von Carbonsäuren in ihre Aldehyde. Ber. dtsch. chem. Ges. **41**, 2064 (1908). — MERLING, G. u. R. WELDE: Synthese von Veilchenriechstoffen. Liebigs Ann. Chem. **366**, 119 (1909).
15. DIELS, O. u. K. ALDER: Synthesen in der hydroaromatischen Reihe. III. Mitteil. Liebigs Ann. Chem. **470**, 96 (1929).
16. KOMPPA, G.: Über die Totalsynthese der Camphersäuren, bzw. des Camphers. Liebigs Ann. Chem. **370**, 209 (1909).
17. DIELS, O. u. K. ALDER: Synthesen in der hydroaromatischen Reihe. VII. Mitteil, Liebigs Ann. Chem. **478**, 143 (1930). — KOCH, W.: Über die durch „Dien-Synthesen" des α-Terpinens und des Cycloheptadiens gebildeten bicyclischen Ringsysteme. Dissert. Kiel, 1932.
18. — — Synthesen in der hydroaromatischen Reihe. III. Mitteil. Liebigs Ann. Chem. **470**, 74 (1929).
19. — — Synthesen in der hydroaromatischen Reihe. IX. Mitteil. Liebigs Ann. Chem. **486**, 202 (1931).
20. MÜLLER, F: Zur Kenntnis des ostindischen Sandelholzöles. Arch. Pharmaz. u. Ber. dtsch. pharm. Ges. **238**, 366 (1900).
21. GÖRNITZ, K.: Cantharidin als Gift und Anlockungsmittel für Insekten. Sonderdruck aus Bd. 4, Nr. 2, S. 116 der „Arbeiten über physiologische und angewandte Entomologie", Berlin-Dahlem.
22. GADAMER, J.: Die Konstitution des Cantharidins. Arch. Pharmaz. u. Ber. dtsch. pharm. Ges. **252**, 609 (1904).
23. BRUCHHAUSEN, F. v. u. H. W. BERSCHE: Zur Konstitution des Cantharidins. Eine eigenartige Zerfallsreaktion des Cantharidins. Arch. Pharmaz. u. Ber. dtsch. pharm. Ges. **266**, 697 (1928).
24. Zitat *23*, ferner: DIELS, O. u. K. ALDER: Synthesen in der hydroaromatischen Reihe. II. Mitteil. Über Cantharidin. Ber. dtsch. chem. Ges. **62**, 554 (1929); SCHMALBECK, O.: Über den Verlauf der „Dien-Synthesen" in der Reihe des Furans und des Pyrazols. Dissert. Kiel, 1932. — OLSEN, S.: Über Versuche in der Cantharidin-Reihe und zur Synthese des Cantharidins. Dissert. Kiel, 1939.
25. DIELS, O. u. S. OLSEN: noch unveröffentlichte Beobachtungen.
26. FISCHER, H. u. H. ORTH: Die Chemie des Pyrrols. Bd. I, S. 298ff. (1934); Bd. II, S. 504ff. (1937). Leipzig: Akademische Verlagsgesellschaft.
27. DIELS, O. u. K. ALDER: Synthesen in der hydroaromatischen Reihe. III. Mitteil. Liebigs Ann. Chem. **470**, 73 (1929); X. Mitteil. Liebigs Ann. Chem. **486**, 211 (1931); XIV. Mitteil. Liebigs Ann. Chem. **490**, 267 (1931); XV. Mitteil. Liebigs Ann. Chem. **490**, 277 (1931).
28. FISCHER, H., P. HARTMANN u. H. J. RIEDL: Synthese des 2,4-Dimethyl-5-carbäthoxy-3-bernsteinsäurepyrrols. Liebigs Ann. Chem. **494**, 246 (1932).
29. DIELS, O. u. K. ALDER: Synthesen in der hydroaromatischen Reihe. XIV. Mitteil. Liebigs Ann. Chem. **490**, 267 (1931).
30. — — Synthesen in der hydroaromatischen Reihe. XVII. Mitteil. Liebigs Ann. Chem. **498**, 16 (1932); XVIII. Mitteil. Liebigs Ann. Chem. **505**, 103 (1933); XIX. Mitteil. Liebigs Ann. Chem. **510**, 87 (1934). — DIELS, O. u. R. MEYER: Synthesen in der hydroaromatischen Reihe. XXI. Mitteil. Liebigs Ann. Chem. **513**, 129 (1934). — DIELS, O. u. F. MÖLLER: Synthesen in der hydroaromatischen Reihe. XXIII. Mitteil. Liebigs Ann. Chem. **516**, 45 (1935). — DIELS, O. u. J. HARMS: Synthesen in der hydroaromatischen Reihe. XXVI. Mitteil. Liebigs Ann. Chem. **525**, 73 (1936). — DIELS, O. u. H. SCHRUM: Synthesen in der hydroaromatischen Reihe. XXVII. Mitteil. Liebigs Ann. Chem. **530**, 68 (1937). — DIELS, O. u. H. PISTOR: Synthesen in der hydroaromatischen Reihe. XXVIII. Mitteil. Liebigs Ann. Chem. **530**, 87 (1937).

31. WILLSTÄTTER, R. u. E. FOURNEAU: Über Lupinin. Ber. dtsch. chem. Ges. **35**, 1910 (1902). — KARRER, P., F. CANAL, K. ZOHNER u. R. WIDMER: Über Lupinin. Helv. chim. Acta **11**, 1062 (1928). — KARRER, P. u. A. VOGT: Zur Kenntnis des Lupinins. Helv. chim. Acta. **13**, 1073 (1930). — SCHÖPF, C.: Über die Alkaloide der Lupinen. Liebigs Ann. Chem. **465**, 97 (1928). — SCHÖPF, C., E. SCHMIDT u. W. BRAUN: Zur Kenntnis des Lupinins. Ber. dtsch. chem. Ges. **64**, 683 (1931). — WINTERFELD, K. u. F. W. HOLSCHNEIDER: Über die Konstitution des Lupinins. I. Mitteil. Ber. dtsch. chem. Ges. **64**, 137, 692 (1931).

32. DIELS, O. u. K. ALDER: Synthesen in der hydroaromatischen Reihe. XVII. Mitteil. Liebigs Ann. Chem. **498**, 25 (1932).

33. -- u. H. SCHRUM: Synthesen in der hydroaromatischen Reihe. XXVII. Mitteil. Liebigs Ann. Chem. **530**, 68 (1937).

34. Vgl. z. B. die unter *4* angeführte Monographie von K. ALDER, S. 3131ff.

35. WINDAUS, A.: Nachr. Ges. Wiss. Göttingen 1929, S. 171.

36. KÖGL, F. u. H. ERXLEBEN: Untersuchungen über Pilzfarbstoffe. VIII. Über den roten Farbstoff des Fliegenpilzes. Liebigs Ann. Chem. **479**, 11 (1930).

37. DIELS, O. u. K. ALDER: Synthesen in der hydroaromatischen Reihe. VI. Mitteil. Ber. dtsch. chem. Ges. **62**, 2337 (1929). — K. ALDER u. G. STEIN: Über partiell hydrierte Naphto- und Anthrachinone mit Wasserstoff in $\gamma$- bzw. $\delta$-Stellung. (Mitbearbeitet von P. PRIES u. H. WINCKLER.) Ber. dtsch. chem. Ges. **62**, 2360 (1929).

38. WALLACH, O.: Terpene und Campher. S. 480. Leipzig 1914.

39. WINDAUS, A. u. A. LÜTTRINGHAUS: Über das Verhalten des Ergosterins und einiger seiner Derivate gegenüber Maleinsäure-anhydrid. Ber. dtsch. chem. Ges. **64**, 850 (1931).

40. — F. v. WERDER u. A. LÜTTRINGHAUS: Über das Tachysterin. Liebigs Ann. Chem. **499**, 188 (1932).

41. — O. LINSERT, A. LÜTTRINGHAUS u. G. WEIDLICH: Über das kristallisierte Vitamin $D_2$. Liebigs Ann. Chem. **492**, 226 (1931).

42. KAUFMANN, H. P. u. J. BALTES: Dien-Synthesen auf dem Fettgebiet. Chem. Zbl. 1936 II, 2472.

43. KAPPELMEIER, C. P. A.: Gedanken über die chemischen Vorgänge bei der Standölbildung. Farben-Ztg. **37**, 1018 (1930); **39**, 1077 (1932).

44. KARRER, P., G. SCHWARZENBACH, F. BENZ u. U. SOLMSSEN: Über Reduktionsprodukte des Nicotinsäure-amid-jodmethylats. Helv. chim. Acta **19**, 811 (1936); MUMM, O. u. J. DIEDERICHSEN: Hydrierungen und Dehydrierungen in der Pyridinreihe, zugleich als Modellversuche für die wasserstoffübertragende Wirkung der Codehydrasen. Liebigs Ann. Chem. **538**, 201 (1939).

*(Eingelaufen am 22. Juli 1939.)*

# Biochemische Hydrierungen.

Von **F. G. Fischer**, Würzburg.

## I. Einleitung.

Die meisten synthetischen Vorgänge des organischen Stoffwechsels müssen außer den Kohlenstoff mit Kohlenstoff verknüpfenden auch Reduktionsreaktionen einbegreifen. Das wird schon bei der einfachen bilanzmäßigen Betrachtung dieser Vorgänge deutlich, selbst wenn man von der eindrucksvollsten Reduktionsleistung absieht, von der Assimilation der Kohlensäure unter Bildung von Stärke, und nur die weiteren Umwandlungen des Zuckers in die anderen Klassen von Naturstoffen in Rechnung stellt.

Greift man aus der Mannigfaltigkeit biologischer Oxydoreduktionen jene heraus, die eine Erniedrigung der durchschnittlichen Oxydationsstufe des Kohlenstoffes einer organischen Verbindung bewirken, so zeigt sich, daß sie auf folgende wenige enzymatische Teilvorgänge zurückgeführt werden können:

1. Die Umwandlung von $\rangle$C—OH in —$\rangle$C—H; sie ist bisher nur beobachtet als Folge der Oxydoreduktion innerhalb *eines* Moleküls, wie sie z. B. bei der Umlagerung von Phospho-glycerinsäure in Phosphobrenztraubensäure eintritt. Bei dieser Disproportionierung bleibt allerdings die Oxydationsstufe des ganzen Moleküls unverändert; durch die Bildung der Brenztraubensäure wird aber eine weitere Reaktion vorbereitet, nämlich:

2. Die Abspaltung von Kohlendioxyd aus einer $\alpha$-Ketosäure —CO·COOH $\rightarrow$ —CHO + $CO_2$, welche eine Desoxydation des Molekülrestes bedeutet.

Zu diesen beiden sauerstoff-entziehenden Vorgängen treten als wasserstoff-anlagernde Reaktionen, als Hydrierungen im eigentlichen Sinne, hinzu:

3. Die Reduktion von $\rangle$C=O zu $\rangle$CH—OH, die in einer Fülle von Beispielen genauer untersucht und deren Bedeutung für die Reaktionen des Kohlenhydratabbaues weitgehend geklärt ist.

4. Die Hydrierung von $>C=C<$ zu $>CH-CH<$, deren Nachweis bisher auf bestimmte Gruppen von Äthylenverbindungen beschränkt ist.

5. Die Hydrierung von $>C=N-$ zu $>CH-NH-$ die bei der Bildung von Aminosäuren aus Ammoniak und den entsprechenden Ketosäuren vor sich geht.

Weitere Reduktionsreaktionen, die bei der Synthese organischer Stoffe mitwirken könnten, sind bisher nicht beobachtet worden. Von den umkehrbaren Oxydoreduktionen prosthetischer Gruppen von Fermenten, wie der beiden Co-Dehydrasen, der Riboflavinderivate und anderer chinoider Stoffe, kann in diesem Zusammenhang abgesehen werden. In den folgenden Ausführungen wird hauptsächlich die Bedeutung von den drei zuletzt genannten Reaktionen für die ***natürliche Bildung und gegenseitige Umwandlung von Naturstoffen*** dargelegt, wie sie aus Untersuchungen der letzten Jahre hervorgeht.

Dabei erscheint die Abhandlung der Carbonylreduktion in einem besonderen Abschnitt als nicht zweckmäßig, da weder eine Besprechung der betreffenden Oxydoreduktionen des Kohlenhydratabbaues beabsichtigt ist, noch eine zusammenfassende Darstellung der seit über 25 Jahren bekannten „phytochemischen Reduktion" von Carbonylverbindungen durch Einwirkung von Mikroorganismen [Übersichten bei OPPENHEIMER (*1*) sowie NEUBERG und GORR (*2*)]. Soweit biochemische Carbonylreduktionen in letzter Zeit bei besonderen Stoffklassen eine Untersuchung erfahren haben oder mit der Hydrierung von Äthylenverbindungen vergesellschaftet ablaufen, werden sie in den entsprechenden Abschnitten erwähnt.

## II. Die Hydrierung der Äthylenbindung.

Obwohl schon das gemeinsame natürliche Vorkommen zahlreicher Stoffpaare, die im Verhältnis von Äthylen zu Äthan zueinanderstehen, wie Citral-Citronellal, Zimtalkohol-Hydrozimtalkohol, deutlich auf die Möglichkeit einer enzymatischen Hydrierung der C=C-Doppelbindung in Pflanze und Tier hinweist, war bis vor wenigen Jahren Fumarsäure der einzige Stoff, dessen Absättigung unter der Einwirkung eines Ferments bekannt war.

Die biochemische Hydrierung von Äthylenverbindungen als allgemeinere Reaktion ist (1934) bei der Einwirkung von gärender Hefe auf ungesättigte $\alpha$-Ketosäure entdeckt worden [FISCHER und WIEDEMANN (*3*)]. Außer der erwarteten Decarboxylierung und Reduktion des dadurch entstehenden Aldehyds zum Olefinalkohol wurde damals auch die Bildung des entsprechend gesättigten Alkohols nachgewiesen. Die

Beobachtung der *zymochemischen Angreifbarkeit der Äthylenbindung* ließ sich alsbald auch auf ungesättigte Aldehyde, Ketone und primäre Alkohole erweitern und durch Verwendung von Fermentlösungen näher untersuchen. Es konnte weiterhin nachgewiesen werden, daß auch Bakterien zu derartigen Wasserstoff-anlagerungen fähig sind und daß auch im *tierischen* Organismus die Absättigung bestimmter Äthylenkörper stattfindet.

## A. Hydrierungen durch Hefe und Bakterien.

Zur Durchführung der Hydrierungen durch Gärung wird der Stoff, für dessen feine Verteilung gesorgt werden muß, mit einer Aufschlämmung von Hefe in einer zuckerhaltigen Lösung gerührt oder in eine Bakterienkultur gebracht. Es wäre zu erwarten gewesen, daß Stoffe, die in Wasser nahezu unlöslich sind oder die Hefegärung stark hemmen, auch nicht hydriert werden. Doch zeigt sich in vielen Fällen, daß die Wasserstoffanlagerung auch bei ausgesprochen lipoidlöslichen Stoffen stattfinden kann, und auch wenn der Gesamtablauf der Gärung bis zur Kohlendioxydentwicklung gehemmt ist. Es genügt eben, wenn bestimmte Oxydoreduktionen des Kohlenhydratabbaues noch vor sich gehen (siehe S. 73).

Da die im folgenden erwähnten Gärversuche unter vergleichbaren Bedingungen durchgeführt wurden, lassen sich Aussagen machen über die relative Geschwindigkeit der Hydrierungen bei verschiedenen Stoffen; diese Geschwindigkeit kann sehr verschieden und in charakteristischer Weise nicht nur von ihren physikalischen Eigenschaften, sondern auch von ihrer Konstitution abhängig sein.

### 1. *Primäre Alkohole.*

Die Hydrierung $\alpha,\beta$-ungesättigter primärer Alkohole durch gärende Hefe [FISCHER und WIEDEMANN (*3*)] verläuft bei den niederen, noch hinreichend wasserlöslichen Vertretern vergleichsweise schnell; schon im Laufe eines Tages kann *Crotylalkohol* (I a), der in 1proz. Lösung sich in einem stark gärenden Ansatz befindet (mit etwa 3% Trockengewicht Bierhefe), zur Hälfte zu *Butylalkohol* (I b) hydriert werden.

$$R\cdot CH = CH\cdot CH_2OH \xrightarrow{2\,H^+ + 2\,e} R\cdot CH_2\cdot CH_2\cdot CH_2OH$$

Die Absättigung von *Zimtalkohol* (II a) zu *Hydrozimtalkohol* (II b), die zweckmäßig in etwas verdünnteren Lösungen durchgeführt wird, hemmt die Kohlendioxydentwicklung merklich, geht aber nahezu ebenso schnell vor sich.

Etwa doppelt so lange Gärzeiten erfordert die Hydrierung von *Tiglinalkohol* (III a) zu einem linksdrehenden *iso-Amylalkohol* (III b). Die Methylverzweigung an der Äthylenbindung verlangsamt also ihre Absättigung.

Bei länger dauernden Versuchen mit Crotylalkohol wird beobachtet, daß die Ausbeute an Butylalkohol viel kleiner wird; es findet sehr wahrscheinlich eine Assimilation dieser niederen Alkohole durch die Hefezellen statt. Mit geringerer Geschwindigkeit wird ein solches Verschwinden der eingesetzten Produkte auch bei Tiglinalkohol und bei den Polyenalkoholen *Sorbinalkohol* (Va) und *Octatrienol* (VIa) beobachtet, welche in der Hauptmenge unter Addition von 2 Wasserstoffatomen ein *Hexenol* (Vb) bzw. ein *Octadienol* (VIb) liefern, deren Konstitution S. 42 näher besprochen wird.

Hydrozimtalkohol wird ebenfalls durch Hefe gebunden, und zwar auch desto mehr, je länger die Gärungen dauern, hauptsächlich jedoch nur unter Bildung einer mit Wasserdämpfen nicht flüchtigen, mit Lauge spaltbaren Verbindung, wahrscheinlich eines Esters.

Auch *Geraniol* (IVa) [FISCHER und EYSENBACH (9)] wird bei seiner Hydrierung, die zu optisch aktivem, und zwar rechtsdrehendem *Citronellol* (IVb) führt, zu geringerem Teil verestert. Weiter als zum Citronellol geht die Absättigung nicht, da die zum Hydroxyl nicht konjugierte Äthylenbindung auch bei sehr lange dauernden Hefeeinwirkungen unangegriffen bleibt. In Übereinstimmung damit wird Citronellol von Hefe nicht verändert; auch das leicht wasserlösliche *Allylcarbinol* (VII), das die Tätigkeit der Hefe nicht merklich hemmt, ist nach 5tägigen Gärungen nicht im geringsten abgesättigt.

Der Nachweis der *Hydrierung einer Äthylenbindung durch Bakterien* ist zuerst ebenfalls an einem einfachen Olefinalkohol, nämlich am *Crotylalkohol* geführt worden [FISCHER und ROBERTSON (6)]. Um seine Absättigung in einer gärenden *Bacterium coli*-Kultur befriedigend zu gestalten, ist es erforderlich, das Sauerwerden der Kulturflüssigkeit zu verhindern. Die Prüfung von *Zimtalkohol* mit den gleichen Bakterien führte zu keinem zweifelsfreien Ergebnis, da dieser Alkohol ihre Vermehrung auch in starker Verdünnung hemmt.

$CH_3\cdot CH = CH\cdot CHO$

(I). Crotonaldehyd.

$C_6H_5\cdot CH = CH\cdot CHO$

(II). Zimtaldehyd.

$CH_3\cdot CH = CH\cdot CH_2OH$

(Ia). Crotylalkohol.

$C_6H_5\cdot CH = CH\cdot CH_2OH$

(IIa). Zimtalkohol.

$CH_3\cdot CH_2\cdot CH_2\cdot CH_2OH$

(Ib). Butylalkohol.

$C_6H_5\cdot CH_2\cdot CH_2\cdot CH_2OH$

(IIb). Hydrozimtalkohol.

$CH_3\cdot CH = C(CH_3)\cdot CHO$

(III). Tiglinaldehyd.

$CH_3\cdot C(CH_3) = CH\cdot CH_2\cdot CH_2\cdot C(CH_3) = CH\cdot CHO$

(IV). Citral.

$CH_3\cdot CH = C(CH_3)\cdot CH_2OH$

(IIIa). Tiglinalkohol.

$CH_3\cdot C(CH_3) = CH\cdot CH_2\cdot CH_2\cdot C(CH_3) = CH\cdot CH_2OH$

(IVa). Geraniol.

$$\underset{\text{(III b). iso-Amylalkohol.}}{CH_3\cdot CH_2\cdot \underset{\displaystyle CH_3}{\underset{|}{CH}}\cdot CH_2OH} \qquad \underset{\text{(IV b). Citronellol.}}{CH_3\cdot \underset{\displaystyle CH_3}{\underset{|}{C}} = CH\cdot CH_2\cdot CH_2\cdot \underset{\displaystyle CH_3}{\underset{|}{CH}}\cdot CH_2\cdot CH_2OH}$$

$$\underset{\text{(V). Sorbinaldehyd.}}{CH_3\cdot CH = CH\cdot CH = CH\cdot CHO} \qquad \underset{\text{(VI). Octatrienal.}}{CH_3\cdot CH = CH\cdot CH = CH\cdot CH = CH\cdot CHO}$$

$$\underset{\text{(V a). Sorbinalkohol.}}{CH_3\cdot CH = CH\cdot CH = CH\cdot CH_2OH} \qquad \underset{\text{(VI a). Octatrienol.}}{CH_3\cdot CH = CH\cdot CH = CH\cdot CH = CH\cdot CH_2OH}$$

$$\underset{\text{(V b). Hexenol.}}{CH_3\cdot CH = CH\cdot CH_2\cdot CH_2\cdot CH_2OH} \qquad \underset{\text{(VI b). Octadienol.}}{CH_3\cdot CH = CH\cdot CH = CH\cdot CH_2\cdot CH_2\cdot CH_2OH}$$

$$\underset{\text{(VII) Allylcarbinol.}}{CH_2 = CH\cdot CH_2\cdot CH_2OH}$$

## 2. *Aldehyde.*

Die Wasserstoffanlagerung an die Carbonylgruppe $\alpha,\beta$-ungesättigter Aldehyde erfolgt schneller als die an ihre Äthylenbindung [Fischer und Wiedemann (*3*)], jedenfalls bei Verwendung lebender, gärender Hefe. Unterbricht man die Gärung vor dem vollkommenen Verschwinden des Olefinaldehyds, dann läßt sich als Reaktionsprodukt neben kleinen Mengen des gesättigten Alkohols hauptsächlich der ungesättigte Alkohol isolieren, jedoch nicht der gesättigte Aldehyd.

Es ist also anzunehmen, daß die ungesättigten Aldehyde in der Hauptmenge erst nach Umwandlung in die Alkohole eine Hydrierung der Äthylenbindung erfahren:

$$R\cdot CH = CH\cdot CHO \xrightarrow{2\,H^+ + 2\,e} R\cdot CH = CH\cdot CH_2OH \xrightarrow{2\,H^+ + 2\,e} \longrightarrow R\cdot CH_2\cdot CH_2\cdot CH_2OH\ .$$

Daneben müssen aber, besonders bei den niederen Gliedern, auch andere Reaktionen einhergehen, die in viel höherem Maß als bei den entsprechenden Alkoholen zu einer Schmälerung der Ausbeute an gesättigten Produkten führen.

*Crotonaldehyd* (I) liefert in 2tägigen Gärungen ausschließlich *Butylalkohol* (Ib), aber nur zu 20%; bei kürzeren Versuchen entstehen Gemische aus viel *Crotylalkohol* (Ia) und wenig *Butylalkohol*. Gleichartig verhält sich *Tiglinaldehyd* (III), aus dem schließlich linksdrehender *iso-Amylalkohol* (IIIb) gebildet wird.

Die schlechten Erträge an den S. 41 näher besprochenen, teilweise hydrierten Alkoholen (Vb) und (VIb) aus *Sorbinaldehyd* (V) und *Octatrienal* (VI) machen es wahrscheinlich, daß auch diese mehrfach ungesättigten Aldehyde Nebenreaktionen unter Bildung nichtflüchtiger Stoffe eingehen.

Nach Reichel und Schmid (*14*) sollen Crotonaldehyd, Sorbinaldehyd und Octatrienal als Ausgangsstoffe zur Fettbildung für den Hefepilz *Endomyces vernalis* dienen können.

Der aus *Zimtaldehyd* (II) entstehende *Hydrozimtalkohol* (IIb) findet sich, wie in den Gäransätzen mit Zimtalkohol, zum Teil als Ester gebunden vor. Aus *Citral* (IV) entsteht über *Geraniol* (IVa) bei längeren Gärzeiten, wie zu erwarten, *Citronellol* (IVb). Eine CANNIZZAROsche Disproportionierung der ungesättigten Aldehyde erfolgt nicht, jedenfalls nicht in größeren Prozentsätzen; denn die entsprechenden Säuren entstehen nicht, wenn man die Gärversuche unter Abschluß von Sauerstoff durchführt.

### 3. *Ketone.*

Auch bei den $\alpha,\beta$-ungesättigten Ketonen [FISCHER und WIEDEMANN (*4*)] gehen die Reduktion des Carbonyls und die der Äthylenbildung als offenbar unabhängige Reaktionen nebeneinander vor sich. Doch sind die Geschwindigkeiten beider Wasserstoff-anlagerungen durchweg viel geringer als bei den Olefinaldehyden. Auch ist das Verhältnis dieser Geschwindigkeiten in den geprüften Beispielen sehr stark zuungunsten der Carbonylreduktionen verschoben; dadurch erhalten die Umsetzungen der Ketone ihr besonderes Gepräge.

Betrachtet man zunächst nur die Geschwindigkeiten der Absättigung der Äthylenbindung, so lassen sich gerade mit Vertretern dieser Körperklasse besonders starke Unterschiede feststellen, die keinesfalls allein auf ihre verschiedenen Löslichkeitsverhältnisse und auf die damit zusammenhängende, wechselnde Schädigung der Hefezellen zurückgeführt werden können.

Am schnellsten noch erfolgt die Absättigung bei Ketonen, deren Äthylenbindung, konjugiert zum Carbonyl, zwischen sekundären Kohlenstoffen liegt.

*Benzal-aceton* (VIII) läßt sich in 5—10tägigen Versuchen nahezu vollständig hydrieren. Noch besser ist infolge seiner größeren Wasserlöslichkeit *Furfuryliden-aceton* (IX) hydrierbar. Auch höher-ungesättigte Furanderivate, wie Furfuryliden-crotyliden-aceton, schädigen die Hefe wenig und addieren leicht Wasserstoff.

$C_6H_5 \cdot CH = CH \cdot CO \cdot CH_3$
(VIII). Benzal-aceton.

$C_6H_5 \cdot CH_2 \cdot CH_2 \cdot CO \cdot CH_3$
(VIII a). Benzyl-aceton.

$C_6H_5 \cdot CH_2 \cdot CH_2 \cdot CHOH \cdot CH_3$
(VIII b). Methyl-$\beta$-phenyläthylcarbinol.

$C_6H_5 \cdot CH = CH \cdot CHOH \cdot CH_3$
(VIII c). Methyl-styrylcarbinol.

```
HC—— CH
||   ||
HC   C·CH = CH·CO·CH3
  \ /
   O
```
(IX). Furfuryliden-aceton.

$C_4H_3O \cdot CH_2 \cdot CH_2 \cdot CO \cdot CH_3$
(IX a)

$C_4H_3O \cdot CH_2 \cdot CH_2 \cdot CHOH \cdot CH_3$
(IX b)

Vergleichsweise recht rasch erfolgt die Wasserstoff-anlagerung auch an das zweifach-ungesättigte *Crotyliden-aceton* (X), und zwar bis zur

Absättigung einer Doppelbindung. Sogar bei dem in Wasser völlig unlöslichen und die Hefe stark schädigenden *Cinnamal-aceton* (XI) gelingt mit dem üblichen Güransatz in 4 Tagen eine Hydrierung zu etwa 30%. Die Wasserstoffaddition macht auch hier nach Aufhebung einer Doppelbindung halt (siehe S. 41).

$CH_3 \cdot CH = CH \cdot CH = CH \cdot CO \cdot CH_3$ (X). Crotyliden-aceton.

$C_6H_5 \cdot CH = CH \cdot CH = CH \cdot CO \cdot CH_3$ (XI). Cinnamal-aceton.

$CH_3 \cdot CH = CH \cdot CH_2 \cdot CH_2 \cdot CO \cdot CH_3$ (X a)

$C_6H_5 \cdot CH = CH \cdot CH_2 \cdot CH_2 \cdot CO \cdot CH_3$ (XI a)

$CH_3 \cdot CH = CH \cdot CH_2 \cdot CH_2 \cdot CHOH \cdot CH_3$ (X b)

$C_6H_5 \cdot CH = CH \cdot CH_2 \cdot CH_2 \cdot CHOH \cdot CH_3$ (XI b)

Bedeutend langsamer und daher unter den üblichen Versuchsbedingungen nur zu einem sehr geringen Bruchteil lassen sich Ketone absättigen, in denen die Äthylenbindung einerseits von einem tertiären Kohlenstoff ausgeht; hierbei scheint es gleichgültig zu sein, ob sie in einer aliphatischen Kette oder in einem hydroaromatischen Ring liegt. *Mesityloxyd* (XII) z. B. lagert außerordentlich langsam Wasserstoff an, obwohl es die Gärung der Hefe kaum hemmt; auch nach 10tägigen Gärungen waren höchstens 10% der wiedergewonnenen Anteile gesättigt. Allerdings müssen bei diesem Stoff auch andere, noch unbekannte Reaktionen eintreten, die ihn größtenteils zum Verschwinden bringen, vielleicht unter Aufnahme in die Zellbestandteile der Hefe, ähnlich wie bei den niederen aliphatischen ungesättigten Aldehyden und Alkoholen.

Doch sind auch cyclische Ketone mit Doppelbindung an einem tertiären Kohlenstoff, die von der Hefe nicht im geringsten verbraucht werden, schwer hydrierbar.

*Methyl-cyclohexenon* (XIII) ist nach einwöchiger Gärung nur zu einem Viertel des Ansatzes hydriert. Bei *Pulegon* (XIV) und *Carvon* (XV), die auf Grund ihres natürlichen Vorkommens besonders interessierten und daher mehrfach untersucht wurden, überschreitet die Absättigung auch nach mehrtägigen Gärungen selten wenige Prozente. Auch bei ihnen kann die Langsamkeit der enzymatischen Wasserstoffaddition sicher nicht allein auf ihre Schwerlöslichkeit in Wasser und auf die Hemmung der Gärung zurückgeführt werden; das geht schon aus dem Vergleich mit dem höhermolekularen, festen und daher schlechter verteilten *Cinnamal-aceton* (XI) hervor, das trotzdem schneller hydriert wird. Es muß die Verzweigung an dem einen doppelt gebundenen Kohlenstoff sein, welche die Äthylen-absättigung erschwert; bei den ungesättigten Aldehyden wirkt ja die Anwesenheit eines tertiären C-Atoms an der Doppelbindung ebenfalls hemmend, wenn auch nicht so stark, wie an den Beispielen vom Crotonaldehyd und Tiglinaldehyd zu erkennen ist.

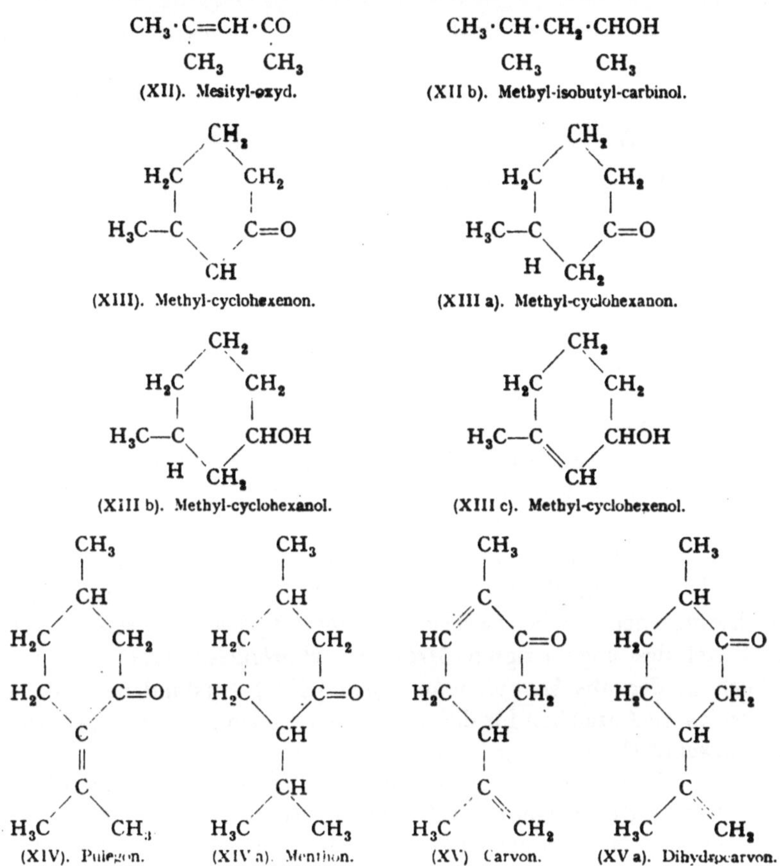

(XII). Mesityl-oxyd. (XII b). Methyl-isobutyl-carbinol.

(XIII). Methyl-cyclohexenon. (XIII a). Methyl-cyclohexanon.

(XIII b). Methyl-cyclohexanol. (XIII c). Methyl-cyclohexenol.

(XIV). Pulegon. (XIV a). Menthon. (XV) Carvon. (XV a). Dihydrocarvon.

Völlig unberührt bleibt die Äthylenbindung, wenn sie zum Carbonyl nicht konjugiert ist. Das leicht lösliche, für die Hefe unschädliche *Allyl-aceton* (XVI) war auch nach langer Gärung nur am Carbonyl reduziert und nach wie vor ungesättigt. Damit übereinstimmend steht die erwähnte Beobachtung, daß die zweifach ungesättigten Ketone *Crotyliden-aceton* (X) und *Cinnamal-aceton* (XI) nach dem Verschwinden einer Doppelbindung nicht weiter hydriert werden.

$CH_2{=}CH \cdot CH_2 \cdot CH_2 \cdot CO \cdot CH_3$ (XVI). Allyl-aceton.

$CH_2{=}CH \cdot CH_2 \cdot CH_2 \cdot CHOH \cdot CH_3$ (XVI c). Hexen-(1)-ol-(5).

Vergleicht man nun die *relativen Geschwindigkeiten* der C=O- und C=C-Hydrierungen, so zeigt sich, wie eingangs schon erwähnt, in allen untersuchten Beispielen, daß bei den ungesättigten Ketonen (im Gegensatz zu den Aldehyden) die Hydrierung der Äthylenbindung viel schneller verläuft als die des Carbonyls. Es entstehen daher, zumindest in der Hauptmenge, zunächst die entsprechenden gesättigten Ketone (*a*); als zweite Reaktion setzt dann die Reduktion des Carbonyls ein, die in lang dauernden Versuchen zu größeren Mengen der gesättigten Alkohole führt (*b*).

$$R\cdot CH{=}CH\cdot \underset{R}{C}{=}O \begin{cases} \longrightarrow (a)\ R\cdot CH_2\cdot CH_2\cdot \underset{R}{C}{=}O \longrightarrow (b)\ R\cdot CH_2\cdot CH_2\cdot \underset{R}{C}HOH \\ \longrightarrow (c)\ R\cdot CH{=}CH\cdot \underset{R}{C}HOH \end{cases}$$

In den Versuchen mit den *Ketonen* (VIII)—(XI) bestanden nach einwöchigen Gärungen die Reaktionsprodukte aus 80—95% des entsprechenden *wasserstoffreicheren Ketons* (VIII a)—(XI a) und aus 20—5% des *wasserstoffreicheren Alkohols* (VIII b)—(XI b). Die aus *Pulegon* (XIV) und *Carvon* (XV) in sehr geringer Menge entstandenen Hydrierungsprodukte enthielten sehr wahrscheinlich nur *Menthon* (XIV a) bzw. *Dihydro-carvon* (XV a), während in dem wiedergewonnenen Mesityloxyd *Methyl-isobutyl-carbinol* (XII b) das vorwiegende Reaktionsprodukt war.

Die Bildung des sekundären Olefinalkohols (*c*) findet bei den meisten Stoffen nicht nachweisbar statt. Nur im Versuch mit *Benzal-aceton* (VIII) enthielt die Alkoholfraktion, welche im ganzen nur 5% der Reduktionsprodukte ausmachte, neben zwei Drittel *Methyl-β-phenäthylcarbinol* (VIII b) ein Drittel des ungesättigten *Methyl-styrylcarbinols* (VIII c).

Auch in der aus *Methyl-cyclohexenon* (XIII) entstandenen Alkoholfraktion waren Anzeichen für das Vorhandensein einiger Prozente *Methyl-cyclohexenol* (XIII c).

Es kann jedenfalls bei der enzymatischen Übertragung von Wasserstoff auf ungesättigte Ketone außer der überwiegenden Addition an die Doppelbindung (*a*) in einigen Fällen und in geringem Umfang auch eine Addition an das Carbonyl allein stattfinden (*c*). Doch geht diese Reduktion des Carbonyls α,β-ungesättigter Ketone in allen geprüften Beispielen sehr viel schwieriger vor sich als die des Carbonyls vom entsprechenden gesättigten Keton. Die Konjugation eines Carbonyls mit einer Äthylenbindung setzt also die Geschwindigkeit seiner Reduktion durch Hefe sehr stark herab. Daher werden α,β-ungesättigte Olefinketone, deren Äthylenbindung zur Hydrierung kaum fähig ist, wie Pulegon oder Carvon, auch an der Carbonylgruppe nicht verändert. Weitere Beispiele bietet die Gruppe steroider Hormone (siehe S. 162).

Eine isolierte Doppelbindung hemmt die Carbonylreduktion nicht: Aus *Allyl-aceton* (XVI), in dem, wie schon erwähnt, die Äthylenbindung der Hydrierung unzugänglich ist, entsteht leicht *Hexen-(1)-ol-(5)* (XVI c).

### 4. *Sekundäre Alkohole.*

Da α,β-ungesättigte primäre Alkohole durch gärende Hefe hydriert werden, wäre es möglich gewesen, daß auch die gesättigten sekundären Alkohole (*b*) einer nachträglichen Absättigung der Olefinalkohole (*c*) ihre

Entstehung verdanken. *Äthyl-propenyl-carbinol* (XVII) lagert jedoch auch in lang dauernden Gärversuchen nicht im geringsten Wasserstoff an [FISCHER und WIEDEMANN (*4*)]. Es kann daher wohl angenommen werden, daß auch andere α,β-ungesättigte sekundäre Alkohole, im Gegensatz zu den primären, von Hefe nicht hydriert werden. Aus den ungesättigten Ketonen entstehen also die gesättigten Alkohole (*b*) nur über die gesättigten Ketone (*a*).

$CH_3 \cdot CH{=}CH \cdot CHOH \cdot CH_2 \cdot CH_3$

(XVII). Äthyl-propenyl-carbinol.

$$\underset{CH_3}{CH_3 \cdot C}{=}CH \cdot CH_2 \cdot CH_2 \cdot \underset{CH_3}{CHOH}$$

(XVIII). 2-Methyl-hepten-(2)-ol-(6).

Nach den Erfahrungen mit den schon genannten Olefinstoffen mit isolierter Bindung ist es verständlich, daß auch *2-Methyl-hepten-(2)-ol-(6)* (Formel XVIII) zymochemisch nicht abgesättigt werden kann.

### *5. Ketosäuren.*

α,β-ungesättigte Ketosäuren werden unter der Einwirkung gärender Hefe allen Anzeichen nach hauptsächlich auf dem folgenden Weg umgesetzt [FISCHER und WIEDEMANN (*3*)]:

$$R \cdot CH{=}CH \cdot CO \cdot COOH \longrightarrow R \cdot CH{=}CH \cdot CHO + CO_2$$

$$R \cdot CH{=}CH \cdot CHO \xrightarrow{2\,H^+ + 2\,e} R \cdot CH{=}CH \cdot CH_2OH \xrightarrow{2\,H^+ + 2\,e}$$
$$\longrightarrow R \cdot CH_2 \cdot CH_2 \cdot CH_2OH$$

Es tritt also zuerst die von der Brenztraubensäure und anderen gesättigten Ketosäuren her bekannte, fermentative Decarboxylierung ein; der so gebildete ungesättigte Aldehyd wird in der für Aldehyde nachgewiesenen Weise über den Olefinalkohol zum wasserstoffreicheren Alkohol verändert.

Die Bildung des ungesättigten Aldehyds durch Decarboxylierung der Ketosäure läßt sich jedoch nicht unmittelbar nachweisen, weil Olefinaldehyde schon in sehr geringen Konzentrationen die Carboxylase hemmen und so ihre eigene weitere Entstehung verhindern. Aus diesem Grunde wird z. B. durch Trockenhefe nicht die geringste Kohlendioxydabspaltung aus den Ketosäuren hervorgerufen. Lebende Hefe hingegen vermag die entstehenden Aldehydmoleküle zu reduzieren und dadurch die spezifisch gehemmte Carboxylase immer wieder zu befreien. Eine Decarboxylierung der ungesättigten Ketosäure kann also nur stattfinden, wenn der dabei entstehende Aldehyd weiter umgewandelt wird.

Bei Einwirkung von Hefe, die durch längeres Lüften in zuckerfreier Lösung an vergärbaren Bestandteilen verarmt worden ist, folgt der Decarboxylierung der Ketosäure eine Disproportionierung nach, die zur Bildung von äquimolaren Mengen Alkohol und Säure führt:

$$2\,R \cdot CH{=}CH \cdot CO \cdot COOH + H_2O \longrightarrow$$
$$\longrightarrow R \cdot CH{=}CH \cdot CH_2OH + R \cdot CH{=}CH \cdot COOH + 2\,CO_2$$

Diese Reaktion ist insofern bemerkenswert, als bei gleichartiger Behandlung der entsprechenden ungesättigten Aldehyde niemals das Eintreten einer CANNIZZAROschen Umwandlung beobachtet wurde. Es liegen ähnliche Verhältnisse vor, wie bei der Bildung von Acetoin: Durch die Decarboxylierung wird eine weitere Umwandlung ermöglicht, die bei den Aldehyden unter gleichen Bedingungen nicht eintritt.

Bei der Einwirkung stark gärender Hefe tritt die Bildung der um ein C-Atom ärmeren Säure gänzlich zurück, zugunsten des entsprechenden ungesättigten Alkohols, der im weiteren Verlauf des Versuchs noch 2 Wasserstoffe anlagert:

$$C_6H_5\cdot CH{=}CH\cdot CO\cdot COOH \rightarrow C_6H_5\cdot CH_2\cdot CH_2\cdot CH_2OH$$

(XIX). Benzyliden-brenztraubensäure.

$$CH_3\cdot CH{=}CH\cdot CH{=}CH\cdot CH{=}CH\cdot CO\cdot COOH \rightarrow$$

$$\rightarrow CH_3\cdot CH{=}CH\cdot CH{=}CH\cdot CH_2\cdot CH_2\cdot CH_2OH$$

(XX). Sorbinyliden-brenztraubensäure.

Aus der einfach ungesättigten *Benzyliden-brenztraubensäure* (XIX) bildet sich mit 75proz. Ausbeute reiner *Hydrozimtalkohol*, aus der dreifach ungesättigten *Sorbinyliden-benztraubensäure* (XX) mit 60proz. Ertrag ein *Octadienol*, dessen Konstitution im folgenden Abschnitt besprochen wird.

### 6. *Stoffe mit konjugierten Doppelbindungen.*

Wie in den vorhergehenden Abschnitten mehrfach erwähnt wurde, hält die zymochemische Hydrierung von 2- oder 3fach ungesättigten Ketosäuren, Ketonen, Aldehyden oder Alkoholen, deren Doppelbindungen zum Carbonyl oder Hydroxyl und unter sich konjugiert sind, stets nach Absättigung nur *einer* Doppelbindung an und schreitet auch bei längerer Einwirkung der gärenden Hefe nicht weiter [FISCHER und WIEDEMANN (5)].

Sowohl *Sorbinaldehyd* (V) wie *Sorbinalkohol* (Va) geben nach mehrtägigen Versuchen ein Hexenolpräparat, dessen Refraktions- und Hydrierungswerte genau 1 Doppelbindung anzeigen. Ebenso läßt sich die Absättigung von *Crotonyliden-aceton* (X) oder von *Cinnamal-aceton* (XI) nicht weiter treiben als bis zur Bildung der entsprechenden, noch einfach ungesättigten Ketone.

Die 3fach ungesättigte *Sorbinyliden-brenztraubensäure* (XX) liefert in gleicher Weise wie *Octatrienal* (VI) und *Octatrienol* (VIa) schließlich Alkoholpräparate, in denen noch 2 Doppelbindungen enthalten sind.

Dieses Verhalten wird verständlich, wenn man annimmt, daß durch die Anlagerung von 2 Wasserstoffatomen an das konjugierte System eine Trennung der verbleibenden Äthylenbindungen vom Hydroxyl oder Carbonyl stattfindet. Denn zu diesen Gruppen nichtkonjugierte Doppelbindungen sind ja, wie aus anderen Beispielen hervorgeht, der Hydrierung durch Hefe nicht unterworfen.

Eine in bezug auf das Hydroxyl oder Carbonyl isolierte Lage der verbleibenden Doppelbindungen kann aber sowohl durch $\alpha,\beta$- wie durch $\alpha,\omega$-Addition der Wasserstoffatome zustande kommen. Aus *Sorbinalkohol* (Va) z. B. würde nach der ersten Reaktionsweise *Hexen-(4)-ol-(1)* (Formel Vb), nach der zweiten *Hexen-(3)-ol-(1)* (Formel Vc) entstehen.

$$CH_3\cdot CH{=}CH\cdot CH{=}CH\cdot CH_2OH \quad \text{(V a). Sorbinalkohol.}$$

$$\rightarrow CH_3\cdot CH{=}CH\cdot CH_2\cdot CH_2\cdot CH_2OH \quad \text{(V b). Hexen-(4)-ol-(1).}$$

$$\rightarrow CH_3\cdot CH_2\cdot CH{=}CH\cdot CH_2\cdot CH_2OH \quad \text{(V c). Hexen-(3)-ol-(1).}$$

Durch oxydativen Abbau an den verbleibenden Äthylenbindungen der Hydrierungsprodukte und quantitative Bestimmung der Spaltstücke läßt sich jedoch nachweisen, daß die fermentative Wasserstoff-anlagerung ausschließlich in $\alpha,\beta$-Stellung erfolgt.

Dabei ermöglichte folgende Methode die Identifizierung der Spaltstücke zu einem hohen Prozentsatz: Nach Absättigung des Olefins mit Ozon unter peinlicher Vermeidung einer Überozonisation, und Reduktion des Ozonids mit Zinkstaub und Eisessig wurde der entstandene flüchtige Aldehyd im Stickstoffstrom abgetrieben, als p-Nitrophenylhydrazon gefällt und das schwer flüchtige Ozonidspaltstück mit Permanganat zur Säure oxydiert.

Diese Gesetzmäßigkeit der enzymatischen Hydrierung gilt nicht nur für primäre Alkohole; sie gilt auch für Aldehyde und Ketosäuren, bei denen es möglich gewesen wäre, daß neben dem erwähnten Weg der Hydrierung auf der Stufe des Olefinalkohols eine *direkte* Hydrierung stattfinde, die von der ungesättigter Alkohole verschieden sein könnte, da bei den ersteren das Carbonyl an der Konjugation teilnimmt. Sie gilt auch für Ketone, bei denen, wie erwähnt, die Carbonylgruppe die Äthylenhydrierung überdauert.

Sowohl aus *Sorbinalkohol* (Va) wie aus *Sorbinaldehyd* (V) entsteht also ausschließlich *Hexen(4)-ol-(1)* (Formel Vb) und nicht das Isomere (Vc).

Das Reaktionsprodukt aus *Crotonyliden-aceton* (X) besteht nur aus *Hepten-(5)-on-(2)* (Xa) bzw. bei langer Dauer des Gärversuches aus *Hepten-(5)-ol-(2)* (Xb), dasjenige aus *Cinnamal-aceton* (XI) aus *6-Phenylhexen-(5)-on-(2)* (XIa).

$$CH_3\cdot CH{=}CH\cdot CH{=}CH\cdot CO\cdot CH_3 \quad \text{(X). Crotonyliden-aceton.}$$

$$CH_3\cdot CH{=}CH\cdot CH_2\cdot CH_2\cdot CO\cdot CH_3 \quad \text{(X a). Hepten-(5)-on-(2).}$$

$$CH_3CH{=}CH\cdot CH_2\cdot CH_2\cdot CHOH\cdot CH_3 \quad \text{(X b). Hepten-(5)-ol-(2).}$$

$$C_6H_5\cdot CH{=}CH\cdot CH{=}CH\cdot CO\cdot CH_3 \quad \text{(XI). Cinnamal-aceton.}$$

$$C_6H_5\cdot CH{=}CH\cdot CH_2\cdot CH_2\cdot CO\cdot CH_3 \quad \text{(XI a). 6-Phenylhexen-(5)-on-(2).}$$

Ebenfalls nur als 1,2-Addition verläuft die Gärungshydrierung an die *Trien*-Konjugation. Die Octadienolpräparate, die aus *Sorbinyliden-brenztraubensäure* (XX), *Octatrienal* (VI) und *Octatrienol* (VI a) gebildet werden, enthalten ausschließlich *Octadien-(4,6)-ol-(1)* (Formel VI b).

$CH_3 \cdot CH{=}CH \cdot CH{=}CH \cdot CH{=}CH \cdot CO \cdot COOH$

(XX). Sorbinyliden-brenztraubensäure.

$CH_3 \cdot CH{=}CH \cdot CH{=}CH \cdot CH{=}CH \cdot CHO$

(VI). Octatrienal.

$CH_3 \cdot CH{=}CH \cdot CH{=}CH \cdot CH{=}CH \cdot CH_2OH$

(VI a). Octatrienol.

$CH_3 \cdot CH{=}CH \cdot CH{=}CH \cdot CH_2 \cdot CH_2 \cdot CH_2OH$

(VI b). Octadien-(4,6)-ol-(1).

### 7. *Allgemeine Bemerkungen.*

Überblickt man die Ergebnisse der im vorstehenden geschilderten Hydrierungen durch Hefe, so erkennt man, daß bei allen untersuchten Vertretern der genannten Stoffgruppen eine Wasserstoff-anlagerung an die Äthylenbindungen nur dann erfolgt, wenn diese sich *α,β-ständig* zu einem Carbonyl oder primären Hydroxyl befinden; entfernter gelegene Doppelbindungen werden nicht abgesättigt. Man wird daraus zu folgern haben, daß für die Wirkung der betreffenden Fermente die Nachbarschaft einer primären OH- oder einer CO-Gruppe erforderliche Voraussetzung ist.

In diesem Zusammenhang ist bemerkenswert, daß gemeinsam vorkommende Stoffpaare (Alkohole, Aldehyde) sich häufig nur durch den Sättigungsgrad der zur charakteristischen Gruppe benachbarten Stelle unterscheiden. Neben Geraniol und Citronellol kommt z. B. der vollgesättigte Alkohol nicht vor.

Aus dem Ergebnis der Hydrierungen ungesättigter Aldehyde und Ketone läßt sich weiterhin erkennen, daß die Wasserstoff-anlagerungen an die C=C- und die C=O-Gruppe voneinander *unabhängig* verlaufen. Bei den Aldehyden geht die *Carbonylreduktion* schneller als die Äthylenhydrierung, bei den Ketonen ist es umgekehrt. Daher sind nach kurzen Gärzeiten bei der ersten Körperklasse ungesättigte Alkohole, bei der zweiten gesättigte Ketone die Hauptreaktionsprodukte.

Eine Koppelung der C=O- und C=C-Hydrierung durch 1,4-Addition des Fermentwasserstoffes an das konjugierte —C=C—C=O-System müßte in jedem Falle zunächst zur gesättigten Carbonylverbindung führen.

Zur Deutung der verschiedenen Reduktionsgeschwindigkeit des aldehydischen bzw. ketonischen Carbonyls wird man die *verschiedene Affinität der Alkoholdehydrasen* der Hefe zu diesen Gruppen verantwortlich machen. Aldehyde vermögen im Verlauf der Oxydoreduktionen der Gärung mit den wasserstoff-aufnehmenden Spaltstücken des Zuckers,

z. B. mit Acetaldehyd, eher um den Wasserstoff zu konkurrieren als Ketone. Diese Geschwindigkeitsunterschiede machen sich nach den zahlreichen Untersuchungen von NEUBERG und Mitarbeitern (*1, 2*) schon bei gesättigten Aldehyden und Ketonen bemerkbar, bei den ungesättigten treten sie aber noch stärker hervor, weil die Konjugation des Carbonyls mit einer Äthylenbindung in den Aldehyden seine Reduktion nicht wesentlich verlangsamt, in den Ketonen aber sie stark hemmt. Daher werden $\alpha,\beta$-ungesättigte Ketone, deren Doppelbindung einer Hydrierung unzugänglich ist, auch am Carbonyl kaum reduziert.

Auch bezüglich der Geschwindigkeit der *Äthylen-Absättigung* sind Olefinketone den primären Olefinalkoholen (und daher auch den Aldehyden und Ketosäuren) in allen geprüften Fällen weit unterlegen.

Es ist daher verständlich, daß bei ihnen sich physikalische Eigenschaften oder sonstige konstitutionelle Besonderheiten, welche die zymochemische Absättigung verlangsamen, am stärksten bemerkbar machen. Eine Verzweigung an der Äthylenbindung eines Olefinketons hemmt meistens ihre Hydrierung außerordentlich, während sie in einem Aldehyd oder Alkohol sich weniger auswirkt.

Bei ungesättigten sekundären Alkoholen schließlich ist offenbar die Affinität zum wasserstoff-anlagernden Ferment der Hefe nicht mehr hinreichend, um eine Absättigung zu ermöglichen.

Zwischen dem Verhalten der Olefin-*aldehyde* und *-ketone* bei der enzymatischen Hydrierung einerseits und bei nicht-enzymatischen Wasserstoff-anlagerungen anderseits besteht insofern eine gewisse Übereinstimmung, als in beiden Fällen das Carbonyl der Olefinaldehyde schneller und daher zum Teil auch unabhängig von der Äthylenbindung reagiert. Nach der Reduktion von $\alpha,\beta$-ungesättigten Aldehyden mit Amalgamen oder Metallen und Säure treten neben gesättigten Aldehyden auch ungesättigte Alkohole auf, während bei Olefinketonen niemals eine Reduktion der Carbonylgruppe allein, ohne Aufhebung der Äthylenbindung beobachtet werden konnte. Nach der enzymatischen Wasserstoffanlagerung von Olefinketonen ist jedoch in wenigen Fällen auch die Bildung ungesättigter Alkohole sicher nachzuweisen, z. B. von Methyl-styryl-carbinol (VIIIc, S. 35) aus Benzal-aceton (VIII).

Diesem Reaktionsverlauf kommt insofern eine grundsätzliche Bedeutung zu, als er auch bei Ketonen die *Unabhängigkeit* der enzymatischen Äthylen- von der Carbonylhydrierung zeigt und weiterhin auf die Möglichkeit eines solchen Ablaufes auch unter natürlichen Bedingungen hinweist.

*Natürlich* vorkommende $\alpha,\beta$-ungesättigte Ketone (etwa in ätherischen Pflanzenölen) sind oft von den entsprechenden gesättigten Ketonen oder von den gesättigten Alkoholen begleitet. Sehr selten treten als Begleiter die analogen ungesättigten sekundären Alkohole auf. Das spricht dafür, falls überhaupt zwischen den vergesellschafteten Stoffen ein unmittelbarer genetischer Zusammenhang besteht, daß die Absättigung der Olefinketone in der Pflanze ähnlichen Gesetzmäßigkeiten folgt, wie bei den Gärungsversuchen mit Hefe.

Besonders bemerkenswert ist das *Verhalten der Stoffe mit konjugierten Doppelbindungen:* In allen untersuchten Beispielen, bei Alkoholen und Ketonen, hat sich ausschließlich eine Hydrierung der zum Hydroxyl oder Carbonyl *benachbarten* Äthylenbindung nachweisen lassen; für eine endständige Addition von Wasserstoff an das konjugierte System von 2 oder 3 Doppelbindungen fehlt jeder Hinweis.

*Damit leistet die enzymatische Äthylenhydrierung etwas, was sich durch keine nicht-enzymatische Methode erreichen läßt.* Bei der katalytischen Hydrierung konjugierter Systeme (mit Nickel oder Platin und Wasserstoff) hat sich zwar in einigen Fällen feststellen lassen, daß die Absättigung einer Bindung mit größerer Geschwindigkeit verläuft als die der anderen, daß die Wasserstoffaddition als sicher nicht endständig, sondern zunächst auch nur an einer Doppelbindung stattfindet. Doch ist in den wenigen untersuchten Beispielen die schneller abzusättigende Bindung, die von einer Phenyl- oder Carboxyl- oder Carbonylgruppe entferntere, nicht die damit unmittelbar konjugierte.

Die Hydrierung konjugierter Äthylenbindungen mit Natriumamalgam oder mit den Amalgamen anderer Metalle bewirkt meistens eine endständige Absättigung. Bei symmetrischen Systemen, wie den Polyendicarbonsäuren oder den Diphenyl-polyenen, herrscht diese Art der Addition uneingeschränkt vor; sie ist aber auch fast immer die vorwiegende bei unsymmetrischen Verbindungen, wie bei mehrfach ungesättigten Ketonen oder Monocarbonsäuren.

Kennzeichnend für die enzymatische Hydrierung ist weiterhin das völlige Fehlen der di- oder höhermolekularen Produkte, welche z. B. bei der Behandlung ungesättigter Ketone durch Amalgame oder Metall und Säure typische Reaktionsprodukte sind.

Man wird die genannten Unterschiede auf eine grundsätzliche *Verschiedenheit im Reaktionsverlauf* der enzymatischen und nicht-enzymatischen Wasserstoffanlagerungen zurückführen.

Während für den Verlauf der Hydrierungen mit Amalgam und ähnlichen Mitteln die Vorstellungen der unpaarigen Addition von Metall- oder Wasserstoffatomen unter intermediärer Bildung radikalartiger Monohydroverbindungen sich bewährt und in einigen Fällen experimentelle Bestätigung erfahren haben, wird man bei der enzymatischen Absättigung annehmen, daß die ungesättigten Substrate nach ihrer Vereinigung mit dem hydrierenden Fermentkomplex 2 Wasserstoffatome addieren und nicht vor erfolgter paariger Absättigung sich von ihm lösen.

## B. Hydrierungen im Tierkörper.

Der Nachweis von Hydrierungen im tierischen Organismus verlangt verständlicherweise andere, schwieriger zu erfüllende Bedingungen als bei den Versuchen mit Mikroorganismen. Bei Zufuhr zellvertrauter Stoffe wird meistens die Speicherung oder der völlige oxydative Abbau die Verfolgung einer Veränderung verhindern; hier führt nur die in letzter Zeit möglich gewordene Verwendung von isotopen Elementen weiter. Auch bei Prüfung zellfremder Substanzen treten die Abbaureaktionen stärker in Erscheinung als bei Mikroorganismen; außerdem wird die mögliche Stoffauswahl stark beschränkt durch die beim Tier viel häufiger auftretende toxische Wirkung. Nicht selten beobachtet man ferner, daß der zu prüfende Stoff nach erfolgter Paarung mit Glucuronsäure oder $H_2SO_4$ schnell ausgeschieden und der weiteren Einwirkung entzogen wird.

Es ist aus diesen Gründen verständlich, daß die mannigfachen Reduktionsvorgänge, welche in der tierischen Zelle anzunehmen sind [ältere Angaben bei DAKIN (*15*) und bei KNOOP (*16*)], an einzelnen Stoffen bisher nur in wenigen Fällen nachgewiesen werden konnten.

Wiederum durch das breiteste Beobachtungsmaterial gesichert, ist die *umkehrbare Verwandlung von Carbonyl in Hydroxyl.* Bei Fermentuntersuchungen hat sich allerdings die Prüfung der Wirkung von Alkoholdehydrasen aus tierischem Gewebe bisher meistens auf die Stoffe des Kohlenhydrat-abbaues beschränkt und höhere Carbonyl- oder Hydroxylverbindungen, z. B. aus der Gruppe der Steroide, noch nicht mit einbegriffen. Doch ist die Reduktion des Carbonyls aliphatischer und aromatischer Ketone durch Verfütterung an Kaninchen schon 1901 von NEUBAUER (*17*) nachgewiesen und durch THIERFELDER und DAIBER (*18*) im Falle des *Acetophenons* (XXI), das zu einem Drittel als *Phenyl-methyl-carbinol* (XXI a) ausgeschieden wird, quantitativ untersucht worden. Weitere Beispiele stellen die Umwandlungen von *Campher-chinon* (XXII) in *2-Oxy-epicampher* (XXII a) und *3-Oxycampher* (XXII b) im Hund (*19*),

$C_6H_5 \cdot CO \cdot CH_3$ (XXI). Acetophenon.

$C_6H_5 \cdot CHOH \cdot CH_3$. (XXI a). Phenyl-methyl-carbinol.

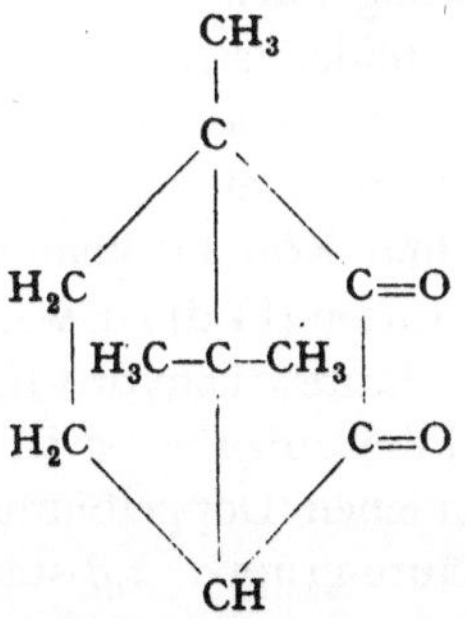

$$\begin{array}{ccc} & CH_3 & \\ & | & \\ & C & \\ H_2C & | & C{=}O \\ | & H_3C{-}C{-}CH_3 & | \\ H_2C & | & C{=}O \\ & CH & \end{array}$$

(XXII). Campher-chinon.

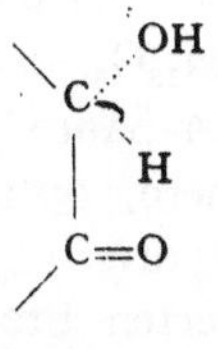

$$\begin{array}{l} \diagdown C \begin{smallmatrix} OH \\ H \end{smallmatrix} \\ \;\;| \\ \diagup C{=}O \end{array}$$

(XXII a). 2-Oxy-epicampher.

$$\begin{array}{l} \diagdown C{=}O \\ \;\;| \\ \diagup C \begin{smallmatrix} H \\ OH \end{smallmatrix} \end{array}$$

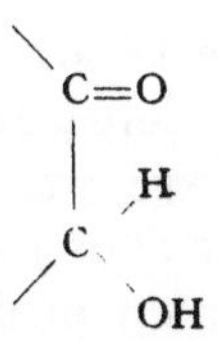

(XXII b). 3-Oxycampher.

von *Phenylglyoxylsäure* (XXIII) in *l-Mandelsäure* (XXIIIa) (*20*), von *Phenylbrenztraubensäure* (XXIV) in *Phenylmilchsäure* (XXIVa) (*21*) und von *Furoyl-essigsäure* (XXV) in *β-Oxy-furanpropionsäure* (XXVa) (*22*) dar. Die bei den Gallensäuren und Sterinen gesammelten Erfahrungen sind in den entsprechenden Abschnitten S. 56 und S. 59 erwähnt.

| | |
|---|---|
| $C_6H_5 \cdot CO \cdot COOH$ | $C_6H_5 \cdot CHOH \cdot COOH$. |
| (XXIII). Phenylglyoxylsäure. | (XXIII a). l Mandelsäure. |
| $C_6H_5 \cdot CH_2 \cdot CO \cdot COOH$ | $C_6H_5 \cdot CH_2 \cdot CHOH \cdot COOH$. |
| (XXIV). Phenyl-brenztraubensäure. | (XXIV a). Phenyl-milchsäure. |
| $C_4H_3O \cdot CO \cdot CH_2 \cdot COOH$ | $C_4H_3O \cdot CHOH \cdot CH_2 \cdot COOH$. |
| (XXV). Furoyl-essigsäure. | (XXV a). β-Oxy-furanpropionsäure. |

Eine Carbonylgruppe kann sogar über die Alkoholstufe hinaus zur Methylengruppe reduziert werden, wie aus der von KNOOP (*23*) im Tierversuch gefundenen und von THIERFELDER und SCHEMPP (*24*) auch am Menschen bestätigten Ausscheidung von *Phenylessigsäure* (XXVIa) nach Gaben von *Benzoyl-propionsäure* (XXVI) hervorgeht.

Vielleicht umfaßt diese Umwandlung schon die *Hydrierung einer Äthylenbindung*, nämlich jener der Benzal-propionsäure, die durch Abspaltung von Wasser aus der Oxysäure sich bilden könnte. Eine solche Hydrierung ist jedenfalls anzunehmen, um die von KNOOP und OESER (*25*) beobachtete Ausscheidung einer kleinen Menge von *Phenyl-α-oxybuttersäure* (XXVIIa) nach Verfütterung von *Benzal-lävulinsäure* (XXVII) an einen Hund verständlich zu machen.

| | |
|---|---|
| $C_6H_5 \cdot CO \cdot CH_2 \cdot CH_2 \cdot COOH$ | $C_6H_5 \cdot CH_2 \cdot COOH$. |
| (XXVI). Benzoyl-propionsäure. | (XXVI a). Phenyl-essigsäure. |
| $C_6H_5 \cdot CH{=}CH \cdot CO \cdot CH_2 \cdot CH_2 \cdot COOH$ | $C_6H_5 \cdot CH_2 \cdot CH_2 \cdot CHOH \cdot COOH$. |
| (XXVII). Benzal-lävulinsäure. | (XXVII a). Phenyl-α-oxybuttersäure. |

Bald nach Auffindung der Hydrierungen durch Hefe wurde dann von KUHN und KÖHLER (*26*) beim Studium der Methyloxydation im Tierkörper ein schönes Beispiel der Äthylenhydrierung nachgewiesen. Wie HILDEBRANDT (*27, 28*) schon gefunden hatte, bildet sich nach Verfütterung von *Geraniol* (IVa), *Citral* (IV) und *Geraniumsäure* (IVc) an Kaninchen, neben einer Dicarbonsäure $C_{10}H_{14}O_4$ auch eine wasserstoffreichere Dicarbonsäure $C_{10}H_{16}O_4$. Nach KUHN und KÖHLER kommt der ersten Säure („HILDEBRANDT-Säure") die Konstitution (IVd) zu, während die zweite wasserstoffreichere, optisch aktive Säure (Dihydro-HILDEBRANDT-Säure) als deren Hydrierungsprodukt (IVe) aufzufassen ist. Von den beiden in den verfütterten Stoffen vorhandenen Doppelbindungen wird also die zur Alkohol-, Aldehyd- oder Säure-gruppe α,β-ständige hydriert, aber nur diese.

### *1. Alkohole und Aldehyde.*

Bei der systematischen Prüfung der Gültigkeit jener mit Hilfe der Gärungshydrierungen gefundenen Gesetzmäßigkeiten im Laufe der Umwandlungen von Olefinen im tierischen Organismus [FISCHER und BIELIG (*10*)] haben sich im allgemeinen Alkohole und Aldehyde als recht ungeeignet erwiesen. Der vollständige oder jedenfalls weitgehende Abbau herrscht meistens zu sehr vor, als daß sich stattgefundene Hydrierungen erkennen ließen. Eine Ausnahme bilden die genannten aliphatischen Terpene, bei welchen durch die Methylverzweigungen der Abbau aufgehalten wird.

$$CH_3\cdot\underset{\displaystyle CH_3}{\underset{|}{C}}=CH\cdot CH_2\cdot CH_2\cdot\underset{\displaystyle CH_3}{\underset{|}{C}}=CH\cdot CHO$$

(IV). Citral.

$$CH_3\cdot\underset{\displaystyle CH_3}{\underset{|}{C}}=CH\cdot CH_2\cdot CH_2\cdot\underset{\displaystyle CH_3}{\underset{|}{C}}=CH\cdot CH_2OH$$

(IV a). Geraniol.

$$CH_3\cdot\underset{\displaystyle CH_3}{\underset{|}{C}}=CH\cdot CH_2\cdot CH_2\cdot\underset{\displaystyle CH_3}{\underset{|}{CH}}\cdot CH_2\cdot CH_2OH$$

(IV b). Citronellol.

$$CH_3\cdot\underset{\displaystyle CH_3}{\underset{|}{C}}=CH\cdot CH_2\cdot CH_2\cdot\underset{\displaystyle CH_3}{\underset{|}{C}}=CH\cdot COOH$$

(IV c). Geraniumsäure.

$$HOOC\cdot\underset{\displaystyle CH_3}{\underset{|}{C}}=CH\cdot CH_2\cdot CH_2\cdot\underset{\displaystyle CH_3}{\underset{|}{C}}=CH\cdot COOH$$

(IV d). HILDEBRANDT-Säure.

$$HOOC\cdot\underset{\displaystyle CH_3}{\underset{|}{C}}=CH\cdot CH_2\cdot CH_2\cdot\underset{\displaystyle CH_3}{\underset{|}{CH}}\cdot CH_2\cdot COOH$$

(IV e). Dihydro-HILDEBRANDT-Säure.

$$CH_3\cdot\underset{\displaystyle CH_2OH}{\underset{|}{C}}=CH\cdot CH_2\cdot CH_2\cdot\underset{\displaystyle CH_3}{\underset{|}{CH}}\cdot CH_2\cdot COOH$$

(IV f)

Die Hydrierung von Geraniol zur *Dihydro*-HILDEBRANDT-*Säure* (IVe) im Kaninchenkörper läßt sich neben der Bildung von HILDEBRANDT-*Säure* (IVd) in gleichem Umfange nachweisen, auch wenn der Alkohol parenteral zugeführt und nicht verfüttert wird.

Dieser Befund ist insofern wichtig, als er die auffallenderweise bisher offenbar nicht in Betracht gezogene Möglichkeit einer Hydrierung des mit der Nahrung aufgenommenen Stoffes durch Bakterien vor der Resorption ausschließt. Gerade beim Nager wäre eine solche Bakterienwirkung durch die üppige Flora des Blinddarmes und die besonderen Verhältnisse der Nahrungsverdauung durchaus verständlich gewesen (siehe die Untersuchung der Bakterien vom Verdauungskanal des Hamsters von Hopffe (*29*)].

In Übereinstimmung mit der Unangreifbarkeit der vom Hydroxyl entfernteren Doppelbindung des Geraniols wird die isolierte Äthylengruppe des *Citronellols* (IVb) im Kaninchenkörper ebenfalls nicht hydriert. Als Hauptprodukt der eingetretenen Oxydation läßt sich eine Dicarbonsäure gewinnen, deren Konstitution nach den Befunden des Abbaues mit jener der *Dihydro*-Hildebrandt-*Säure* (IVe) übereinstimmt, die jedoch 20° tiefer schmilzt; daneben entsteht eine sehr wahrscheinlich nach (IVf) gebaute *Oxy-monocarbonsäure.*

*Cyclohexen-(2)-ol-(1)*, sein Essigsäureester und *$\Delta^{4,6}$-Dihydro-o-tolylalkohol* sind zu stark toxisch als daß eine Untersuchung hinreichender Mengen möglich wäre.

Bei *Zimtalkohol*, *α-Äthyl-zimtalkohol* und den entsprechenden Aldehyden wiegt die Oxydation vor, zu *Zimtsäure* bzw. *α-Äthylzimtsäure*, die zu etwa einem Drittel der zugeführten Stoffmenge zur Ausscheidung kommen; eine Hydrierung ist nicht mit Sicherheit nachzuweisen.

## 2. *Ketone.*

Besser geeignet als Alkohole oder Aldehyde sind für den Nachweis der Äthylenhydrierung ungesättigte Ketone der aromatischen und hydroaromatischen Reihe [Fischer und Bielig (*10*)], weil sie viel weniger dem oxydativen Abbau unterliegen und daher die erfolgten Absättigungen in einem Ausmaß nachzuweisen gestatten, wie es sonst in keinem Fall bekannt ist.

Nach Verfütterung von *Benzal-aceton* (VIII) an Kaninchen wird etwa ein Drittel des Ansatzes als rechtsdrehendes *β-Phenäthyl-methyl-carbinol* (VIIIb) aus dem Harn isoliert, neben geringeren Mengen des entsprechenden ungesättigten *Benzal-dimethylcarbinols* (VIIIc) und eines Diols, dem wahrscheinlich die Konstitution eines *2,4-Dioxy-4-phenylbutans* (VIIId) zukommt. Die sauren Anteile enthalten nur Spuren von Phenolen und bestehen fast ausschließlich aus Benzoesäure, die übrigens auch bei den im folgenden genannten Ketonen die Hauptmenge der ausgeschiedenen Säuren ausmacht.

Auch aus *Benzal-methyl-äthyl-keton* (XXVIII) entsteht als Hauptprodukt, nämlich zu 25%, der gesättigte rechtsdrehende Alkohol *β-Phenäthyl-äthyl-carbinol* (XXVIIIb); daneben bildet sich aber durch Phenolysierung des aromatischen Kernes in geringer Menge (1%) auch *p-Oxy-β-phenäthylketon* (XXVIIIc). Wesentlich anders verhält sich das dem Benzal-aceton isomere *Äthyliden-acetophenon* (XXIX), das stark toxisch wirkt und nach Verabreichung kleiner Mengen teilweise unverändert, teilweise nach Reduktion nur am Carbonyl als *ungesättigter Alkohol* (XXIX c) ausgeschieden wird.

$C_6H_5 \cdot CH{=}CH \cdot CO \cdot CH_3$
(VIII). Benzal-aceton.

$C_6H_5 \cdot CH_2 \cdot CH_2 \cdot CHOH \cdot CH_3$.
(VIII b). β-Phenäthyl-methylcarbinol.

$C_6H_5 \cdot CH{=}CH \cdot CHOH \cdot CH_3$
(VIII c). Benzal-dimethylcarbinol.

$C_6H_5 \cdot CHOH \cdot CH_2 \cdot CHOH \cdot CH_3$.
(VIII d). 2,4-Dioxy-4-phenylbutan.

$C_6H_5 \cdot CH{=}CH \cdot CO \cdot CH_2 \cdot CH_3$
(XXVIII). Benzal-methyl-äthyl-keton.

$C_6H_5 \cdot CH_2 \cdot CH_2 \cdot CHOH \cdot CH_2 \cdot CH_3$.
(XXVIII b). β-Phenäthyl-äthyl-carbinol.

$HO \cdot C_6H_4 \cdot CH_2 \cdot CH_2 \cdot CO_2 \cdot CH_2 \cdot CH_3$.
(XXVIII c). p-Oxy-β-phenäthyl-äthyl-keton.

$C_6H_5 \cdot CO \cdot CH{=}CH \cdot CH_3$
(XXIX). Äthyliden-acetophenon.

$C_6H_5 \cdot CHOH \cdot CH{=}CH \cdot CH_3$
(XXIX c)

Das zweifach ungesättigte *Cinnamal-aceton* (XI), läßt sich zu 20% in Form hydrierter Produkte im Harn wiederfinden. Etwa drei Fünftel bestehen aus dem durch Oxydation am Benzolkern in p-Stellung phenolysierten, partiell abgesättigten *Carbinol* (XI e) während der Rest in der Hauptmenge das ebenfalls phenolysierte und teilweise hydrierte *Keton* (XI d) enthält. Die Lage des phenolischen Hydroxyls und der unberührt gebliebenen Äthylenbindung läßt sich durch Ozonabbau und Nachweis des als Spaltstück entstehenden p-Oxybenzaldehyds feststellen.

Der nichtphenolische, wasserstoffreichere *Alkohol* (XI b) wird nur zu wenigen Prozenten isoliert. Bemerkenswerterweise findet sich unter den Ausscheidungsprodukten wieder ein zweiwertiger Alkohol, dem vermutlich die Konstitution (XI f) zukommt.

$C_6H_5 \cdot CH{=}CH \cdot CH{=}CH \cdot CO \cdot CH_3$
(XI). Cinnamal-aceton.

$C_6H_5 \cdot CH{=}CH \cdot CH_2 \cdot CH_2 \cdot CHOH \cdot CH_3$
(XI b)

$HO \cdot C_6H_4 \cdot CH{=}CH \cdot CH_2 \cdot CH_2 \cdot CO \cdot CH_3$
(XI d)

$HO \cdot C_6H_4 \cdot CH{=}CH \cdot CH_2 \cdot CH_2 \cdot CHOH \cdot CH_3$
(XI e)

$C_6H_5 \cdot CH{=}CH \cdot CHOH \cdot CH_2 \cdot CHOH \cdot CH_3$
(XI f)

```
H3C   CH3                          H3C   CH3
   \ /                                \ /
    C                                  C
   / \                                / \
H2C   C—CH=CH·CO·CH3              H2C   C—CH2—CH2·CHOH·CH3
 |    ||                           |    ||
H2C   C—CH3                       H2C   C—CH3
   \ /                                \ /
    C                                  C
    H2                                 H2
```

(XXX). β-Jonon.

(XXX b). Dihydro-β-jonol.

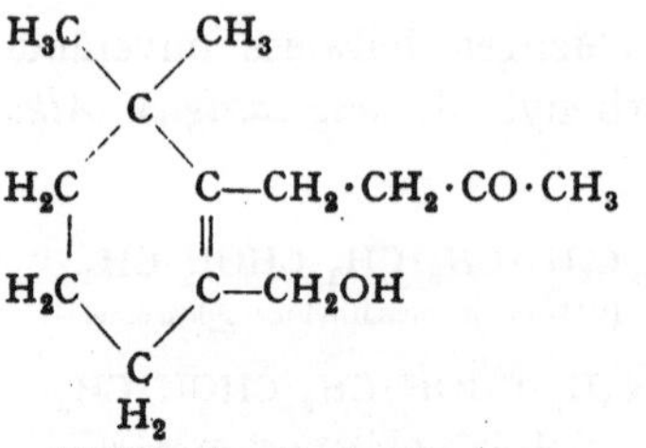

```
H3C   CH3                              H3C   CH3
   \ /                                    \ /
    C                                      C
   / \                                    / \
H2C   C—CH2·CH2·CO·CH3                 H2C   C—CH2·CH2·CHOH·CH3
 |    ||                                |    ||
H2C   C—CH2OH                          H2C   C—CH2OH
   \ /                                    \ /
    C                                      C
    H2                                     H2
```

(XXX d). Oxy-dihydro-β-jonon. 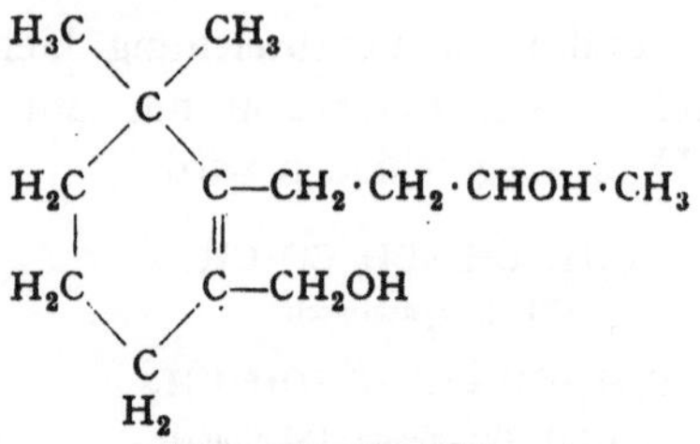 (XXX e). Oxy-dihydro-β-jonol.

Während *Carvon* (XV, S. 37) so stark giftig auf Kaninchen wirkt, daß seine Verwendung unmöglich ist, wird *β-Ionon* (XXX) auch in größeren Gaben vertragen (unveröffentlichte Versuche von Hayashida und Bielig). Ungefähr die Hälfte der verfütterten Menge wird verändert im Harn wiedergefunden.

In den neutralen Anteilen befinden sich *Dihydro-β-jonol* (XXXb), ein *Oxy-dihydro-β-jonon* (XXXd) und ein *Oxy-dihydro-β-jonol* (XXXe) zu ungefähr gleichen Mengen. Auch bei diesem Stoff sind also neben der Wasserstoff-anlagerung an das Carbonyl und an die eine benachbarte Doppelbindung, Oxydationen vor sich gegangen. Unbestimmt ist noch die Lage des eingeführten Hydroxyls, das sowohl wie im Formelbild (XXXd) und (XXXe) angenommen, als auch in einer der Zwillings-methylgruppen gebunden sein könnte. Zum Teil geht die Oxydation noch weiter und führt zu einer ungesättigten $C_{10}H_{14}O_4$-Dicarbonsäure.

### 3. *Allgemeine Bemerkungen.*

Die geschilderten Versuche zum Nachweis der Hydrierungsreaktionen im tierischen Körper lassen Gesetzmäßigkeiten erkennen, die in Beziehung zu denen der Gärungshydrierung gebracht werden können.

Die *Reduktion des Carbonyls*, die in früheren Untersuchungen bei gesättigten fettaromatischen Ketonen und bei Ketosäuren nachgewiesen war, wird auch bei ungesättigten aliphatisch-aromatischen und hydrocyclischen Ketonen wiedergefunden. Man gewinnt den Eindruck, daß die den Versuchstieren zugeführten Ketone, soweit sie nicht dem völligen oxydativen Abbau verfallen, vor allem als Carbinole zur Ausscheidung gelangen (z. B. beim Benzal-aceton und Benzal-methyläthylketon). Wird durch partielle Oxydation, etwa durch Eintritt eines Hydroxyls in den Benzolkern oder in eine Methylgruppe, und nachfolgende Paarung die Ausscheidung des Ketons beschleunigt, dann findet sich zum Teil die Carbonylgruppe unverändert vor (Cinnamal-aceton, Jonon).

Für den Eintritt einer *Äthylenhydrierung* ist es wie bei den Gärungshydrierungen erforderlich, daß diese Bindungen *α,β-ständig* zu einem Hydroxyl oder Carbonyl gelagert sind. Eine Absättigung der isoliert stehenden Doppelbindungen des Geraniols und Citronellols wird nicht beobachtet.

Die Hydrierung $\alpha,\beta$-ungesättigter Säuren ist durch Einwirkung gärender Hefe bisher nicht zu erreichen gewesen (nach unveröffentlichten Versuchen mit Zimt- und Crotonsäure von FISCHER und WIEDEMANN). Im tierischen Organismus sättigt sich jedoch Geraniumsäure, wie erwähnt, bei der Oxydation zur Dicarbonsäure teilweise ab. Die Dien-Dicarbonsäure selbst wird aber nicht hydriert. Nach Verfütterung größerer Mengen Zimtsäure an Kaninchen konnte kein sicherer Nachweis einer Hydrierung erbracht werden [Fischer und BIELIG (*10*)].

Sicherlich ist im Tierkörper die Möglichkeit einer Wasserstoffanlagerung in hohem Grad abhängig von der Ausscheidungsgeschwindigkeit der betreffenden Olefinverbindung; das mag zur Erklärung der widersprechenden Ergebnisse bei den Säuren dienen und auch des Verhaltens anderer olefinischer Stoffe, bei denen infolge einer partiellen Oxydation die Wasserlöslichkeit und damit auch die Ausscheidungsgeschwindigkeit gesteigert wird.

Die relativen Geschwindigkeiten der Carbonyl- und Äthylenhydrierung ungesättigter Ketone lassen sich im Tierkörper aus diesen Gründen naturgemäß nicht so abschätzen wie bei den Gärungshydrierungen. Da aber neben den gesättigten sekundären Alkoholen in einigen Fällen gesättigte Ketone und in anderen die ungesättigten Carbinole ausgeschieden werden, kann man folgern, daß auch im Tier Carbonyl- und Äthylenreduktion voneinander *unabhängig* verlaufen.

Daß die relativen Hydrierungsgeschwindigkeiten beider Gruppen je nach dem Stoff verschieden sein können, sieht man beim Vergleich der Ergebnisse mit Benzal-aceton, bzw. Äthyliden-acetophenon.

In Übereinstimmung mit den Erfahrungen bei den Hydrierungen mit Hefe sprechen die bisherigen Versuche dafür, daß zugeführte Stoffe mit konjugierten Doppelbindungen auch im Tierkörper *nur in 1,2 abgesättigt* werden können.

## C. Stereochemisches zu den Äthylenhydrierungen.

Ungesättigte Stoffe, bei welchen die Äthylenbindung an einem sekundären C-Atom mit ungleichen Resten $R_1$ und $R_2$ haftet, können zur Bildung *optisch aktiver Hydrierungsprodukte* führen. Tatsächlich findet bei allen untersuchten Substanzen sowohl durch Hefe wie im Tierkörper eine *asymmetrische* Anlagerung des Wasserstoffes statt, unter bevorzugter Bildung des einen Antipoden. Das *Citronellol* (IVb, S. 34), welches lebende Hefe sowohl aus *Citral* (IV) wie aus *Geraniol* (IVa) entstehen läßt, dreht nach rechts, und zwar übertrifft sein Drehungswert $[\alpha]_D = +6°$ den höchsten bisher bekannten eines rechtsdrehenden Citronellols ($[\alpha]_D = +4{,}5°$), das durch Reduktion von natürlichem, rechtsdrehendem Citronellal erhalten wurde. Natürlich vorkommende Citronellolpräparate aus Rosen- und Geraniumölen sind linksdrehend und zeigen die verschiedensten Werte, von $[\alpha]_D = -4°$ bis $-1°$; aus Citronellöl sind sie rechtsdrehend ($[\alpha]_D$ bis $+2,5°$). In der Hefezelle führt also die Hydrierung von Geraniol und Citral bevorzugt zu der gleichen Anordnung am asymmetrischen C-Atom, wie sie im natürlichen Citronellal, und vorwiegend im Citronellol aus Citronellölen vorhanden ist [FISCHER und EYSENBACH (*9*)].

$$R_1-\underset{\displaystyle R_2}{\underset{|}{C}}=CH- \xrightarrow{2H^+ + 2e} R_1-\underset{\displaystyle R_2}{\underset{|}{CH}}-CH_2-$$

Auch im Tierkörper [KUHN, KOEHLER und KOEHLER (*26*); FISCHER und BIELIG (*10*)] geht sehr wahrscheinlich die asymmetrische Hydrierung von Geraniol in gleicher Richtung wie bei der Hefe vor sich, da die entstehende *Dihydro*-HILDEBRANDT-*Säure* (IVc, S. 47) nach rechts dreht.

*Tiglinaldehyd* (III, S. 33) und *Tiglinalkohol* (IIIa) [FISCHER und EYSENBACH (*9*)] werden durch Hefe zu linksdrehenden iso-Amylalkoholpräparaten abgesättigt, deren Drehungswerte von maximal $-4,5°$ den des optisch aktiven Gärungsamylalkohols nicht ganz erreichen ($[\alpha]_D = -5,9°$). Es ist bemerkenswert, daß die Anordnung am asymmetrischen C-Atom, welche durch die Hydrierung vorwiegend entsteht, dieselbe ist wie an der Verzweigung des iso-Leucins, der Muttersubstanz des optisch aktiven Gärungsamylalkohols.

Da $\alpha,\beta$-ungesättigte Ketone durch Hefe, wie erwähnt, nur äußerst langsam abgesättigt werden, ist nur im Falle des *Pulegons* (XIV, S. 37) festgestellt, daß die Hydrierung ebenfalls asymmetrisch verläuft und ein stark rechtsdrehendes *Dihydro-pulegon* liefert [FISCHER und WIEDEMANN (*4*)]. Im Kaninchenorganismus führt die Hydrierung ungesättigter Ketone nach FISCHER und BIELIG (*10*) durchweg zu optisch aktiven Produkten, und zwar sind sämtliche im Harn aufgefundenen Substanzen rechtsdrehend. Hier hat neben der asymmetrischen Hydrierung der Äthylenbindung auch eine solche des Carbonyls stattgefunden, wie sie aus anderen Beispielen schon mehrfach bekannt ist (Literatur bei BROCKMANN (*30*)].

Für den asymmetrischen Verlauf der Äthylenhydrierung ist es Voraussetzung, daß das wirksame Ferment noch an der Zellstruktur gebunden ist. Am Beispiel des Geraniols wurde nachgewiesen [FISCHER und EYSENBACH (*9*)], daß Hefe-mazerationssäfte und anderswie dargestellte Fermentlösungen nur zum Razemat führen, während dagegen nicht nur lebende, sondern auch mit Aceton behandelte oder auf anderem Wege schnell getrocknete Hefe optisch aktive Citronellolpräparate ergibt. An der Luft in der üblichen Weise getrocknete Hefe liefert, je nach dem dabei erreichten Mazerationsgrad, Präparate von wechselnder Aktivität.

Für das Eintreten einer sterisch gerichteten Äthylenhydrierung wird also nicht die asymmetrische Struktur der wirkenden Gruppe des Ferments selbst verantwortlich zu machen sein, sondern eher die ihrer natürlichen Umgebung, an der sie fixiert ist.

Bei Oxydoreduktionen von Carbonylverbindungen und bei fermentativen Hydrolysen ist die Abhängigkeit der Konfigurationsspezifität vom Bindungszustand oder vom Reinigungsgrad der betreffenden Fermente bekannt [Literatur bei BROCKMANN (30)].

## III. Hydrierungen in besonderen Stoffgruppen.

### A. Steroide.

Die verschiedenen Gruppen steroider Stoffe laden besonders zu Betrachtungen und Versuchen über ihre Biogenese ein, da sich im engen Rahmen ihrer konstitutionellen Verwandtschaft leicht erkennen läßt, daß wenige Reaktionstypen zur Verknüpfung der einzelnen Vertreter zureichend sein könnten. Darunter nehmen Hydrierungen und Dehydrierungen einen hervorragenden Platz ein.

#### *1. Sterine.*

#### *a) Die Hydrierung von Cholesterin zu Koprosterin.*

Am Beispiel der weitgehend aufgeklärten Umwandlung von *Cholesterin* (XXXI) in *Koprosterin* (XXXIV) läßt sich ein Weg der biologischen Hydrierung ungesättigter Sterine näher erkennen. Bekanntlich ist Koprosterin die gewöhnliche Form der Ausscheidung von Cholesterin im Kot des Menschen und der Carnivoren. Die Mitwirkung von Darmbakterien bei dieser Umwandlung ist durch mehrere Untersuchungen sichergestellt. Sie geht schon aus der Tatsache hervor, daß bei fleischfreier Nahrung, etwa bei Milchkost, welche die Fäulnisvorgänge im Darm zurücktreten läßt, die Hauptmenge vom zugeführten Cholesterin unverändert in den Fäzes erscheint.

Eine direkte Überführung von Cholesterin in Koprosterin ist jedoch durch keine chemische Methode zu erreichen gewesen; Cholesterin neigt ausschließlich zur Bildung des zum trans-Dekalin gehörigen *Dihydrocholesterins* (XXXV). Auffallenderweise entsteht aber aus *Allo-cholesterin* (XXXVI), mit der Doppelbindung in 4,5, bei der Hydrierung neben Dihydro-cholesterin auch das vom cis-Dekalin ableitbare Koprosterin.

Die dadurch nahegelegte Vermutung hat sich bewährt, daß der erste Schritt der Cholesterin-Koprosterin-Umwandlung die von einer Verschiebung der Doppelbindung aus 5,6 nach 4,5 begleitete Dehydrierung zum *Cholestenon* (XXXII) ist [SCHÖNHEIMER, RITTENBERG und GRAFF (35); ROSENHEIM und WEBSTER (45)].

Nach Verfütterung von Cholestenon an einen Hund wurde bei einer Grunddiät aus Hundekuchen im Kot eine vermehrte Ausscheidung von Cholesterin festgestellt, bei einer Fleischdiät aber von Koprosterin.

Als zweites Zwischenprodukt ist *Koprostanon* (XXXIII) anzunehmen; durch Verfütterung von deuteriumhaltigem Koprostanon (Koprostanon-$4{,}5 d_2$; XXXIII, D statt H) entsteht deuteriumhaltiges Koprosterin. Der bündige Beweis für die Möglichkeit des angenommenen Reaktionsweges wurde schließlich geliefert durch Verabreichung von *Deutero-$\Delta^4$-Cholestenon* (XXXII; D am $C_{(4)}$) und von *Deutero-koprostanon* (XXX; an $C_{(4)}$ haftet D statt H) an einen Menschen, die zu einer Ausscheidung von Deutero-koprosterin im Stuhl führt. Obwohl in den Ketonen das D-Atom enolisierbar und daher labil gebunden ist, wird es also bei den Hydrierungsvorgängen nicht ausgetauscht [ANCHEL und SCHÖNHEIMER (*43*)].

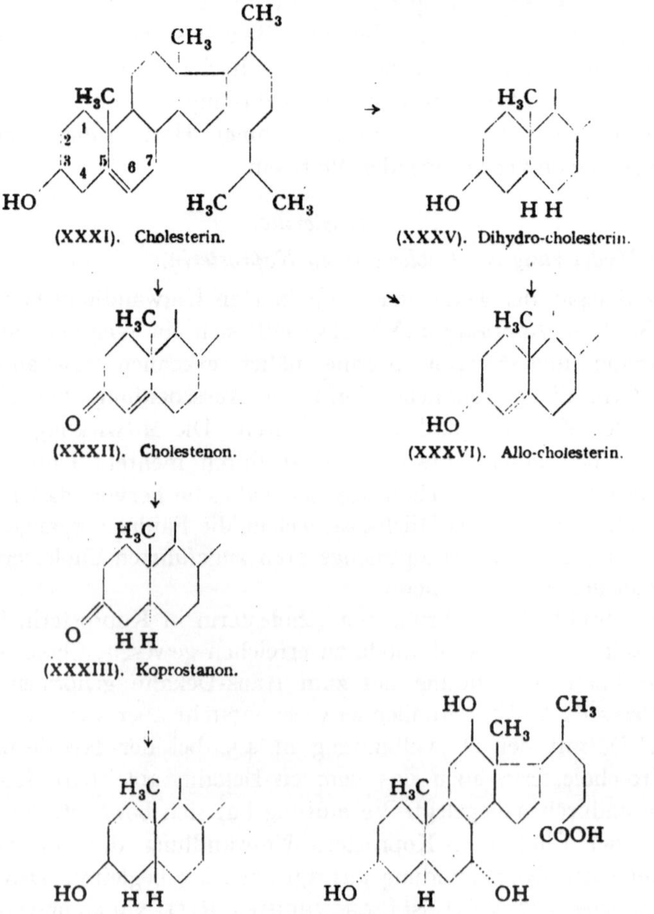

(XXXI). Cholesterin.

(XXXV). Dihydro-cholesterin.

(XXXII). Cholestenon.

(XXXVI). Allo-cholesterin.

(XXXIII). Koprostanon.

(XXXIV). Koprosterin.

(XXXVII). Cholsäure.

Weder Cholestenon noch Koprostanon sind bisher allerdings in Körperorganen oder im Kot aufgefunden worden; ungeklärt ist weiterhin noch, ob die angenommene Dehydrierung des Cholesterins zum Keton im Körper außerhalb des Darmes stattfindet oder ob sie ebenfalls unter der Einwirkung von Darmbakterien vor sich geht.

Da anderseits Cholestenon auch als Cholesterin ausgeschieden werden kann, scheint die Bildung des Ketons aus dem Alkohol ein biologisch umkehrbarer Vorgang zu sein. Zwar enthält das Cholesterin von Mäusen, die mit Deutero-cholestenon gefüttert waren, nur unbedeutende Mengen von Deuterium [ANCHEL und SCHÖNHEIMER (*43*)], doch bildet diese Tatsache keinen Beweis gegen die Bildung des Sterins aus dem ungesättigten Keton im tierischen Körper, da der Umwandlungsvorgang eine Reaktion einschließen könnte, bei der das labil gebundene D entfernt wird.

Im Zusammenhang mit den in früheren Abschnitten geschilderten Gesetzmäßigkeiten der Hydrierung ungesättigter Ketone durch die Fermente der Hefe ist es von Bedeutung, daß die Doppelbindung des Cholesterins vor der Absättigung sich verschiebt; vermutlich wird ihre Hydrierung erst dadurch möglich, daß sie bei der Cholestenonbildung dem Carbonyl bis zur konjugierten Lage näherrückt.

In verschiedenen tierischen Organen finden sich stets neben Cholesterin auch einige Prozente *Dihydro-cholesterin* (XXXV), die auch im Kot neben dem Koprosterin auftreten. In abgeschlossenen Darmschlingen kann die Ansammlung dieses Hydrierungsproduktes vorherrschend werden [SCHÖNHEIMER, V. BEHRING, HUMMEL und SCHINDEL (*31*). Die Frage, ob seine Bildung (die wahrscheinlich in tierischen Organen und nicht bakteriell im Darmlumen stattfindet) direkt aus Cholesterin erfolgt oder ob sie ebenfalls über Cholestenon vor sich geht, läßt sich noch nicht beantworten. In Analogie mit den geschilderten Verhältnissen bei den Hydrierungen mit Hefe ist der letztere Weg wahrscheinlicher. Die Hydrierung einer zum Hydroxyl $\beta,\gamma$-ständigen Doppelbindung, wie sie bei der direkten Hydrierung des Cholesterins stattfinden mußte, wird S. 62 am Beispiel des $\Delta^5$-Androstendions näher besprochen werden.

### *b) Zur Frage der Bildung von Gallensäuren aus Cholesterin.*

Eine andere, für den intermediären Stoffwechsel des Cholesterins noch wichtigere Frage konnte ebenfalls durch Anwendung von Deuterium als „Kennmarke" untersucht werden. Es ist vielfach diskutiert worden, ob zwischen *Cholesterin* (XXXI) und den Gallensäuren, z. B. *Cholsäure* (XXXVII) direkte genetische Beziehungen bestehen, derart, daß aus dem Sterin durch Oxydoreduktionsvorgänge, die unter anderem eine oxydative Verkürzung der Seitenkette herbeizuführen hätten, die Säuren entstehen. Nun müßte eine solche Umwandlung auch eine Hydrierung der Doppelbindung des Cholesterins einbeziehen, die eine analoge cis-Dekalin-Konfiguration geben müßte, wie im Falle des Koprosterins. *Koprostanon* (XXXIII) wäre daher ein wahrscheinliches Zwischenprodukt dieser

Reaktionsfolge. Zur Prüfung dieser Frage haben SCHÖNHEIMER; RITTENBERG, BERG und ROUSSELOT (38) einer Reihe von Hunden mit Gallenfisteln eine Suspension von *Koprostanon-4,5·$d_2$* (XXXIII, D statt H) injiziert. In der Galle war zwar ein deuteriumhaltiger Stoff vorhanden (vermutlich das unveränderte Koprostanon), doch enthielten die gereinigten Gallensäuren keine Spur Deuterium. Koprostanon kann also im tierischen Organismus nicht in Gallensäuren übergeführt werden und daher auch nicht Zwischenprodukt bei der hypothetischen Überführung von Cholesterin in diese Säuren sein.

Es wird weiter unten auf die Überlegungen verschiedener Autoren hingewiesen, die solche direkten Beziehungen überhaupt fraglich erscheinen lassen und eine Synthese der Sterine, der Gallensäuren und der steroiden Hormone aus gemeinsamen Grundstoffen wahrscheinlicher machen.

### *2. Gallensäuren.*

Biochemische Oxydoreduktionen unter Entfernung von Hydroxylgruppen in den natürlich vorkommenden Gallensäuren sind nicht mit Sicherheit bekannt. Ebensowenig ist bisher die biochemische Hydrierung einer ungesättigten Säure beschrieben worden. Durch verschiedene Untersuchungen aus dem Arbeitskreis des Physiologisch-chemischen Instituts in Okayama (Leiter: T. SHIMIZU) ist jedoch die Reduktion von Carbonylgruppen in verschiedenen Ketocholansäuren bekannt geworden.

Sie interessiert im Zusammenhang mit der eben berührten Frage der Abstammung der Gallensäuren von den Sterinen, da bei einer Bildung der ersten aus den zweiten auch eine Epimerisierung des $C_{(3)}$-Hydroxyls stattfinden müßte, die durch Dehydrierung der CHOH- zur CO-Gruppe und folgende Reduktion zur epimeren Form verständlich wäre, so wie im Falle der Cholesterin-Koprosterin-Umwandlung.

Nach Beobachtungen von SHIBUYA wird *Dehydro-cholsäure* (3,7,12-Triketo-cholansäure XXXIX), wenn sie durch subkutane Injektion als Natriumsalz Kröten *(Bufo vulgaris japon.)* verabreicht wird, als Oxydiketosäure (XL) im Harn ausgeschieden. Nach YAMASAKI und KYOGOKU (46, 47) hat die Reduktion am Sauerstoff des C-Atoms 3 eingesetzt, ebenso wie bei der Veränderung der *Dehydro-desoxycholsäure* (3,12-Diketocholansäure XLIII) im Krötenorganismus, die zur *3-Oxy-12-ketocholansäure* (XLIV) führt. Bekanntlich reagiert auch bei Reduktionen in vitro in Übereinstimmung damit das Carbonyl an $C_{(3)}$ viel rascher als an $C_{(7)}$ und $C_{(12)}$.

Im Krötenorganismus entstehen offenbar hauptsächlich die zu den natürlichen Gallensäuren epimeren Formen, denn das aus Dehydrocholsäure gebildete Reduktionsprodukt ist ausschließlich *β-3-Oxy-7,12-diketocholansäure* (XL), wie sich durch Reduktion ihres Disemicarbazons zur *β-3-Oxycholansäure* (sog. β-Lithocholsäure) nachweisen ließ [YAMASAKI und KYOGOKU (*47*)]. Auch aus *Dehydro-desoxycholsäure* (XLIII) entsteht hauptsächlich die *β-3-Oxy-12-ketocholansäure* (XLIV), in geringer Menge daneben aber auch die *α-Säure* (XLII), welche in Mischkristallen mit den β-Isomeren erhalten wurde [KYOGOKU (*48*)].

Die 3 Monate währende Behandlung von *Dehydro-desoxycholsäure* (als Lösung ihres Natriumsalzes) mit gärender Unterhefe in Gegenwart von Natriumbisulfit liefert reine *α-3-Oxy-12-ketocholansäure* (XLII), die teilweise als Äthylester vorgefunden wird [KIM (*50*)]. Mischkristalle aus gleichen Mengen der α- und β-Oxysäure entstehen wiederum durch Bebrüten mit Hefesaft. Unterwirft man die *3-Keto-12-acetoxycholansäure* (XLVII) der Sulfitgärung, dann bildet sich erwartungsgemäß die *α-3-Oxy-12-acetoxy-cholansäure* (XLVIII), die durch Verseifung Desoxycholsäure liefert [KIM (*51*)].

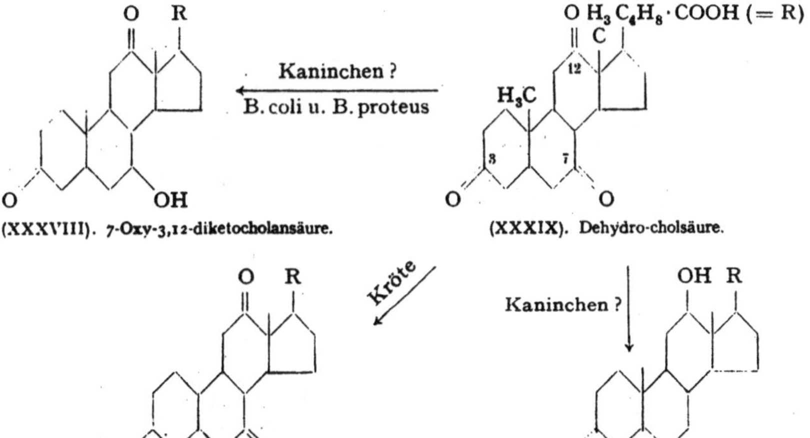

O R

Kaninchen ?

B. coli u. B. proteus

O OH

(XXXVIII). 7-Oxy-3,12-diketocholansäure.

O $H_3C_4H_8 \cdot COOH$ (= R)

C 12

$H_3C$

3 7

O O

(XXXIX). Dehydro-cholsäure.

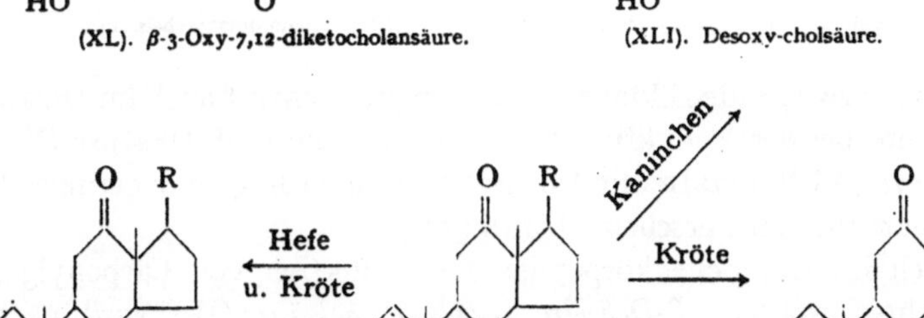

O R

Kröte

HO O

(XL). β-3-Oxy-7,12-diketocholansäure.

OH R

Kaninchen ?

HO

(XLI). Desoxy-cholsäure.

O R

Hefe u. Kröte

HO

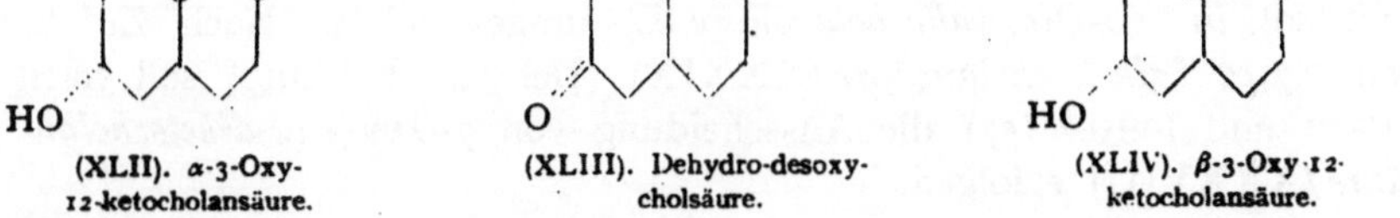

(XLII). α-3-Oxy-12-ketocholansäure.

O R

Kaninchen

Kröte

O

(XLIII). Dehydro-desoxycholsäure.

O R

HO

(XLIV). β-3-Oxy-12-ketocholansäure.

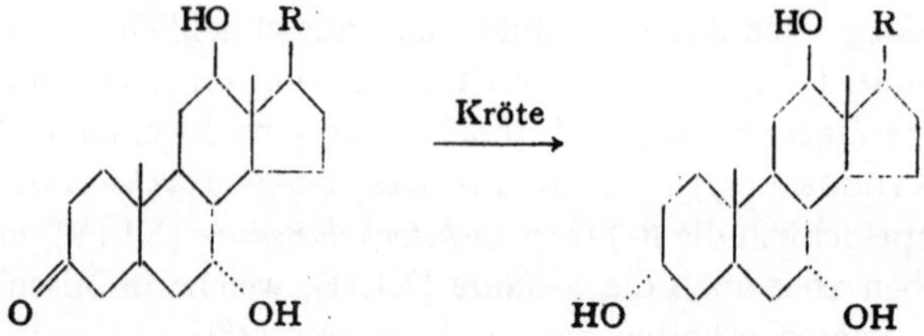

HO R HO R

Kröte →

O OH HO OH

(XLV). 3-Keto-7,12-dioxy-cholansäure. (XLVI). Cholsäure.

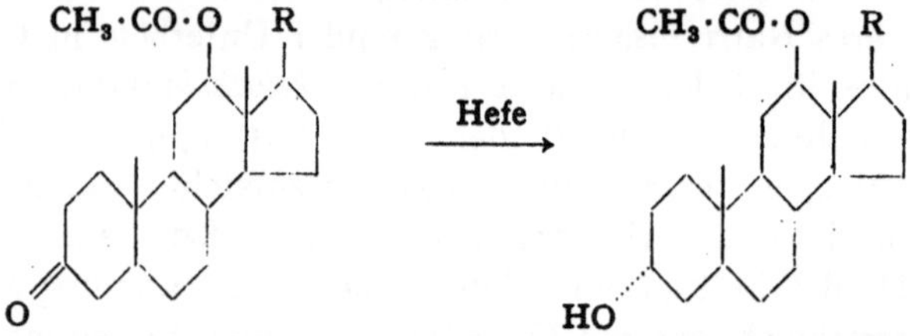

$CH_3 \cdot CO \cdot O$ R $CH_3 \cdot CO \cdot O$ R

Hefe →

O HO

(XLVII). 3-Keto-12-acetoxy-cholansäure. (XLVIII). α-3-Oxy-12-acetoxy-cholansäure.

R R

Kaninchen →

O O HO OH

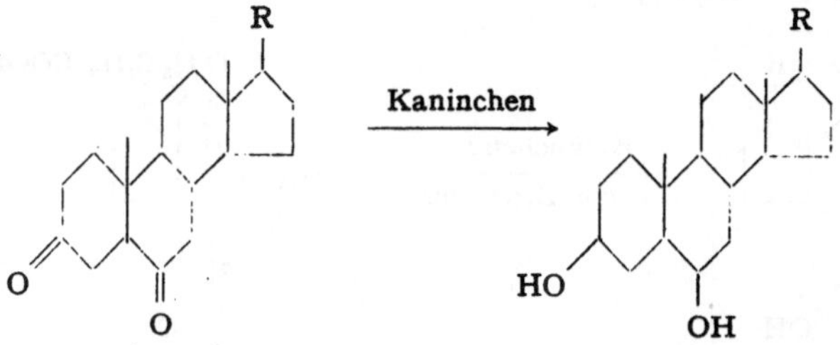

(IL). β-Dehydro-hyodesoxy-cholsäure. (L). 3,6-Dioxy-allo-cholansäure.

R R

B. coli →

O O HO OH

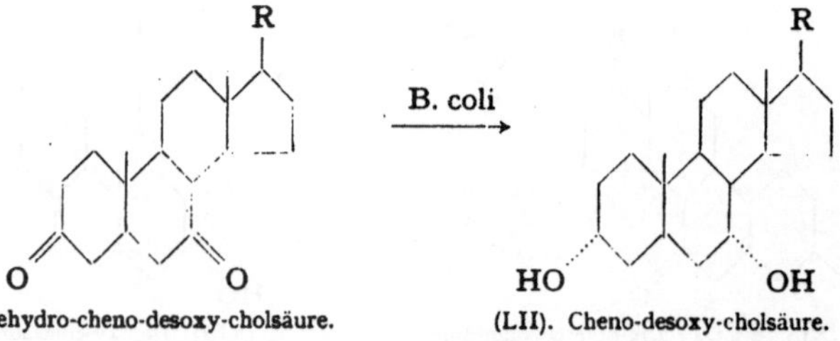

(LI). Dehydro-cheno-desoxy-cholsäure. (LII). Cheno-desoxy-cholsäure.

Eine vorwiegende Bildung des α-Isomeren scheint auch im Organismus der Kröte bei der Reduktion der *3-Keto-7,12-dioxycholansäure* (XLV) zu *Cholsäure* (XLVI) stattzufinden, welche in allerdings nur geringer Menge ungepaart im Harn erscheint [Sihn (55)].

Auch im Kaninchenkörper ist die Reduktion von Carbonylgruppen beobachtet worden: *β-Dehydro-hyodesoxycholsäure* (IL) wird nach Miyazi (49) in *3,6-Dioxyallocholansäure* (L) umgewandelt. Nach Zufuhr von *3,7,12-Triketo-cholansäure* (XXXIX) (Dehydrocholsäure) soll nach Fukui und Ishida (57) die Ausscheidung von *7-Oxy-3,12-diketocholansäure* (XXXVIII) erfolgen.

Kim (52) konnte diese auffallende Reduktion des $C_{(7)}$-Carbonyls allerdings nicht bestätigen; er stellte im Harn von B-avitaminösen Tieren nach Verabreichung von Dehydrocholsäure die Ausscheidung von *Desoxy-cholsäure* (XLI) fest, und ebenso nach Verabreichung von *Dehydro-desoxy-cholsäure* (XLIII). Da es nicht auszuschließen ist, daß diese Säure aus der Kaninchengalle selbst stammt und nur daraus „verdrängt" wurde, ist die Umwandlung der Triketosäure in die Dioxysäure, welche eine Entfernung des $C_{(7)}$-Hydroxyls bedeuten würde, wohl noch fragwürdig.

Doch soll nach einer weiteren Untersuchung von Kim (53) auch im Organismus des Meerschweinchens *Cholsäure* zu *Desoxy-cholsäure* reduziert werden können, die in Galle und Harn auftritt.

Während die erwähnten Reduktionen im Organismus der Kröte und durch den Hefepilz sich also auf die Veränderung des reaktionsfähigsten Carbonyls am C-Atom 3 beschränken, erfassen diese Vorgänge im Kaninchenkörper offenbar alle Ketogruppen.

Eine Hydrierung beider Carbonyle findet ebenfalls statt durch Gärung mit Coli-bakterien bei der *Dehydro-cheno-desoxycholsäure* (LI), die zu der *Cheno-desoxycholsäure* (LII) führt [Sihn (54)]. Die *Dehydro-cholsäure* (XXXIX) wird hingegen von den gleichen Bakterien nur an einem, und zwar auffallenderweise am $C_{(7)}$-Carbonyl reduziert [Fukui (56)]. Ebenfalls *7-Oxy-3,12-diketocholansäure* (XXXVII) entsteht aus der Triketosäure unter der Einwirkung von Proteusbazillen [Mori (58)]; die bevorzugte *selektive Hydrierung* des $C_{(7)}$-Carbonyls darf also als charakteristisch für Bakterien-reduktionen betrachtet werden, da Reduktionen in vitro und die im tierischen Organismus an der $C_{(3)}$-Carbonylgruppe angreifen.

### 3. *Steroide Hormone.*

Eine besonders eingehende Verwirklichung haben die präparativen Möglichkeiten der biochemischen Hydrierung und Dehydrierung in der Reihe der Keimdrüsenhormone erfahren. Die Überlieferung „phytochemischer Reduktionen" des Kaiser Wilhelm-Institutes für Biochemie in Berlin-Dahlem [Neuberg und Vercellone (59)] fand am Mailänder Istituto di perfezionamente industriale eine Fortsetzung in einem Versuch von Vercellone (60) zur Überführung von Anthradichinon in Chinizarin durch gärende Hefe und in einer Untersuchung über die Reduktion des Dehydroandrosterons [Mamoli und Vercellone (61)], der schließlich zahlreiche Arbeiten gefolgt sind.

#### a) *Reduktionen mit Hefe.*

Die grundsätzliche Zugänglichkeit ketonischer Keimdrüsenhormone für die Einwirkung gärender Hefe ging bereits aus dem ersten Versuch hervor, in dem *$\Delta^5$-Dehydroandrosteron* (LVII) mit etwa 20% Ausbeute zum *$\Delta^5$-Androstendiol* (LVIII) reduziert werden konnte. Die gleiche Behandlung des ungesättigten Diketons, *$\Delta^4$-Androstendion* (LIX) führte lediglich zur Reduktion des $C_{(17)}$-Carbonyls und Bildung von *$\Delta^4$-Testosteron* (LX), des Testikelhormons von LAQUEUR [MAMOLI und VERCELLONE (*62*)].

Die Unfähigkeit vom $C_{(3)}$-Carbonyl zur Anlagerung von Wasserstoff ist nicht etwa auf seine Lage im Molekül zurückzuführen, wie die Verfasser zunächst, auch infolge der Unveränderlichkeit von *Cholestanon* (LXXIV) im Gärgemisch, vermutet hatten, sondern auf seine Konjugation zu einer bei der Gärung nicht hydrierbaren Doppelbindung.

Das gesättigte Diketon *Androstandion* (LV) liefert, unter gleichen Bedingungen der Gärung unterworfen, zu 75% *Iso-androstandiol* (LVI); auch das $C_{(3)}$-Carbonyl kann also Reduktion erleiden, wenn keine Äthylenbindung damit konjugiert ist [VERCELLONE und MAMOLI (*63*)]. Erhärtet wird diese Deutung durch das Verhalten des *$\Delta^5$-Androstendions* (LXIV), welches bei der zymochemischen Reduktion in der Hauptmenge in *Iso-androstandiol* (LXV) und daneben in einer kleinen Menge *Testosteron* (LX) übergeht [MAMOLI und VERCELLONE (*64*)].

Die zum $C_{(3)}$-Carbonyl $\beta,\gamma$-ständige Äthylenbindung verhindert also seine Reduktion nicht; überraschend ist es, daß sie selbst abgesättigt wird. Die Bildung des Testosterons ist so zu verstehen, daß die Doppelbindung sich vor der Enzymwirkung zum Teil nach 4,5 verschiebt; das Ergebnis muß dann gleich sein wie bei der Reduktion von *$\Delta^4$-Androstendion* (LIX). Nach einem Versuch von BUTENANDT und DANNENBERG (64a) zeigt sich auch beim *$\Delta^1$-Androstendion* (LXVI) die sperrende Wirkung der Carbonyl-konjugierten Äthylenbindung, so daß nur *$\Delta^1$-Androsten-ol-(17)-on-(3)* (LXVII) entsteht.

Bei den steroiden Ketonen hindert also eine nicht hydrierbare $\alpha,\beta$-ständige Äthylenbindung die Carbonylreduktion durch Hefe in gleicher Weise wie bei den einfachen Ketonen (siehe S. 38, Pulegon und Carvon).

Die zymochemische Reduktion des $C_{(17)}$-Carbonyls läßt sich nicht nur bei den Abkömmlingen der Prägungsstoffe mit 19 C-Atomen durchführen, sondern, wie zu erwarten, auch in der Gruppe der oestrogenen Hormone.

Aus *Oestron* (LXVIII) entsteht *$\alpha$-Oestradiol* (LXIX), der physiologisch im ALLEN-DOISY-Test wirksamste Stoff der Oestrongruppe. MAMOLI (*73*) fand es erforderlich, Ester des Oestrons mit niederen Fettsäuren der Hefeeinwirkung zu unterwerfen (LXVIII; $CH_3 \cdot CO$, $C_2H_5 \cdot CO$, n-$C_3H_7 \cdot CO$ an Stelle von H), da das freie Phenol unter den von ihm angewandten Bedingungen nicht befriedigend hydriert wurde. Gleichzeitig mit der Reduktion der Carbonylgruppe erfolgt durch die Esterasen der Hefe die völlige Abspaltung des Acyls, die insofern überraschend ist, als veresterte Stoffe der männlichen Hormongruppe, z. B. das *Dehydro-*

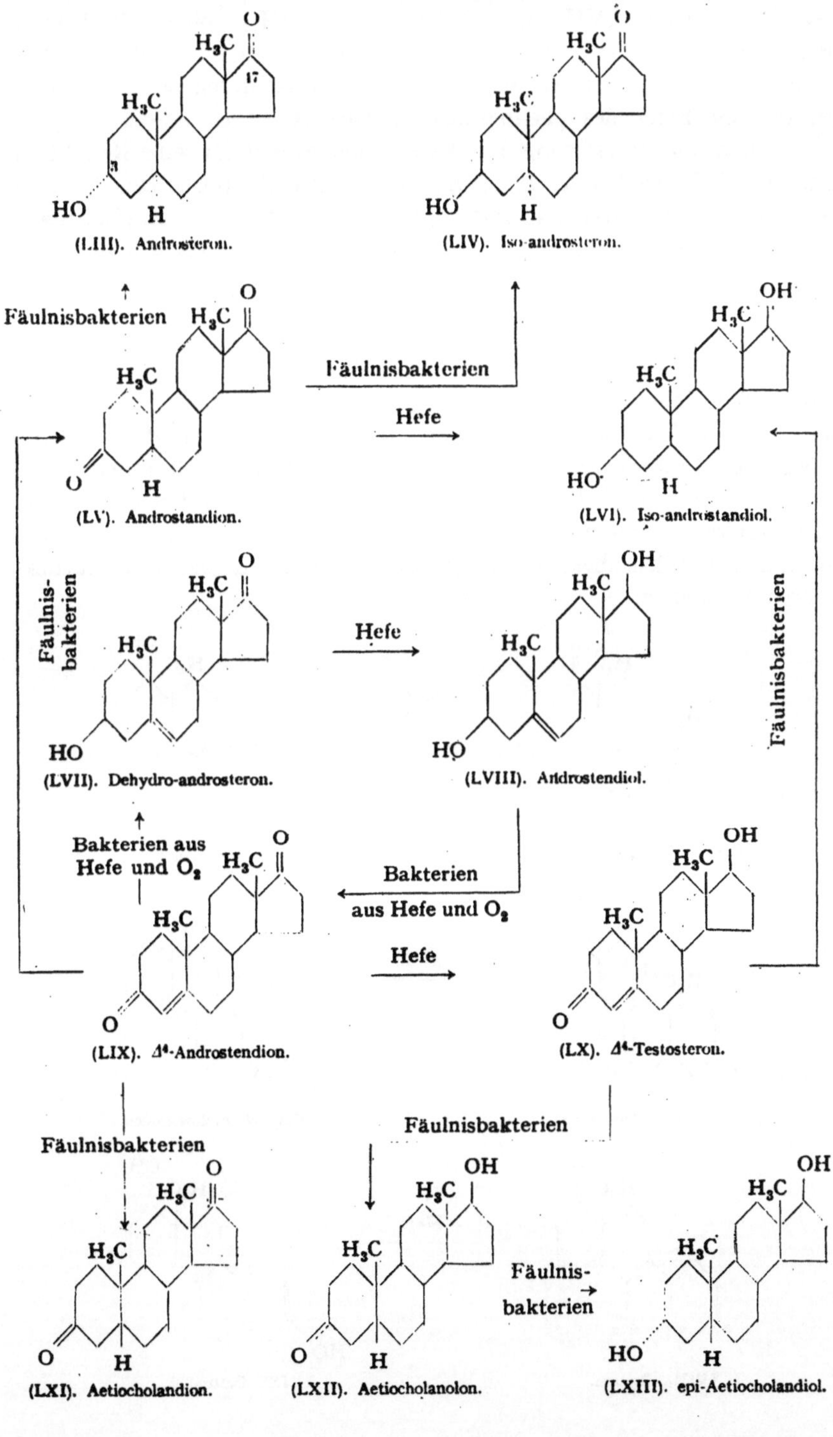

(LIII). Androsteron.

(LIV). Iso-androsteron.

Fäulnisbakterien

Fäulnisbakterien

Hefe

(LV). Androstandion.

(LVI). Iso-androstandiol.

Fäulnis-
bakterien

Hefe

Fäulnisbakterien

(LVII). Dehydro-androsteron.

(LVIII). Androstendiol.

Bakterien aus
Hefe und $O_2$

Bakterien
aus Hefe und $O_2$

Hefe

(LIX). $\Delta^4$-Androstendion.

(LX). $\Delta^4$-Testosteron.

Fäulnisbakterien

Fäulnisbakterien

Fäulnis-
bakterien

(LXI). Aetiocholandion.

(LXII). Aetiocholanolon.

(LXIII). epi-Aetiocholandiol.

*androsteron-acetat* (LVII, O · CO · $CH_3$ statt OH), ohne Hydrolyse Wasserstoff anlagern. Die Beständigkeit der Ester alkoholischer Hydroxyle steht also in Gegensatz zu der beobachteten schnellen Verseifung der Ester des phenolischen Hydroxyls.

Doch ist die Veresterung des Oestrons keineswegs für seine Reduktion unentbehrlich, wie Wettstein (*80*) zeigen konnte, der durch Hefe Oestron selbst in kurzen Zeiten und mit 70proz. Ausbeute in $\alpha$-Oestradiol überführen konnte. Die Bildung des 17-epimeren $\beta$-Oestradiols scheint, wenn überhaupt, nur in kleinen Mengen einzutreten.

*b) Hydrierungen und Dehydrierungen mit Bakterien.*

Die hydrierende und dehydrierende Wirkung von Fäulnisbakterien auf steroide Hormone ist auf Umwegen gefunden worden: Vercellone und Mamoli (*65*) beobachteten die Dehydrierung von *Androstendiol* (LVIII) zu *Androstendion* (LIX) beim zweitägigen Schütteln unter Sauerstoff mit „verarmter" Hefe, d. h. mit Hefe, welche durch längeres Lüften in zuckerfreier Lösung arm an Vorratsstoffen gemacht worden war, und glaubten zunächst diese Wirkung auf die Fermente der Hefe zurückführen zu können.

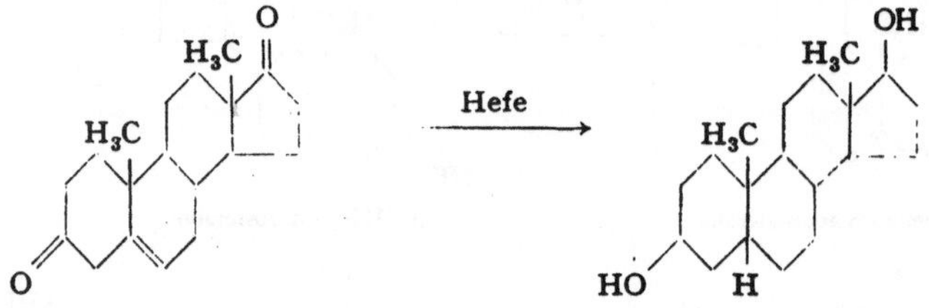


(LXIV). $\Delta^5$-Androstendion. (LXV). Iso-androstandiol.

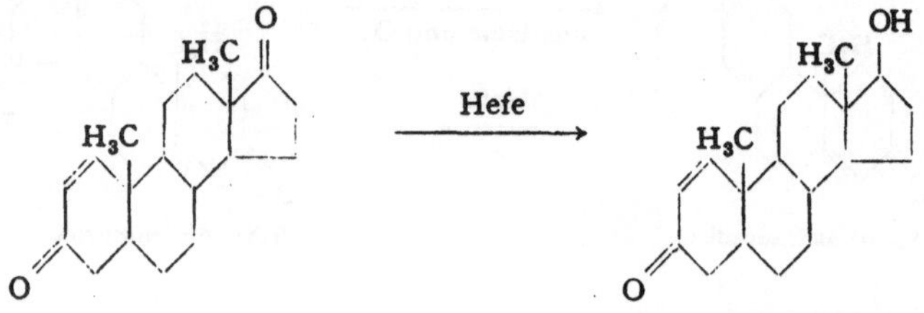


(LXVI). $\Delta^1$-Androstendion. (LXVII). $\Delta^1$-Androstenolon.

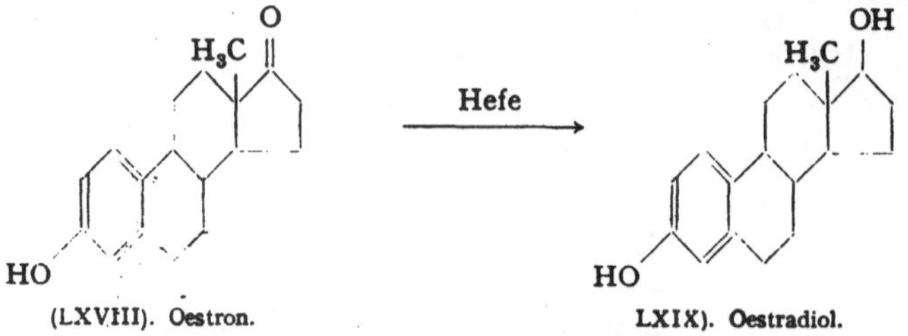


(LXVIII). Oestron. LXIX). Oestradiol.

Bakterien aus Hefe und $O_2$

(LXX). Pregnenolon. (LXXI). Progesteron.

Bakterien aus Hefe und $O_2$

(LXXII). Methyl-androstendiol. (LXXIII). Methyl-testosteron.

(LXXIV). Cholestanon.

Durch Dehydrierung mit „verarmter Hefe" und nachfolgende Hydrierung mit gärender Hefe führten MAMOLI und VERCELLONE (*66*) *Dehydroandrosteron* (LVII) in *$\Delta^4$-Androstendion* (LIX) und weiter in *Testosteron* (LX) über. Da die Ausbeute 55% betrug, bedeutet diese Methode im Vergleich mit den rein chemischen Überführungen eine Verbesserung. In der Absicht, die Wirkung tierischer Fermente zu prüfen, ließen ERCOLI und MAMOLI (*67*) *$\Delta^4$-Androstendion* (LIX) 20 Tage mit einem Auszug aus Hengsthoden stehen und wiesen seine Umwandlung in *Äthiocholan-dion-(3,17)* nach (LXI).

Mit dem gleichen Auszug aus Hoden führte schließlich ERCOLI (*68*) im Mailänder Istituto sieroterapico *Testosteron* (LX) durch 10tägige Einwirkung in *Äthiocholan-ol-(17)-on-(3)* (LXII) und weiter durch 20tägige Einwirkung in das auch aus Männerharn isolierte *epi-Äthiocholan-diol-(3,17)* über (LXIII). Die Annahme, daß diese Wasserstoff-anlagerungen auf eine „Testis-hydrase" zurückzuführen seien und die weitere Hypothese, daß deren enzymatische Wirksamkeit an den Zustand der Sexualreife geknüpft sein soll, haben sich nicht bestätigen lassen. Im Dahlemer

Institut für Biochemie zeigten SCHRAMM und MAMOLI (*69*), daß diese Hydrierungen ungesättigter männlicher Wirkstoffe durch Bakterienwirkung eintreten.

Die Bildung von *epi-Äthiocholandiol* (LXIII) läßt sich in gleicher Weise auch mit einem Extrakt aus Schweineovarien erzielen, aber nur bei Infektion durch Bakterien, sonst nicht. Hodenextrakte, die durch Chloroform oder Toluol steril gehalten oder durch Hitze keimfrei gemacht werden, hydrieren nicht [MAMOLI und SCHRAMM (*71*)]. Wohl aber läßt sich nach Impfung von Kochsäften mit Fäulnisbakterien die Wasserstoffanlagerung an Androstendion, bzw. Testosteron zu epi-Äthiocholandiol durchführen.

Auch die Dehydrierungen mit „verarmter Hefe" sind höchstwahrscheinlich auf Bakterien-infektionen zurückzuführen, da Kulturen von aeroben Bakterien, die daraus gewonnen und in Hefewasser gezogen wurden, gleiche Dehydrierungen leisten [SCHRAMM und MAMOLI (*69*)]. *Dehydro-androsteron* (LVII) z. B. läßt sich mit vorzüglicher Ausbeute in *Androstendion* (LIX) verwandeln [MAMOLI und VERCELLONE (*70*)].

Die Mitwirkung von Fäulnisbakterien bei den vorstehend geschilderten Reaktionen wird durch diese Feststellungen außer Zweifel gesetzt.

Nach dieser Erkenntnis haben sich Bakterien zur Durchführung einiger Hydrierungen und vor allem auch Dehydrierungen sehr gut verwenden lassen.

Bei der näheren Untersuchung der bakteriellen Wasserstoff-anlagerung an *Testosteron* (LX) mit absichtlich verfaulten Extrakten aus Stierhoden wurde neben dem vorher allein aufgefundenen *epi-Äthiocholandiol* (LXIII) in etwa gleichen Mengen auch *Iso-androstandiol-(3, 17)* (LVI) nachgewiesen [MAMOLI und SCHRAMM (*74*)].

Die Hydrierung der Doppelbindung führt also sowohl zur cis-Reihe (Äthiocholanreihe), als auch zur trans-, d. h. zur Androstanreihe. Diese in sterischer Hinsicht verschiedene Wirkung mag auf die wechselnde, vom Zufall der Infektion abhängige Zusammensetzung des Bakteriengemisches zurückzuführen sein. Die Hydrierung von *Androstandion* (LV) liefert neben kleinen Mengen Diolen ein Gemisch der beiden an $C_{(3)}$-isomeren Ketoalkohole: *iso-Androsteron* (LIV) und *Androsteron* (LIII).

Von *$\Delta^4$-Androstendion* (LIX) ausgehend, wobei *Androstandion* (LV) wahrscheinliches Zwischenprodukt ist, hat auch ERCOLI (*78*) mit einem wohl Fäulnisbakterien enthaltenden Stierhodenauszug *Androsteron* (LIII) erhalten.

Mit Bakterien aus Hefe läßt sich die oben schon erwähnte Dehydrierung von *Dehydro-androsteron* (LVII) zu *Androstendion* (LIX) so glatt durchführen, daß eine Isolierung des Diketons nicht erforderlich ist und nach seiner Reduktion mit gärender Bäckerhefe *Testosteron* (LX) mit einer Ausbeute von 80% erhalten wird [MAMOLI (*72*)].

Mit den gleichen Bakterien aus Hefewasser findet auch die Dehydrierung des $C_{(3)}$-Hydroxyls von *Pregnenolon* (LXX) unter Bildung von 40% des Corpus luteum-Hormons *Progesteron* (LXXI) statt [MAMOLI (*75*)]. Der Einfluß der Seitenkette wird vom Autor für die etwas geringe Ausbeute verantwortlich gemacht, so wie beim *Cholestanon* (LXXIV) die Seitenkette die Reaktionsunfähigkeit des $C_{(3)}$-Carbonyls gegen Hefe und Bakterien bedingen soll. Bei der Dehydrierung von *Methyl-androstendiol* (LXXII) zu *Methyl-testosteron* (LXXIII) ist jedoch eine solche Störung durch die Methylgruppe kaum nachzuweisen, da die Ausbeute 75% beträgt [MAMOLI (*76*)]. Wahrscheinlich sind es allgemeinere Eigenschaften, wie Verteilungszustand und Löslichkeitsverhältnisse dieser Stoffe, die allerdings auch vom Vorhandensein einer Seitenkette in $C_{(17)}$ beeinflußt werden, welche wesentlich die Geschwindigkeiten der Mikroorganismeneinwirkung bedingen.

### *4. Allgemeine Bemerkungen.*

Die *Reduktion der Carbonylgruppe von Steroiden* durch die Einwirkung von Bakterien und Hefe ist an so vielen Einzelbeispielen geprüft, daß an ihrer Verallgemeinerungsmöglichkeit kaum zu zweifeln sein wird. Auch in tierischem Gewebe darf die Carbonylreduktion als gesichert betrachtet werden, auf Grund der erwähnten Versuche mit Ketogallensäuren und unter Berücksichtigung des Verhaltens fettaromatischer und einfacher hydrocyclischer Ketone.

Bemerkenswert ist die verschiedene Reaktionsgeschwindigkeit der einzelnen Carbonylgruppen der Di- und Tri-ketocholansäuren, die bei der Reduktion durch Hefe oder im Körper der Kröte sich äußert. Die mangelnde Reaktionsfähigkeit gegen Hefe der $C_{(3)}$-Carbonyle jener Androstendione, in denen eine Konjugation mit einer Doppelbindung besteht, findet ihre Analogie im Verhalten einfacher $\alpha,\beta$-ungesättigter Ketone mit schwer hydrierbarer Doppelbindung (Mesityloxyd, Pulegon, Carvon, S. 37); denn auch bei diesen wird durch die Konjugation die Carbonylreduktion gehemmt.

Die Möglichkeit der glatt verlaufenden Dehydrierung von OH-Gruppen steroider Alkohole mit Fäulnisbakterien aus Hefe, wie sie z. B. beim Androstendiol und Dehydroandrosteron durchgeführt wurde, ist dagegen in Anbetracht der Schwerlöslichkeit dieser Stoffe in Wasser sehr überraschend.

Es sei daran erinnert, daß schon WIELAND, CRAWFORD und WALCH (*81*) die starke Vermehrung von Bakterien beim „Verarmen" von Hefe beobachtet und die anaerobe Vergärung von Fumarsäure durch Hefe-suspensionen darauf zurückgeführt haben, daß weiterhin SONDERHOFF und DEFFNER (*82*) die Wirkung solcher Fäulnisbakterien bei der sauerstofflosen Vergärung der Citronensäure feststellen konnten.

Eine *Absättigung von Äthylengruppen* in steroiden Verbindungen ist bisher weder durch Hefe noch in tierischem Gewebe nachgewiesen worden, sondern nur durch Bakterien, sei es im Falle der Koprosterinbildung, sei es in den anderen Beispielen aus den Gruppen der Wirkstoffe.

Der Weg des Überganges von Cholesterin in Koprosterin dürfte dank der aufschlußreichen Methode der Markierung mit *Deuterium*, jedenfalls als einer der möglichen Wege, gesichert sein. Daß die Umwandlung in vitro mit Bakterienkulturen aus Kot nicht gelungen ist (*31*), könnte darin begründet sein, daß nach den nunmehr gewonnenen Anschauungen ja zwei bakterielle Wirkungen erforderlich sind, die vielleicht verschiedene Organismen, sehr wahrscheinlich jedenfalls verschiedene Bedingungen verlangen, nämlich zunächst eine dehydrierende zur Bildung von Cholestenon, dann eine Äthylen- und Carbonyl-hydrierende zur Bildung des Endprodukts Koprosterin.

In der Gruppe der Keimdrüsenhormone überrascht weniger die Unfähigkeit der Hefe zur Hydrierung der Äthylenbindung des $\Delta^4$-Androstendions, die in Übereinstimmung mit der Langsamkeit einer solchen Absättigung bei niedermolekularen cyclischen Ketonen mit tertiärem Kohlenstoff steht, als daß die mit dem Carbonyl nicht konjugierte Doppelbindung des $\Delta^5$-Androstendions hydriert wird. Dieser einzig dastehende Fall würde eine nähere Untersuchung zur Feststellung der Möglichkeit seiner Verallgemeinerung verdienen. Mit der Beweglichkeit der Doppelbindung, d. h. mit ihrer Fähigkeit zur Verschiebung nach 4,5, ist dieses Verhalten nur in Zusammenhang zu bringen, wenn die Annahme gemacht wird, daß eine Hydrierung *während* der Verschiebung stattfindet; denn nach vollzogener Verlagerung ist die Bindung der Hefehydrierung nicht mehr zugänglich.

Sehr bemerkenswert ist weiterhin die Fähigkeit der Fäulnisbakterien aus Organextrakten zu Wasserstoff-anlagerungen an steroide Hormone, u. zw., wie erwähnt, auch an Doppelbindungen, die durch Hefe unberührt bleiben.

Wünschenswert wäre eine nähere Charakterisierung dieser Erreger und bei künftigen Arbeiten die Anwendung definierter Stämme. Das um so mehr, als nach Ercoli (*79*) eine üppige Kultur von *B. fluorescens* in Fleischbrühe im Laufe von 10 Tagen sowohl Androstendion wie Dehydroandrosteron unberührt lassen soll. Auch eine *B. coli*-Kultur soll aus Androstendion kein Hydrierungsprodukt erzeugen. Vielleicht ist aber der Verteilungszustand der Ketone im Kulturmedium, der nach den Erfahrungen des Verfassers eine entscheidende Rolle spielen kann, für diese negativen Ergebnisse verantwortlich.

Bekanntlich vermögen Coli-bakterien und einige andere Mikroorganismen [Übersicht bei Hewitt (*83*)] in ihren Kulturen Redoxpotentiale von der Tiefe der Wasserstoffelektrode zu erzeugen und in umkehrbarer Reaktion molekularen Wasserstoff zu entbinden.

Die Untersuchung weiterer Hydrierungsreaktionen mit Bakterien, besonders zur Feststellung ihrer Spezifität, wird ohne Zweifel Interesse haben.

Bei Betrachtungen über die Biogenese der Hormone der Keimdrüse, der Nebennierenrinde und der im Harn ausgeschiedenen Steroide ist schon öfters das Stattfinden von Hydrierungen der Carbonyl- und Äthylengruppen dieser Stoffklassen im tierischen Körper gefordert worden [siehe z. B. bei TSCHERNING (*84*)].

Man hat z. B. angenommen, daß aus den Substanzen der Drüse vom Charakter ungesättigter Ketone nach Hydrierung von Carbonyl- oder Doppelbindung oder beider Gruppen, die im Harn zu findenden Ausscheidungsprodukte entstehen. Androstendion oder Testosteron z. B. wären als Muttersubstanzen von epi-Ätiocholandiol und Androsteron zu betrachten. Aus verschiedenen Gründen ist es hingegen unwahrscheinlich, daß die Biogenese der Steroide mit 18, 19 und 21 C-Atomen, sowie der Gallensäuren, aus Cholesterin durch Abbau erfolgt [siehe z. B. REICHSTEIN (*85*)].

Da ein näheres Eingehen auf diese Zusammenhänge hier nicht beabsichtigt ist, sei auf die Überlegungen von MARKER hingewiesen (*86, 88*), der die $C_{18}$, $C_{19}$ und $C_{21}$ Sexualhormone und die Steroide der Nebennierenrinde von einem gemeinsamen Grundstoff, dem Pregnadien-(4,8)-diol-(17,21)-trion-(3, 11, 20) oder seinem $C_{(9)}$-Hydrat ableiten möchte, und die Reaktionsfolgen zur Bildung der verschiedenen bekannten Steroide aus diesem Stoff entwickelt.

Nachdem bei vielen steroiden Substanzen die Carbonylhydrierung durch Hefe und die Carbonyl- und Äthylen-hydrierung durch Bakterien durchgeführt ist, und nachdem im Tierkörper bei einfacheren Äthylen-Ketonen ebenso das Eintreten beider Reaktionen nachgewiesen ist, wird jedenfalls die Möglichkeit der genannten Umwandlungen nicht zu bezweifeln sein.

Weitere Untersuchungen zur Aufklärung der Biogenese steroider Stoffe im Tierkörper werden daher ihr Ziel kaum auf dem Umwege der Durchführung neuer Hydrierungen durch Hefe oder Bakterien zu erreichen trachten. Die eindeutigste Möglichkeit zur Untersuchung des Schicksals steroider Stoffe, ihrer eventuellen Umwandlung in den verschiedenen Drüsen und ihrer Ausscheidungsform bietet sich ohne Zweifel durch die Methode der Anwendung deuteriumhaltiger Prüfsubstanzen.

## B. Fettsäuren.

Die Fragen nach dem Chemismus der Wasserstoff-anlagerung an Äthylenabkömmlinge besitzen wahrscheinlich eine besondere Bedeutung für die *Biogenese der Fette*. Es muß dabei, roh betrachtet, neben den carboligatischen Reaktionen eine Umwandlung der CHOH-Gruppen von

Kohlehydraten in die $CH_2$-Gruppen von Fettsäuren stattfinden. Für die Bildung von Stearinsäure aus Glucose z. B. müßten nach der Bruttogleichung

$$3\,C_6H_{12}O_6 + 32\,H \rightarrow C_{18}H_{36}O_2 + 16\,H_2O$$

pro Mol Säure 32 Atome Wasserstoff zugeführt werden. Setzt man voraus, daß die dabei stattfindenden Oxydoreduktionen sich im Endeffekt alle innerhalb der Glucosemoleküle abspielen, dann ergibt sich als Bilanz die Gleichung

$$13\,C_6H_{12}O_6 = 3\,C_{18}H_{36}O_2 + 24\,H_2O + 24\,CO_2,$$

aus der hervorgeht, daß 36 Gew.-% der Glucose zu Fettsäure werden können, während 45 Gew.-% als Kohlendioxyd den Sauerstoff übernehmen.

Bemerkenswerterweise führt nach Haehn und Kinttof (*89*) der Pilz *Endomyces vernalis* bei seiner Verfettung 30—35 Gew.-% des Nährzuckers in Fett über und verbrennt dabei 40% und mehr zu Kohlendioxyd.

Nun ist schon vielfach und auch bei anderen Stoffklassen darauf hingewiesen worden, daß der Aufbau einer Kohlenstoffkette am ehesten durch die Annahme von ***Kondensationsreaktionen*** von Carbonylverbindungen, nach dem Muster der Aldolkondensation, verständlich wird:

$$-\underset{|}{C}=O + H-\underset{|}{\overset{H}{C}}-\underset{|}{C}=O \longrightarrow -\underset{|}{\overset{OH}{C}}-\underset{|}{\overset{H}{C}}-\underset{|}{C}=O \longrightarrow$$

$$\xrightarrow{-H_2O} -\underset{|}{C}=\underset{|}{C}-\underset{|}{C}=O \xrightarrow{+2H} -\underset{|}{\overset{H}{C}}-\underset{|}{\overset{H}{C}}-\underset{|}{C}=O \quad \text{usw.}$$

Die zur Bildung der gesättigten Kette erforderliche Reduktion würde nach diesem Schema durch Anlagerung von Wasserstoff an die Äthylenbindung erfolgen.

Wichtige Fortschritte in der Erkenntnis des Fettstoffwechsels sind in den letzten Jahren durch die Anwendung von schwerem Wasser und von ***deuterium***haltigen Fettsäuren erzielt worden, die auch gewisse Beobachtungen zur besonderen Frage gebracht haben, ob die in den Fetten enthaltenen ungesättigten und gesättigten Säuren reversibel ineinander übergehen können. Durch Verfütterung von deuteriumhaltigem Fett (teilweise mit D abgesättigtes Leinöl) an Mäusen haben Schoenheimer und Rittenberg (*34*) nachgewiesen, daß eine große Menge des Nahrungsfettes (20—40%) vor seiner Ausnützung im Fettgewebe abgelagert wird, und zwar auch wenn die Nahrung nur kleine Mengen davon enthält. Diese Assimilation des Nahrungsfettes, die auf dem Wege einer intermediären Phosphatidbildung erfolgt [Cavanagh und Raper (*90*)], muß im wesentlichen von seiner Umwandlung in das besondere Fett des Tieres begleitet sein, da bei fettarmer und kohlehydratreicher Kost die Zusammensetzung des Fettdepots nur wenig durch die des Nahrungsfettes abgeändert zu werden vermag. Es ist daher anzunehmen, daß die D-haltigen Fettsäuren der Nahrung in andere Fettsäuren umgewandelt werden können.

Der *Übergang von gesättigten Säuren in ungesättigte* und umgekehrt ist durch folgende Versuche gesichert worden: Nach Verfütterung von Deutero-stearinsäure an Mäuse läßt sich in der Fraktion der ungesättigten Säuren des Körperfettes der Tiere ein verhältnismäßig hoher Deuteriumgehalt nachweisen (SCHOENHEIMER und RITTENBERG (*36*)]. Werden nun die in dieser Weise erhaltenen D-haltigen ungesättigten Fettsäuren (Deutero-ölsäure) ebenfalls an Mäuse verfüttert, dann findet sich D auch in der Fraktion der gesättigten Säuren [RITTENBERG und SCHOENHEIMER (*39*)]. Obwohl der D-Gehalt der Säuren naturgemäß bei jedem Übergang stark absinkt (nämlich jeweils auf etwa ein Zehntel), läßt sich doch schließen, daß z. B. mindestens ein Fünftel der gesättigten Säuren direkt aus den ungesättigten entstanden sind, daß D also nicht etwa durch Austauschreaktionen mit Verbrennungs-$D_2O$ aus der Körperflüssigkeit eingetreten ist.

Diese nachgewiesene biologische Umwandlung von ungesättigten Fettsäuren in gesättigte und umgekehrt läßt nun verschiedene Deutungen zu:

Die einfachste wäre die, daß dem Tierkörper eine direkte (und reversible) Hydrierung der Äthylenbindungen ungesättigter Säuren möglich ist. Da bekanntlich bei allen höheren Olefinsäuren des tierischen Organismus die carboxyl-enthaltende Molekülhälfte stets gesättigt ist, würde das die Hydrierung von Doppelbindungen bedeuten, die durch mindestens 8 C-Atome von der charakteristischen Gruppe getrennt sind. Eine andere Deutung wäre die, daß der reversible Übergang von ungesättigten in gesättigte Säuren eine Folge von Abbau- und Aufbauvorgänge voraussetzt, daß also die Änderung des Wasserstoffgehaltes nicht ohne Spaltung und nachfolgende Synthese erfolgen kann. Dabei dürften die entstehenden, am Wiederaufbau sich beteiligenden Molekülteile ihres D-Gehaltes nicht durch Austausch verlustig gehen. Bei diesem Umbau wäre es möglich, daß die Hydrierungen an Doppelbindungen erfolgen, die $\alpha,\beta$-ständig zu einer charakteristischen Gruppe (etwa einem Carbonyl) stehen, in Übereinstimmung mit den Erfahrungen, die bei der Hydrierung von Modellsubstanzen durch Hefe und im Tierkörper gesammelt wurden. Die genaue Lokalisation des Deuteriums in den verfütterten und in den daraus entstandenen Säuren würde den Ablauf der besprochenen Vorgänge wesentlich klären.

Überraschend schnell erfolgt die stetige Erneuerung des Fettdepots der Maus, wie durch Verwendung der *Deuterium*-methode in einer anderen Untersuchung von SCHOENHEIMER und RITTENBERG (*37*) festgestellt wurde. Nach Erhöhung des Gehaltes an schwerem Wasser in der Körperflüssigkeit des Versuchstieres läßt sich fest gebundenes D in seinem Fett nachweisen. Diese Einführung kommt dadurch zustande, daß in schwerem Wasser das Proton der OH-Gruppen des Zuckers und seiner Spaltstücke, der Co-Dehydrasen usw. zum Teil und umkehrbar gegen D ausgetauscht wird und daß dieses nun bei den Vorgängen der Fettsynthese stabil eingebaut wird. Die Anwesenheit von D in den Fettsäuren kann also als Zeichen ihrer Neubildung bewertet werden. Nach 6–8 Tagen wird bei kohlehydratreicher Kost das Maximum der D-Aufnahme in die Fettsubstanz der Maus erreicht; schon nach dieser Zeit hat also auch bei konstantem Körpergewicht ein Ersatz fast aller ursprünglichen Fettsäuren durch neuentstandene stattgefunden. Ebenso schnell findet ein Verschwinden der D-haltigen Fettsäuren statt, wenn die künstliche Erhöhung des schweren Wasserspiegels in der Körperflüssigkeit unterbleibt. Im Zustand des Gleichgewichtes zwischen dem D-Gehalt der Fettsäuren und dem der Körperflüssigkeit war das Verhältnis D zu Proton im Gesamtfett etwa ein Siebentel von dem des Mediums.

Bei einer Untersuchung der Fettsynthese durch den Pilz *Endomyces vernalis* in Nährlösungen mit gestaffeltem Gehalt an schwerem Wasser finden auch GÜNTHER und BONHOEFFER (*92*) ein geringeres Verhältnis von D/H (Fett) zu D/H (Wasser) als sich nach der Bilanz der Fettbildung aus Kohlehydraten erwarten ließe. Das ist darauf zurückzuführen, daß H-Atome aus dem Wasser in die organische Substanz mit größerer Geschwindigkeit aufgenommen werden als D-Atome.

Die Annahme, daß die Anwesenheit von D in den Fettsäuren des Mäuseorganismus ein Zeichen für ihre *Neubildung* sei, ist nur stichhaltig, wenn sein Eintritt durch wiederholte Hydrierung und Dehydrierung schon vorhandener Fettsäuren ausgeschlossen wird. Nur durch Anlagerung an die Doppelbindungen bekannter Olefinsäuren kann D jedenfalls nicht eintreten, denn auch die carboxyl-tragende Molekülhälfte der D-haltigen ungesättigten Säuren, die bei allen höheren Fettsäuren des tierischen Organismus bekanntlich gesättigt ist, enthält im gleichen Verhältnis D, wie sich durch ihre Abspaltung als Azelainsäure nachweisen läßt (*37*).

Gegen die erwähnte Möglichkeit einer D-Einführung auch durch Umbau (d. h. durch partiellen Abbau und Wiederaufbau) schon vorhandener Säuren, und nicht nur durch völlige Neubildung, spricht diese Feststellung natürlich nicht. Es sei zur weiteren Stütze dieser Deutungsmöglichkeit darauf hingewiesen, daß bei der Polysaccharidbildung aus Hexosen im Hefepilz [GÜNTHER und BONHOEFFER (*91*)] und bei der Glykogenbildung im Körper der Ratte [USSING (*93*)] in Anwesenheit von schwerem Wasser nicht nur die austauschbaren Wasserstoffatome der Zucker-OH-Gruppen sondern teilweise auch die am Kohlenstoff haftenden durch D ersetzt werden, — ein Hinweis darauf, daß selbst bei diesen Vorgängen nicht nur einfache Wasserabspaltungen zwischen den

Monosaccharidmolekülen vor sich gehen, sondern tiefgreifende Reaktionen, die vor der Synthese zu einem Abbau führen, etwa zu Triosen.

Die überraschende Erkenntnis der stetigen und schnellen Erneuerung der Fett-„Vorräte" steht übrigens in Einklang mit den im nächsten Abschnitt erwähnten Beobachtungen über den Eiweiß-Stoffwechsel und auch mit anderen Ergebnissen, die durch Anwendung isotoper Elemente gewonnen werden konnten [Übersicht bei HEVESY (*94*)].

## V. Die Fermentsysteme biochemischer Hydrierungen.

Nachdem in den vorhergehenden Abschnitten die bisher erkannten Gesetzmäßigkeiten biochemischer Hydrierungen und ihre Bedeutung für die Bildung von Naturstoffen im Vordergrund der Betrachtung standen, soll im folgenden eine knappe Übersicht der Fermentsysteme gegeben werden, die an der Carbonyl-, Äthylen- und Carbimin-hydrierung beteiligt sind.

### 1. Die Carbonyl-hydrierung.

Am genauesten bekannt sind die Fermente der umkehrbaren Umwandlung von Carbonyl-Hydroxyl-Verbindungen, besonders insofern sie die Oxydoreduktionen des Kohlehydratabbaues bewirken. Nicht untersucht sind dagegen bisher die Dehydrasen höherer Alkohole, z. B. der Sterine.

Mit Ausnahme von einigen, meistens „unlöslichen" Dehydrasen, die keine dissoziierende Gruppe zu haben scheinen, ist allen diesen Carbonyl-Hydroxyl-Oxydoredukasen gemeinsam, daß sie Co-Dehydrase I oder II als prosthetische Gruppe benötigen. [Eine Zusammenstellung siehe z. B. bei F. G. FISCHER (*13*).]

Die Hydrierung einer Carbonylverbindung B, sei es im unbeeinflußten Zellgeschehen, sei es bei einer zymochemischen Wasserstoff-anlagerung, wird also unter dem Einfluß des Proteins einer Alkoholdehydrase in den meisten Fällen durch Oxydoreduktion mit einer Dihydro-Co-Dehydrase („Co. D. $H_2$") nach Gleichung (*b*) zustande kommen:

$$a)\quad AH_2 + \text{Co. D.} \xrightleftharpoons{\text{Protein}_A} A + \text{Co. D. } H_2$$

$$b)\quad B + \text{Co. D. } H_2 \xrightleftharpoons{\text{Protein}_B} BH_2 + \text{Co. D.}$$

Als wasserstoff-liefernde Stoffe $AH_2$ kommen alle die in Frage, welche durch Einwirkung einer Dehydrase nach Gleichung *a*) Co-Dehydrase reduzieren, also z. B. Hexose-phosphat, Triose-phosphat, Milchsäure, Äthylalkohol, Glutaminsäure. Der Menge nach wird — und nicht nur bei den Hydrierungen durch Hefe — als korrelierte Reaktion die Dehydrierung des Triose-phosphats vorherrschen [nach NEGELEIN und BRÖ-

MEL (95): 1,3-Glycerinaldehyd-phosphorsäure; siehe auch WARBURG und CHRISTIAN (96)].

Gleiche Verhältnisse herrschen natürlich auch bei der gegenläufigen Reaktion der Dehydrierung einer Hydroxylverbindung $BH_2$. Die Lage des Gleichgewichtes ist bei allen diesen Oxydoreduktionen von Carbonyl-Hydroxyl-Verbindungen mit Co-Dehydrase weit auf der Seite des reduzierten Substrats.

Führt die Dehydrierung des Alkohols bis zur Reaktion mit Sauerstoff, dann verläuft sie nach den gegenwärtigen Kenntnissen [vgl. z. B.: LOCKHART (97), POTTER (98)] von den Dihydro-Co-Dehydrasen in der Hauptmenge über „gelbe Fermente" (Diaphorase) und das Cytochromsystem weiter.

Das mag z. B. der Weg der S. 62 erwähnten aeroben Dehydrierungen steroider Alkohole durch Fäulnisbakterien sein.

## 2. Die Äthylen-hydrierung.

Die Vorgänge der Äthylenhydrierung haben bisher nur am Beispiel der Hefefermente eine erste Untersuchung erfahren [FISCHER und EYSENBACH (7)]. Ihre vorwiegende Koppelung mit dem Kohlehydratabbau ergibt sich schon aus der Tatsache, daß in zuckerfreier Lösung nur eine sehr langsame Absättigung zugefügter Olefinalkohole eintritt, die fast ganz ausbleibt, wenn die Hefe vorher durch ausgiebiges Lüften arm an Reserve-kohlehydraten gemacht wird.

In gärenden Lösungen mit frischer Bierhefe nimmt die Geschwindigkeit der Hydrierung, die am Beispiel des Zimtalkohols von $p_H$ 4—8,5 geprüft wurde, mit steigender Alkalität stetig zu. Bekanntlich treten bestimmte disproportionierende Vorgänge des Zuckerabbaues mit steigender Alkalität ebenfalls stärker in Erscheinung. Bei einem $p_H$ von 8,5 ist z. B. die normale Bildung von Äthylalkohol schon stark zurückgedrängt; aus der Triose wird zum guten Teil Glycerin, aus Acetaldehyd neben Äthylalkohol Essigsäure. Nach den Feststellungen von EULER, ADLER und HELLSTRÖM (99) ist das darauf zurückzuführen, daß die Geschwindigkeit der Dehydrierung der Alkoholverbindungen durch Co-Zymase mit steigender Alkalität zunimmt, während jene der Hydrierung der entsprechenden Carbonylverbindungen abnimmt. In alkalischem Medium ist also das Gleichgewicht der Reaktion

$$\text{Alkohol} + \text{Co-Zymase} \rightleftarrows \text{Aldehyd} + H_2\cdot\text{Co-Zymase}$$

stark nach rechts verschoben; es steht gewissermaßen mehr „Gärungswasserstoff" über die Dihydro-Co-Zymase für andere Reaktionen zur Verfügung.

Mit Hefe-Mazerationssäften oder auf anderem Wege dargestellten Fermentlösungen lassen sich ebenfalls Äthylenhydrierungen durchführen.

Nach der Reinigung der verschiedenen Fermentkomponenten ergibt sich, daß außer einem Co-Dehydrase reduzierenden System (nach Gleichung *a*) auch die Anwesenheit von einem „gelben Ferment" erforderlich ist (nach *b*), damit die Absättigung des Olefins (nach *c*) eintritt:

$$a)\ AH_2 + Co.D. \xrightleftharpoons{\text{Protein}_A} A + Co.D.H_2$$

$$b)\ Co.D.H_2 + G.G. \xrightleftharpoons[\text{gelben Ferments}]{\text{Protein des}} Co.D. + G.G.H_2$$

$$c)\ G.G.H_2 + {>}C{=}C{<} \xrightarrow[\text{Hydrase}]{\text{Äthylen-}} G.G. + {>}CH{-}CH{<}$$

Von der Dihydro-Co-Dehydrase muß also zunächst eine Oxydoreduktion mit einer gelben Gruppe („G. G.") eintreten, bevor der Wasserstoff die Äthylenbindung erreicht.

Die Reduktion der gelben Alloxazingruppe läßt sich auch mit anderen, nicht-enzymatischen Mitteln durchführen, z. B. mit Leukofarbstoffen von hinreichend tiefem Redoxpotential. Dadurch ist die Möglichkeit gegeben, das ganze System zu vereinfachen und nach Reaktion *c*) die „Äthylenhydrase" selbst zu untersuchen. Ihre Reindarstellung ist bisher durch die große Unbeständigkeit in gereinigten Lösungen außerordentlich erschwert worden (unveröffentlichte Versuche von ROBERTSON und ROEDIG). Eine Abtrennung der Proteinkomponente und die nähere Kennzeichnung der gelben prostethischen Gruppe ist noch nicht gelungen.

Es steht daher z. B. die Frage noch offen, ob die Oxydoreduktion zwischen Dihydro-Co-dehydrase und gelbe Gruppe (Reaktion *b*) vom gleichen Protein katalysiert wird wie Reaktion *c*, oder ob zur Wasserstoffübertragung vom Dihydro-Alloxazin-Derivat auf die Äthylenbindung eine andere Eiweißkomponente erforderlich ist? Auch die Fragen nach dem Spezifitätsbereich der Äthylenhydrasen sind naturgemäß noch unbeantwortet.

Nur bei einer besonderen Äthylenhydrase, der Fumarathydrase, die zur Hydrierung von Fumarsäure fähig ist [FISCHER und EYSENBACH (*8*, *9*)], gelang die umkehrbare Abtrennung der gelben Gruppe vom Fermenteiweiß und ihre Kennzeichnung als das im nächsten Abschnitt näher besprochene Alloxazin-Adenin-Dinucleotid [FISCHER, ROEDIG und RAUCH (*12*)].

Die in letzter Zeit durch Untersuchungen von V. EULER, ADLER und HELLSTRÖM und ferner von DEWAN und GREEN bekannt gewordene „Diaphorase", welche die Oxydoreduktion zwischen Dihydro-Co-Dehydrase und verschiedenen Wasserstoff-acceptoren, z. B. Cytochrom a und b, katalysiert, ist ebenfalls ein Flavinenzym [siehe auch LOCKHART (*97*) und POTTER (*98*)]. Sie ist bisher aus dem Herz- und Skelettmuskel verschiedener Säugetiere und aus Hefe gewonnen worden. Es ist wahrscheinlich, daß ihre nähere Untersuchung eine Aufteilung in verschiedene Fermentkomponenten bringen wird [eine Übersicht über gelbe Fermente: F. G. FISCHER (*13*)].

### 3. Die Hydrierung der Carbimin-Bindung.

Die Wasserstoff-anlagerung an die Carbimingruppe, bzw. ihre Umkehrung, die Dehydrierung von Aminogruppen, wird in den zwei bisher näher untersuchten Fällen von Fermenten mit verschiedenen prosthetischen Gruppen bewirkt.

Das lösliche Ferment, welches die *Spiegelbild-isomeren der natürlichen Aminosäuren* mit Sauerstoff zu Ketosäuren dehydriert, ist ein gelbes Ferment; es wurde von WARBURG und CHRISTIAN (*100*) in Proteinteil und prosthetische Gruppe zerlegt, die beide unwirksam, sich wieder zum wirksamen Ferment verbinden lassen. Die prosthetische Gruppe hat die Zusammensetzung eines Dinucleotids aus Riboflavin-phosphorsäure und Adenylsäure (nach WARBURG und CHRISTIAN: Alloxazin-Adenin-Dinucleotid) und dürfte tatsächlich als Dinucleotid aufgebaut sein. Jedenfalls läßt sich Adenosin-5-monophosphorsäure daraus abspalten [ABRAHAM (*101*, *102*)].

Die Reversibilität der Oxydoreduktion *a*) mit der gelben Gruppe („G. G."), der eine nichtenzymatische hydrolytische Zerlegung der Iminosäure in Ketosäure und Ammoniak *b*) folgt, ist von DAS und EULER (*103*) nachgewiesen worden. Das Gleichgewicht liegt weit nach links verschoben, auf der Seite der d-Aminosäure.

$$a)\quad R_2{:}CH{-}NH_2 + G.G. \rightleftarrows R_2{:}C{=}NH + G.G.H_2$$
$$b)\quad R_2{:}C{=}NH + H_2O \rightleftarrows R_2{:}C{=}O + NH_3$$

Im Gegensatz zu diesem, nur d-Aminosäuren angreifenden Ferment enthält die auf *l(+)-Glutaminsäure* spezifisch eingestellte Dehydrase als dissoziierende Gruppe Co-Dehydrase, und zwar je nach ihrem Ursprung Co-Zymase oder Co-Dehydrase II. Das Ferment aus höheren Pflanzen ist spezifisch auf Co-Dehydrase I, das der Hefe und der Coli-bakterien spezifisch auf Co-Dehydrase II eingestellt, während das der Leber mit beiden Co-Dehydrasen wirken kann [v. EULER und Mitarbeiter (*104*—*106*)].

$$a)\quad R_2{:}CH{-}NH_2 + Co.D. \rightleftarrows R_2{:}C{=}NH + Co.D.H_2$$
$$b)\quad R_2{:}C{=}NH + H_2O \rightleftarrows R_2{:}C{=}O + NH_2$$

Auch hier folgt der Reaktion *a*) eine nicht-enzymatische, reversible Hydrolyse der Iminosäure *b*), so daß schließlich Keto-glutarsäure und Ammoniak Endprodukte der Dehydrierung sind.

Das Gleichgewicht zwischen Co-Dehydrase und Glutaminsäure in der umkehrbaren Oxydoreduktion liegt weit nach links.

Dieser Bindung von Ammoniak in das Molekül der Glutaminsäure und vielleicht auch der Asparaginsäure, für die ähnliche Verhältnisse nachgewiesen worden sind, kommt offenbar eine hohe Bedeutung für die Aminosäuresynthese überhaupt zu, da beide Amino-dicarbonsäuren auf andere Ketosäuren ihre Aminogruppe fermentativ übertragen, wobei sie selbst zu Keto-glutarsäure, bzw. Keto-bernsteinsäure werden [KRITSMANN und BRAUNSTEIN (*107*, *108*)].

Daher könnte die Hintereinanderschaltung von Amino-dicarbonsäuresynthese und Umaminierung einen wichtigen, für viele Zellarten geläufigen Weg zur Bildung von Aminosäuren aus Ammoniak und Ketosäuren darstellen.

Die Zusammenhänge zwischen Umaminierung und den dabei sicher stattfindenden Oxydoreduktionen der Amino-Imino-Gruppen sind im einzelnen noch nicht bekannt.

Eine schnelle und fortwährende Desaminierung und Aminierung, die den Austausch von Stickstoff unter den Aminosäuren zur Folge hat, findet jedenfalls im tierischen Organismus statt, wie sich mit Hilfe der Methode der Kennzeichnung mit isotopen Elementen hat nachweisen lassen [SCHÖNHEIMER und Mitarbeiter (*44*), sowie frühere Arbeiten].

Der bündigste Beweis wurde durch Verfütterung von l-Leucin mit einem erhöhten Gehalt an zwei verschiedenen Isotopen, nämlich an Deuterium (in der Kohlenstoffkette gebunden) und an dem Stickstoffisotopen $N^{15}$. An die 60% des isotopen Stickstoffes wurden in das Gewebeeiweiß der erwachsenen, in Stickstoffgleichgewicht gehaltenen Ratten eingebaut. Alle daraus isolierten Aminosäuren, mit Ausnahme von Lysin, enthielten $N^{15}$ in höheren Konzentrationen. In dem isolierten Leucin hat natürlich der D-Gehalt des verfütterten durch Verdünnung mit gewöhnlichem Leucin abgenommen, doch im Verhältnis weniger als der $N^{15}$-Gehalt. Die Kohlenstoffkette des Leucins (durch D markiert) hat also sicher ihr Stickstoff (durch $N^{15}$ markiert) zum Teil abgegeben und anderen, „normalen" Stickstoff eingebaut.

Diese stetige und rasche Umaminierung der Aminosäuren des Eiweiß setzt unter anderem eine fortwährende Öffnung der Peptidbindungen in den Proteinmolekülen voraus. Sie zeigt ihre überraschende Reaktionsfähigkeit und weist auch auf die Bedeutung und Häufigkeit von Oxydoreduktionen hin, deren Ablauf für den Stoff*abbau* und die Energiegewinnung nur zum geringsten Teil erforderlich wäre.

## Literaturverzeichnis.

*1.* OPPENHEIMER, C.: Die Fermente und ihre Wirkungen, Bd. II, S. 1547. Leipzig, 1926.

*2.* NEUBERG, C. u. G. GORR: Phytochemische Reduktionen; in C. OPPENHEIMER u. L. PINCUSSEN: Die Methodik der Fermente, S. 1212. Leipzig, 1928.

*3.* FISCHER, F. G. u. O. WIEDEMANN: Über die Hydrierung ungesättigter α-Ketosäuren, Aldehyde und Alkohole durch gärende Hefe. Biochemische Hydrierungen I. Liebigs Ann. Chem. **513**, 260 (1934).

4. Fischer, F. G. u. O. Wiedemann: Über die Hydrierung ungesättigter Ketone durch gärende Hefe. Biochemische Hydrierungen II. Liebigs Ann. Chem. **520**, 52 (1935).
5. — — Über die Hydrierung konjugierter Doppelbindungen durch gärende Hefe. Biochemische Hydrierungen III. Liebigs Ann. Chem. **522**, 1 (1936).
6. — u. W. Robertson: Die Hydrierung von Crotylalkohol durch Coli-Bakterien. Biochemische Hydrierungen IV. Liebigs Ann. Chem. **529**, 1 (1937).
7. — u. H. Eysenbach: Über die enzymatische Hydrierung ungesättigter Verbindungen. Biochemische Hydrierungen V. Liebigs Ann. Chem. **529**, 1 (1937).
8. — — Eine neuartige enzymatische Hydrierung der Fumarsäure. Biochemische Hydrierungen VI. Liebigs Ann. Chem. **530**, 99 (1937).
9. — — Unveröffentlichte Versuche; vgl. H. Eysenbach: Enzymatische Hydrierungen ungesättigter Verbindungen. Diss. Freiburg i. Br., 1937.
10. — u. H. J. Bielig: Z. physiol. Chem. (im Druck). — H. J. Bielig: Über die Hydrierung ungesättigter Substanzen im Tierkörper. Diss. Würzburg, 1939.
11. — u. A. Roedig: Unveröffentlichte Versuche; vgl. A. Roedig: Zur Kenntnis der Fumarsäure-hydrierenden Enzyme. Diss. Würzburg, 1939.
12. — — u. K. Rauch: Fumarathydrase, ein gelbes Ferment. Naturwiss. **27**, 197 (1939).
13. — Niedermolekulare Überträger biologischer Oxydo-Reduktionen und ihre Potentiale. Erg. Enzymforsch. **8**, 185 (1939).
14. Reichel, L. u. O. Schmid: Über den Mechanismus der Synthese von Fettsäuren und Fett durch den Hefepilz Endomyces vernalis. Biochem. Z. **300**, 274 (1939).
15. Dakin, H. D.: Oxidations and Reductions in the animal body. London, 1922.
16. Knoop, F.: Über Reduktionen und Oxydationen und eine gekoppelte Reaktion im intermediären Stoffwechsel des Tierkörpers. Biochem. Z. **127**, 200 (1922).
17. Neubauer, O.: Naunyn-Schmiedebergs Arch. exp. Pathol. Pharmakol. **46**, 133, 145 (1901).
18. Thierfelder, K. u. F. Daiber: Zur Kenntnis des Verhaltens fettaromatischer Ketone im Tierkörper. Z. physiol. Chem. **130**, 380 (1923).
19. Reinartz, F. u. W. Zanke: Über die Abbauprodukte des Camphers und Campherchinons im tierischen Organismus. Ber. dtsch. chem. Ges. **67**, 548 (1934).
20. Neubauer, O.: Habilitationsschrift. Leipzig, 1908.
21. Suwa, A.: Über das Schicksal der N-freien Abkömmlinge der aromatischen Aminosäuren im normalen Organismus. Z. physiol. Chem. **72**, 113 (1911).
22. Sasaki, T.: Über das Verhalten der Furfurpropionsäure im Tierkörper. Biochem. Z. **25**, 275 (1910).
23. Knoop, F.: Hofmeisters Beitr. **6**, 150 (1905).
24. Thierfelder, K. u. E. Schempp: Pflügers Arch. ges. Physiol. **167**, 280 (1917).
25. Knoop, F. u. R. Oeser: Über intermediäre Reduktionsprozesse beim physiologischen Abbau. Z. physiol. Chem. **89**, 141 (1914).
26. Kuhn, R., F. Koehler u. L. Koehler: Über Methyl-Oxydationen im Tierkörper. Z. physiol. Chem. **242**, 171 (1936).
27. Hildebrandt, H.: Naunyn-Schmiedebergs Arch. exp. Pathol. Pharmakol. **46**, 261 (1902).
28. — Z. physiol. Chem. **36**, 441 (1902).
29. Hoppe, A.: Über die Bakterienflora im Verdauungsschlauch des Hamsters. Zbl. Bakteriol., 1. Abt. **58**, 290 (1911).
30. Brockmann, H.: Das biologische Verhalten stereoisomerer Verbindungen; in K. Freudenberg: Stereochemie, S. 921. Leipzig, 1933.

31. SCHOENHEIMER, R., H. v. BEHRING, R. HUMMEL u. L. SCHINDEL: Über die Bedeutung gesättigter Sterine im Organismus. Z. physiol. Chem. **192**, 73 (1930).

32. — and D. RITTENBERG: Deuterium as an indicator in the study of intermediary metabolism. I. J. biol. Chemistry **111**, 163 (1935).

33. RITTENBERG, D. and R. SCHOENHEIMER: Deuterium as an indicator in the study of intermediary metabolism. II. Methods. J. biol. Chemistry **111**, 169 (1935).

34. SCHOENHEIMER, R. and D. RITTENBERG: Deuterium as an indicator in the study of intermediary metabolism. III. The rôle of the fat tissues. J. biol. Chemistry **111**, 175 (1935).

35. — — and M. GRAFF: Deuterium as an indicator in the study of intermediary metabolism. IV. The mechanism of coprosterol formation. J. biol. Chemistry **111**, 183 (1935).

36. — — Deuterium as an indicator in the study of intermediary metabolism. V. Dehydrogenation of fatty acids in the animal organism. J. biol. Chemistry **113**, 505 (1936).

37. — — Deuterium as an indicator in the study of intermediary metabolism. VI. Synthesis and destruction of fatty acids in the organism. J. biol. Chemistry **114**, 381 (1936).

38. — — B. N. BERG, and L. ROUSSELOT: Deuterium as an indicator in the study of intermediary metabolism. VII. Studies in bile acid formation. J. biol. Chemistry **115**, 635 (1936).

39. RITTENBERG, D. and R. SCHOENHEIMER: Deuterium as an indicator in the study of intermediary metabolism. VIII. Hydrogenation of fatty acids in the animal organism. J. biol. Chemistry **117**, 485 (1937).

40. SCHOENHEIMER, R. and D. RITTENBERG: Deuterium as an indicator in the study of intermediary metabolism. IX. The conversion of stearic acid into palmitic acid in the organism. J. biol. Chemistry **120**, 155 (1937).

41. RITTENBERG, D., A. S. KESTON, R. SCHOENHEIMER, and G. L. FOSTER: Deuterium as an indicator in the study of intermediary metabolism. XIII. The stability of Hydrogen in amino acids. J. biol. Chemistry **125**, 1 (1938).

42. FOSTER, G. L., D. RITTENBERG, and R. SCHOENHEIMER: Deuterium as an indicator in the study of intermediary metabolism. XIV. Biological formation of deutero-amino acids. J. biol. Chemistry **125**, 13 (1938).

43. ANCHEL, M. and R. SCHOENHEIMER: Deuterium as an indicator in the study of intermediary metabolism. XV. Further studies in coprosterol formation. The use of compounds containing labile deuterium for biological experiments. J. biol. Chemistry **125**, 23 (1938).

44. SCHOENHEIMER, R., S. RATNER, and D. RITTENBERG: The process of continuous deamination and reamination of amino acids in the proteins of normal animals. Science (New York) **89**, 272 (1939).

45. ROSENHEIM, O. and T. A. WEBSTER: Nature (London) **136**, 474 (1935).

46. YAMASAKI, K. u. K. KYOGOKU: Über das Schicksal der Dehydrocholsäure und Dehydrodesoxycholsäure im Krötenorganismus. Z. physiol. Chem. **233**, 29 (1935).

47. — — Die Umwandlung von Dehydrocholsäure in $\beta$-3-Oxy-7,12-diketocholansäure im Krötenorganismus. Z. physiol. Chem. **235**, 43 (1935).

48. KYOGOKU, K.: Über die Umwandlung von Dehydro-desoxycholsäure in $\alpha$- und $\beta$-3-Oxy-12-ketocholansäure im Organismus der Kröte. Z. physiol. Chem. **246**, 99 (1937).

49. MIYAZI, S.: Bildung der $\beta$-3,6-Dioxyallocholansäure aus $\beta$-Dehydrodesoxycholsäure im Kaninchenorganismus. Z. physiol. Chem. **254**, 104 (1938).

50. Kim, C. H.: Über die enzymatische Hydrierung der Dehydrodesoxycholsäure durch Hefe. I. Enzymologia **4**, 119 (1937).
51. — Über die enzymatische Hydrierung der Dehydrodesoxycholsäure durch Hefe. II. Enzymologia **6**, 105 (1939).
52. — Über das Schicksal der Dehydrocholsäure und der Dehydrodesoxycholsäure im Kaninchenorganismus. Z. physiol. Chem. **255**, 267 (1938).
53. — Über das Schicksal der Cholsäure im Meerschweinchenorganismus. Z. physiol. Chem. **261**, 97 (1939).
54. Sihn, T. S.: Synthese der Chenodesoxycholsäure aus Dehydro-chenodesoxycholsäure durch Bacillus coli communis. J. Biochemistry (Jap.) **28**, 165 (1938).
55. — Umwandlung der 3-Keto-7,12-dioxycholansäure in Cholsäure im Krötenorganismus. J. Biochemistry (Jap.) **27**, 425 (1938).
56. Fukui, T.: Bildung der 7-Oxy-3,12-diketocholansäure aus Dehydrocholsäure durch Bacillus coli communis. J. Biochemistry (Jap.) **25**, 61 (1937).
57. — u. S. Ishida: Über das Schicksal der Dehydrocholsäure im Kaninchenorganismus. J. Biochemistry (Jap.) **26**, 319 (1937).
58. Mori, T.: Bildung der 7-Oxy-3,12-diketocholansäure aus Dehydrocholsäure durch Proteusbazillen. J. Biochemistry (Jap.) **29**, 87 (1939).
59. Neuberg, C. u. A. Vercellone: Über die phytochemische Reduktion des d,l-Milchsäurealdehyds. Biochem. Z. **279**, 140 (1935).
60. Vercellone, A.: Über die phytochemische Reduktion von Anthra-di-chinon. Biochem. Z. **279**, 137 (1935).
61. Mamoli, L. u. A. Vercellone: Über die biochemische Hydrierung des Dehydro-androsteron. Z. physiol. Chem. **245**, 93 (1937).
62. — — Biochemische Umwandlung von $\Delta^4$-Androstendion in $\Delta^4$-Testosteron. Ein Beitrag zur Genese des Keimdrüsenhormons. Vorläufige Mitteilung. Ber. dtsch. chem. Ges. **70**, 470 (1937).
63. Vercellone, A. u. L. Mamoli: Über die biochemische Hydrierung des Androstandion. Z. physiol. Chem. **248**, 277 (1937).
64. Mamoli, L. u. A. Vercellone: Biochemische Umwandlung von $\Delta^5$-Androstendion in Isoandrostandiol und $\Delta^4$-Testosteron. Weiterer Beitrag zur Genese der Keimdrüsenhormone. Ber. dtsch. chem. Ges. **70**, 2079 (1937).
64a. Butenandt, A. u. H. Danneberg: Ber. dtsch. chem. Ges. **71**, 1681 (1938).
65. Vercellone, A. u. L. Mamoli: Über biochemische Dehydrierung in der Reihe des Keimdrüsenhormons. Weiterer Beitrag zur Genese der Sexualhormone. Ber. dtsch. chem. Ges. **71**, 152 (1938).
66. Mamoli, L. u. A. Vercellone: Biochemische Umwandlung von Dehydroandrosteron in das Androstendion. Weiterer Beitrag zur Genese des Keimdrüsenhormons. Ber. dtsch. chem. Ges. **71**, 154 (1938).
67. Ercoli, A. u. L. Mamoli: Umwandlung des $\Delta^4$-Androstendions in Aetiocholan-dion-(3,17) mittels eines enzymatischen Extraktes von Hengsthoden. Ber. dtsch. chem. Ges. **71**, 156 (1938).
68. — Enzymatische Umwandlung des $\Delta^4$-Testosterons in Aetiocholan-ol-(17)-on-(3) und Epi-aetiocholan-diol-(3,17) durch einen Hengsthodenextrakt. Ber. dtsch. chem. Ges. **71**, 650 (1938).
69. Schramm, G. u. L. Mamoli: Bemerkung zur biologischen Bildung des *epi*-Aetiocholandiols. Ber. dtsch. chem. Ges. **71**, 1322 (1938).
70. Mamoli, L. u. A. Vercellone: Über die biochemische Dehydrierung in der Reihe der Keimdrüsenhormone: Bakterielle Oxydation von Dehydroandrosteron zu Androstendion. Ber. dtsch. chem. Ges. **71**, 1686 (1938).
71. — u. G. Schramm: Über die bakterielle Hydrierung von Androstendion und Testosteron. Ber. dtsch. chem. Ges. **71**, 2083 (1938).

72. MAMOLI, L.: Biochemische Umwandlung von Dehydro-Androsteron in Testosteron. Ber. dtsch. chem. Ges. **71**, 2278 (1938).
73. — Über das Verhalten oestrogener Hormone bei der Einwirkung von gärender Hefe: Biochemische Umwandlung von Oestronestern in α-Oestradiol. Ber. dtsch. chem. Ges. **71**, 2696 (1938).
74. — u. G. SCHRAMM: Über bakterielle Hydrierung des Testosterons und Androstandions: Die Bildung von Iso-androstandiol, Iso-androsteron und Androsteron. Ber. dtsch. chem. Ges. **71**, 2698 (1938).
75. — Bakterielle Dehydrierung von Pregnenolon zu Progesteron. Ber. dtsch. chem. Ges. **71**, 2701 (1938).
76. — Ossidazione batterica del metilandrostendiolo a metiltestosterone. Gazz. chim. ital. **69**, 237 (1939).
77. DANSI, A. u. A. VERCELLONE: Biochemische Reduktion eines Derivates des 1,2-Benzanthracens. Ber. dtsch. chem. Ges. **72**, 1457 (1939).
78. ERCOLI, A.: Über die biologische Umwandlung von Androsten- zu Androstan-Derivaten. Ber. dtsch. chem. Ges. **72**, 190 (1939).
79. — Zur Frage der biologischen Bildung der Ätiocholan-Derivate. Ber. dtsch. chem. Ges. **71**, 2198 (1938).
80. WETTSTEIN, H.: Phytochemische Hydrierung von Oestron zu α-Oestradiol. Helv. chim. Acta **22**, 250 (1939).
81. WIELAND, H., M. CRAWFORD u. H. WALCH: Über den Mechanismus der Oxydationsvorgänge XLV; die anaerobe Vergärung der Fumarsäure. Liebigs Ann. Chem. **525**, 119 (1936).
82. SONDERHOFF, R. u. M. DEFFNER: Die anaerobe Vergärung der Zitronensäure. Liebigs Ann. Chem. **525**, 132 (1936).
83. HEWITT, L. F.: Oxidation-reduction potentials in bacteriology and biochemistry. London, 1936.
84. TSCHERNING, K.: Über die Chemie und Physiologie der Androsterongruppe. Angew. Chem. **49**, 11 (1936).
85. REICHSTEIN, T.: Chemie des Cortins und seiner Begleitstoffe. Erg. Vitamin- u. Hormonforsch. **1**, 334 (1938).
86. MARKER, R. E.: Sterols. XL. The Origin and Interrelationships of the Steroidal Hormones. J. Amer. chem. Soc. **60**, 1725 (1938).
87. — Sterols. LVII. Ketonic Steroids from Cow's Pregnancy Urine and Bulls' Urine. J. Amer. chem. Soc. **61**, 944 (1939).
88. — Sterols. LXI. The Steroidal Content of Steers' Urine. J. Amer. chem. Soc. **61**, 1287 (1939).
89. HAEHN, H. u. W. KINTTOF: Chemie Zelle Gewebe **12**, 115 (1925).
90. CAVANAGH, B. and H. S. RAPER: Nature (London) **137**, 233 (1936).
91. GÜNTHER, G. u. K. F. BONHOEFFER: Über den Einbau von schwerem Wasserstoff in wachsende Organismen. V. Z. physik. Chem. (A) **180**, 185 (1937).
92. — — Über den Einbau von schwerem Wasserstoff in wachsende Organismen. VI. Biologische Fettsynthese. Z. physik. Chem. (A) **183**, 1 (1939).
93. USSING, H. H.: Skand. Arch. Physiol. **77**, 85 (1937).
94. HEVESY, G.: Application of Isotopes in Biology. J. chem. Soc. London **1939**, 1213.
95. NEGELEIN, E. u. H. BRÖMEL: Isolierung eines reversibeln Zwischenprodukts der Gärung. Biochem. Z. **301**, 135 (1939).
96. WARBURG, O. u. W. CHRISTIAN: Proteinteil des kohlenhydrat-oxydierenden Ferments der Gärung. Biochem. Z. **301**, 221 (1939).
97. LOCKHART, E. E.: Diaphorase, (Co-Enzym-factor). Biochemical J. **33**, 613 (1939).

*98.* POTTER, V. R.: Oxidation of reduced Co-Dehydrogenase. I. Nature (London) **143**, 475 (1939).

*99.* EULER, H. v., E. ADLER u. V. HELLSTRÖM: Mechanismus der Dehydrierung von Alkohol und Triosephosphaten und der Oxydoreduktion. Z. physiol. Chem. **241**, 239 (1936).

*100.* WARBURG, O. u. W. CHRISTIAN: Isolierung der prosthetischen Gruppe der d-Aminosäureoxydase. Biochem. Z. **298**, 150 (1938).

*101.* ABRAHAM, E. P.: Co-Phosphorylase from the Coenzyme of d-Aminoacid-oxidase. Ark. Kem. Mineral. Geol. (B) **13**, Nr. 5 (1938).

*102.* — Experiments relating the constitution of Alloxazine-adenine-dinucleotide. Biochemical J. **33**, 543 (1939).

*103.* DAS, N. B. and H. v. EULER: Reversibility of d-Amino Acid deamination. Ark. Kem. Mineral. Geol. (B) **13**, Nr. 3 (1938).

*104.* EULER, H. v., E. ADLER, G. GÜNTHER u. N. B. DAS: Über den enzymatischen Abbau und Aufbau der Glutaminsäure. II. In tierischen Geweben. Z. physiol. Chem. **254**, 61 (1938).

*105.* ADLER, E., V. HELLSTRÖM, G. GÜNTHER u. H. v. EULER: Über den enzymatischen Abbau und Aufbau der Glutaminsäure. III. In Bakterium coli. Z. physiol. Chem. **255**, 14 (1938).

*106.* — G. GÜNTHER u. I. E. EVETT: Über den enzymatischen Abbau und Aufbau der Glutaminsäure. IV. In Hefe. Z. physiol. Chem. **255**, 27 (1938).

*107.* KRITSMAN, M. G.: The enzyme system transferring the amino group of aspartic acid. Nature (London) **143**, 603 (1939).

*108.* — and A. E. BRAUNSTEIN: The enzyme system of trans-amination, its mode of action and biological significance. Nature (London) **143**, 609 (1939).


*(Eingelaufen am 20. August 1939.)*

# Gallenfarbstoffe.

Von **W. Siedel**, München.

## I. Einleitung.

Die roten Blutkörperchen, und zwar sowohl die kernlosen des Menschen und der Säugetiere wie die kernhaltigen der Vögel werden ständig neugebildet und gehen nach einer bestimmten Lebenszeit fortlaufend wieder zugrunde. Mit dieser sog. „Blutmauserung" (vgl. S. 86) auf das engste verbunden ist der Hämoglobin-stoffwechsel und damit der Aufbau und Abbau der prosthetischen Komponente des roten Blutfarbstoffs. Während über den Mechanismus des Aufbaues dieses Farbstoffs, der vornehmlich im Knochenmark stattfindet, noch keinerlei experimentell gestützte Erkenntnisse vorliegen, ist dagegen in den letzten vier Jahrzehnten ein weitgehender Einblick in den Ablauf der Abbaureaktionen des Häms bzw. Hämatins gewonnen worden, und zwar durch die Untersuchung der Gallenfarbstoffe. Diese Farbstoffe und ihre Leukoverbindungen stellen die direkten Abbau- oder besser *Umbauprodukte des roten Blutfarbstoffs* dar.

Während bisher mit dem Begriff „Gallenfarbstoffe" immer die Vorstellung eines Verbindungstyps, bestehend aus den vier Pyrrolkernen des Porphyrinringes — lediglich in linearer, statt in ringförmiger Anordnung — verknüpft war, ist in neuester Zeit durch die Untersuchung des Mesobilifuscins bzw. des Bilifuscins sowie des Pentdyopents der Begriff erweitert und auch auf zweikernige Pyrrolderivate ausgedehnt worden. Mit dem Ausdruck „*Gallenfarbstoff*" werden nunmehr im weitesten Sinne die im allgemeinen *durch die Galle ausgeschiedenen Abbauprodukte des Blutfarbstoffs* bezeichnet. Zur Charakterisierung der vierkernigen Verbindungen vom Typ des Bilirubins gegenüber den zweikernigen wird zweckmäßig der Ausdruck „*Bilirubinoide*" verwendet.

Im folgenden werden nach einer kurzen Darstellung der Physiologie der Gallenfarbstoffe die Konstitutionserforschung dieser Pigmente sowie ihre wichtigsten Erkennungsreaktionen und deren Mechanismen geschildert. Die Verbindungen selbst werden entsprechend der oben gegebenen Begriffsbestimmung eingeteilt in vierkernige und zweikernige.

Bei Unterteilung der vierkernigen Derivate ist die streng systematische Einteilung zugunsten der Zweckmäßigkeit und des besseren Verständnisses der Konstitutionserforschung zurückgestellt. Der Schwerpunkt der Darstellung liegt auf dem chemisch-konstitutionellen Gebiet.

Auf ältere zusammenfassende Abhandlungen über Gallenfarbstoffe wird zu Beginn des Literaturverzeichnisses hingewiesen (S. 133).

## II. Vorkommen der Gallenfarbstoffe, Bildung und Ausscheidung.

### 1. Bildung des Bilirubins.

Die strukturchemische Erforschung der Gallenfarbstoffe hat ihren Ausgang vom Bilirubin genommen, das als eines der ersten Produkte der Umwandlung des Blutfarbstoffs zusammen mit dem Biliverdin in der Galle auftritt. Es findet sich jedoch auch im Blutserum, bei Ikterus im Harn und in den Geweben und schließlich in Blutextravasaten und Cysten.

Was die Feststellung des *Ortes der Bilirubinbildung* betrifft, so ist sie in den letzten zwanzig Jahren ein heiß umstrittenes Problem der experimentell-pathologischen Forschung gewesen. R. Virchow (*254*) hat 1847 durch die Feststellung, daß die in Hämatomen bzw. Blutextravasaten von Leichen vorkommenden Hämatoidinkristalle in chemischer Hinsicht die Eigenschaften des Bilirubins zeigen, erstmals bewiesen, daß Bilirubin auch außerhalb der Leber entstehen kann und nicht nur innerhalb derselben, wie man bishin glaubte. Daß das Hämatoidin tatsächlich mit dem Bilirubin aus Gallensteinen identisch ist, wurde 1923 von H. Fischer und F. Reindel (*68*) nachgewiesen. Von A. R. Rich und J. H. Bumstead (*218*) ist dieser Befund bestätigt worden. Im gleichen Sinne wie Virchow zeigte 1888 E. Neumann (*205*), daß Hämatoidin vorwiegend dort entsteht, wo das Blut der Einwirkung lebender Gewebe entzogen ist und daß das Auftreten des Hämosiderins (Fe-Eiweißkomplex, entstanden aus Hämoglobin bei Bildung der Gallenfarbstoffe) vorwiegend an die Tätigkeit der Bindegewebezellen gebunden ist.

Trotz dieser eindeutigen Feststellungen einer extrahepatischen Bilirubinbildung gerieten diese Befunde außer Beachtung. An ihre Stelle trat für lange Zeit das Primat der Leber bei der Gallenfarbstoffbildung, hauptsächlich gestützt durch die Untersuchungen von B. Naunyn und O. Minkowsky (*198*). Ihre Lehre fußt auf dem Experiment, daß blutkörperchen-zerstörende Gifte (Toluylendiamin, Arsenwasserstoff) bei entleberten Gänsen nicht zu Ikterus, also nicht zu einer Gallenfarbstoffproduktion führten, während diese Gifte bei gesunden Tieren schwersten Ikterus zur Folge haben.

Diese Ansicht wurde durch die Versuche von G. H. Whipple und

C. W. HOOPER (*269*) erschüttert. Sie konnten zeigen, daß nach intravenöser Injektion von Lackblut bei Hunden, deren Leber durch Anlegen einer ECKschen Fistel und Unterbindung der Arteria hepatica aus dem Kreislauf ausgeschaltet war, im Serum eine eben so große Bilirubinmenge auftrat, als beim normalen Tier. Die Lehre von der extrahepatischen Bilirubinbildung gewann dann weiter durch die Untersuchungen der Schule L. ASCHOFFS (*5*), vor allem J. W. MCNEES (*193*, *194*) weiteren Boden. Diese Forscher sowie auch G. LEPEHNE (*179*) zeigten, daß die Gallenfarbstoffbildung an ein System von Zellen gebunden ist, die an vielen Stellen des Körpers anzutreffen sind, speziell in der Leber, aber auch im Endothel der Pfortaderkapillaren, im Reticulum der Milz, im Knochenmark, in den Lymphknoten — ganz allgemein im retikuloendothelialen System. Den endgültigen Beweis für die extrahepatische Bilirubinbildung haben schließlich F. C. MANN und T. B. MAGATH (*187*—*189*) erbracht, denen die Totalexstirpation der Leber bei Säugetieren gelungen ist. Injektion von Hämoglobin führte auch bei diesen leberlosen Tieren zu einer Vermehrung des Serumbilirubins. An diesen Befunden ändert sich auch dadurch nur wenig, daß E. MELCHIOR, F. ROSENTHAL und H. LICHT (*195*) sowie E. ENDERLEN, S. J. THANNHAUSER und M. JENKE (*42*) nachweisen konnten, daß ein Teil dieses gelben Serumfarbstoffs nicht Bilirubin, sondern ein neuartiger Farbstoff ist, den sie „Xanthorubin" nennen.

Somit endete der Streit um den Ort der Bilirubinbildung damit, daß zwar eine extrahepatische Bilirubinbildung zugegeben werden muß, in ihrem Ausmaß aber steht sie beträchtlich hinter derjenigen innerhalb der Leber zurück.

Ergänzend zu diesen Untersuchungen, die sich alle auf die Bilirubinbildung in Extravasaten oder auf den Einfluß von bestimmten Organen auf den Blutfarbstoffabbau beziehen, muß auch der Nachweis der Bilirubinbildung im strömenden Blut angeführt werden, der von CH. M. JONES und B. B. JONES (*142*) erbracht worden ist. Die Bildung von Bilirubin aus Hämoglobin, das in vivo infolge Hämolyse aus den Erythrocyten ausgetreten ist, findet nach den Untersuchungen von E. S. LONDON und L. J. KRYZANOWSKAYA (*183*) meist in der Milz statt.

Schließlich sei auch noch kurz auf die Bilirubinbildung außerhalb des Organismus — also in vitro — eingegangen. So konnte A. R. RICH (*217*) zeigen, daß durch lebende Gewebekulturen, welche phagocytäre Elemente irgendeines Gewebes mesodermaler Herkunft enthalten, Hämoglobin in Gallenfarbstoff verwandelt wird. Desgleichen bildet Milzgewebe von Hühnerembryonen aus gelöstem Hämoglobin Bilirubin (*247*, *36*). Ebenso ist nach A. v. CZIKE (*30*) Bilirubinvermehrung nachzuweisen, wenn in Citrat- oder Hirudinplasma steril aufgefangenes Blut 24 Stunden bei 37° steht. Desgleichen konnte auch M. ENGEL (*43*) bei der sterilen

Autolyse von Rinderblut bei 37° eine Vermehrung des Bilirubins im Plasma feststellen.

Die Frage, ob das Bilirubin in der Leber aus intaktem Hämoglobin gebildet wird, oder ob die Umwandlung über das Hämatin läuft, ist noch nicht endgültig zu beantworten. Während auf der einen Seite TH. BRUGSCH und Mitarbeiter (*24—26*) bei Häminbelastungsversuchen festzustellen glaubten, daß die Bilirubinbildung über das Hämatin verläuft, konnten auf der anderen Seite sowohl A. GITTER und L. HEILMEYER (*111*) wie R. DUESBERG (*37*) eine Bilirubinentstehung aus Hämatin im menschlichen Organismus nicht nachweisen. Dagegen konnte gezeigt werden, daß bei Hämoglobininjektion im Ascites große Mengen von Bilirubin in kurzer Zeit gebildet werden.

### 2. Umwandlung des Bilirubins im Organismus.

Von der Leber aus gelangt das Bilirubin in die *Gallenblase*, nach den Untersuchungen von H. EPPINGER (*46*) sowie A. ADLER (*1*) etwa in täglichen Mengen von 0,25—0,37 g. Mitunter wird in der Galle ein Teil des Bilirubins zum grünen Biliverdin oxydiert. Dieses verursacht dann die Grünfärbung des Galleninhalts. Die Frage, ob Bilirubin durch die Wand der Gallenblase resorbiert wird, ist schon mehrfach bearbeitet und durch neuere Untersuchungen von M. ROYER (*221, 222*) in positivem Sinne entschieden worden.

Von der Galle aus wird das Bilirubin in den *Darm* ergossen, wo es zum Urobilinogen und Stercobilinogen reduziert wird. Erst durch sekundäre Reaktion — meist an der Luft — entstehen aus diesen Leukoverbindungen wieder die gelben Farbstoffe Urobilin und Stercobilin (S. 114), die an ihrer intensiven Fluorescenzreaktion mit Zinksalzen leicht zu erkennen sind.

Der Beweis, daß Urobilin und Stercobilin bzw. ihre Leukoverbindungen tatsächlich aus dem Bilirubin entstehen, wurde in grundlegenden Versuchen von FR. v. MÜLLER (*202, 203*) 1892 erbracht. Er zeigte, daß bei vollständigem Verschluß des Ductus choledochus, also bei fehlendem Bilirubinzufluß zum Darm, Urobilin oder Stercobilin bzw. ihre Chromogene in den Ausscheidungen nicht nachzuweisen sind, daß aber bei der Einführung von Galle per os sowohl im Harn wie in den Faeces die Urobilinoide bald auftreten. Ebenso führte er Bilirubin durch Darmbakterien bei Ausschluß von Luft in Urobilin über in Untersuchungen, die von H. KÄMMERER und K. MILLER (*143*) auf breiter Basis fortgesetzt worden sind. Der chemische Beweis für die Abstammung der Chromogene vom Bilirubin ist von H. FISCHER und F. MEYER-BETZ (*50*) durch die Identifizierung von Urobilinogen mit dem durch Amalgamreduktion des Bilirubins erhältlichen Mesobilirubinogen erbracht worden.

Dieser sog. *enterogenen Theorie* der Urobilinbildung, die auch von E. SALÉN und B. ENOCKSON (*226*) vertreten wird, stehen Befunde gegenüber, so von F. FISCHLER und Mitarbeitern (*108*, *109*), nach denen das Urobilin auch außerhalb des Darmes im intermediären Stoffwechsel gebildet werden kann. Hierher gehört auch die Annahme einer hämatogenen Urobilinbildung [L. HEILMEYER und W. OHLIG (*124*)] sowie einer histogenen. Schließlich ist auch eine hepatische Urobilinbildung nachgewiesen worden. Eingehend erörtert werden diese Verhältnisse in den Abhandlungen von F. MEYER-BETZ (*197*), F. FISCHLER (*108*) und von H. HALBACH (*112*).

Eine vermehrte Urobilinogen- bzw. Urobilin-ausscheidung wurde bei den verschiedensten Krankheiten festgestellt, so bei Scharlach, Tetanus, Malaria, Typhus, Diabetes, Blutergüssen in das Gewebe, perniciöser Anämie, Hämoglobinurie und hämolytischem Ikterus, also hauptsächlich bei Erkrankungen, die einen erhöhten Zerfall von roten Blutkörperchen zur Folge haben.

Ein Teil des Uro- und Stercobilins bzw. ihrer Chromogene wird vom Darm aus *resorbiert*, gelangt in den intermediären Stoffwechsel, wird im allgemeinen durch die Pfortader der Leber zugeführt und von dort aus wieder in den Darm transportiert. P. O. MCMASTER und R. ELMAN (*192*), TH. BRUGSCH und K. KAWASHIMA (*25*), sowie M. WINTERNITZ (*270*) nehmen in der Leber eine Resynthese von Bilirubin aus den Chromogenen an, eine Auffassung, die allerdings vom chemischen Standpunkt aus kaum haltbar ist [vgl. auch K. FELIX und H. MOEBUS (*48*)]. Nur ein kleiner Teil der Urobilinoide und ihrer Leukoverbindungen gelangt im normalen Organismus durch die Niere zur Ausscheidung, im allgemeinen sind es nur Spuren. Die Gesamtausscheidung der genannten Verbindungen unterliegt außerdem noch starken Tagesschwankungen, die in Abhängigkeit von der Nahrung stehen.

Tritt eine vermehrte Ausscheidung von Urobilinogen bzw. Urobilin im Harn auf, also eine Urobilinogen- oder Urobilinurie, so ist dies als der Ausdruck einer Störung der Leberfunktion, einer Insuffizienz der Leber anzusehen und wird auch klinisch im Sinn einer Lebererkrankung gewertet. So finden sich die Urobilin- bzw. Stercobilinwerte im Harn erhöht: bei hämolytischem Ikterus, Stauungsleber, Lebercirrhose, katarrhalischem Ikterus sowie carcinomatösen Erkrankungen der Leber und der Gallenwege, aber auch bei Vergiftungen, die sich auf die Leber auswirken, so mit Kohlenoxyd, Phosphor, Alkohol, Blei, schließlich bei der Chloroformnarkose [M. ROYER (*220*)].

Es sei betont, daß über alle diese Erscheinungen eine außerordentlich große Anzahl von Untersuchungen vorliegt. Eine Besprechung dieser Arbeiten würde den Rahmen dieser Abhandlung weit überschreiten.

In neuerer Zeit sind nun durch die Auffindung des *Myobilins* durch

G. MELDOLESI, W. SIEDEL und H. MÖLLER (*196*) sowie durch die daran anschließende Bearbeitung des *Bilifuscins* bzw. Mesobilifuscins durch W. SIEDEL und H. MÖLLER (*237*), ferner des Pentdyopents durch K. BINGOLD und H. FISCHER und Mitarbeiter (*21*, *98*, *107*) weitere Umwandlungsmechanismen des Blutfarbstoffs aufgefunden worden, die zu zweikernigen Pyrrolderivaten führen. Aus diesen Untersuchungen ergibt sich, daß in der Galle bereits das zweikernige Bilifuscin vorhanden sein muß, das im Darm dann zu Mesobilifuscin reduziert wird. Bei Muskeldystrophie kommt es schließlich an Eiweiß gebunden als Myobilin in den Faeces vor. Im Harn ist es noch nicht gefunden worden. Dort tritt nun — besonders unter pathologischen Verhältnissen — das *Pentdyopent* auf (S. 130), das auch im Blut in geringer, aber konstanter Menge vorhanden ist. Es ist vor allem bei Prozessen gefunden worden, die mit Bilirubinurie und Urobilinurie einhergehen. Es tritt nicht auf bei perniciöser Anämie. Nach K. BINGOLD (*21*) wird das Pentdyopent in der Niere gebildet. Wenn dort das Blut durch Abtrennung der Katalase seinen Schutz gegen das Hydroperoxyd verliert, wird es durch die Oxydationskräfte der Niere zum Pentdyopent aufgespalten.

### 3. Zur Bilanz des Blutfarbstoffwechsels.

In sehr mühevollen Arbeiten wurde versucht, eine Übersicht über die Bilanz des Blutfarbstoffwechsels zu gewinnen. Die Versuche sind vor allem von H. EPPINGER und D. CHARNAS (*45*), TH. BRUGSCH und K. RETZLAFF (*26*), K. PASCHKIS (*211*), C. J. WATSON und besonders von L. HEILMEYER und Mitarbeitern (*118*, *126*) durchgeführt worden. Sie werden eingehend von C. J. WATSON (Handbook of Hematology 1938) diskutiert. L. HEILMEYER berechnet so aus einer täglichen Ausscheidung von 150 mg Urobilin beim Menschen einen Zerfall von rund 3,6 g Hämoglobin. Das bedeutet bei Vorhandensein von etwa 700 g Hämoglobin im Normalfall, daß innerhalb 194 Tagen das gesamte Hämoglobin erneuert wird. Im allgemeinen nimmt man heute als Lebensdauer der Erythrocyten 140 bis 160 Tage an. Andere Angaben stützen sich auf die Eisenausscheidung; da aber gerade das Eisen im Körper stark zurückgehalten wird, sind sie von geringem Wert. Überhaupt sind alle Schlüsse nicht bindend; und zwar, weil erstens die quantitativen Methoden zur Erfassung der Gallenfarbstoffe noch nicht genügend durchgebildet sind und zweitens, weil man nicht weiß, ein wie großer Teil der Zwischenprodukte im Darm rückresorbiert wird und welches sein weiteres Schicksal ist. Schließlich sind — und das ist ausschlaggebend — das Pentdyopent und das Mesobilifuscin als normale Blutfarbstoff-abbauprodukte noch gar nicht berücksichtigt worden. Weitere Untersuchungen über die Bilanz der Blutmauserung vgl. R. HANSEN (*113*).

Das folgende Schema soll die soeben geschilderten Verhältnisse veranschaulichen.

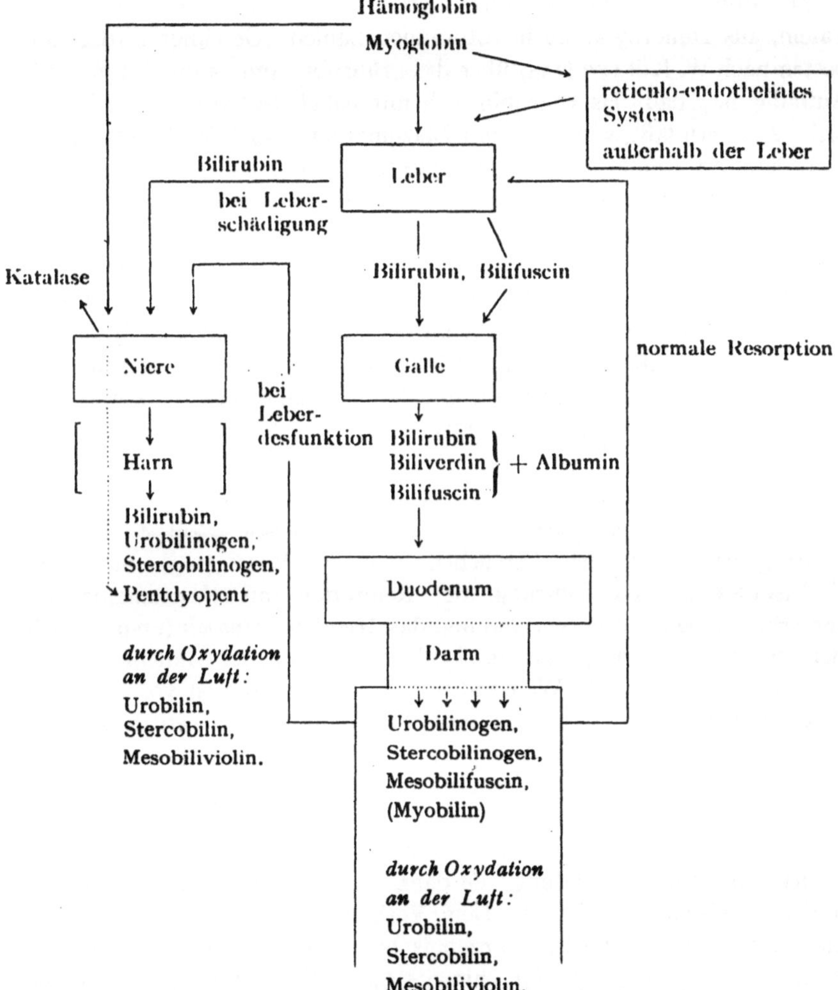


## III. Vierkernige Gallenfarbstoffe (Bilirubinoide).

### 1. Bilirubin, Mesobilirubin, Dihydro-bilirubin.

Das Bilirubin findet sich in gut isolierbarer Form (als Calcium- und Magnesiumsalz) in den Gallenkonkrementen. Es ist auch aus diesen, und zwar aus Rindergallensteinen, erstmals von G. STÄDELER (*243*) kristallisiert gewonnen worden. Später ist es von H. FISCHER (*49*) auch aus menschlichen Gallensteinen isoliert worden. Schließlich konnten H. FISCHER und F. REINDEL (*68*) das Bilirubin mit dem „Hämatoidin“

identifizieren (S. 82). In guter Ausbeute wird es nach J. D. Porsche und Mitarb. (*272*) unmittelbar aus Galle gewonnen.

Das Bilirubin kristallisiert aus Chloroform in orangegelben monoklinen Tafeln, aus Dimethylanilin in rotbraunen Säulen. Gereinigt wird es am besten nach W. Küster (*155*) über das „Bilirubin-ammonium" (*156*, *159*). Auffällig ist, daß das Bilirubin sich mit Alkohol-Chlorwasserstoffsäure nicht verestern läßt, wohl aber mit Diazomethan. Nach W. Küster (*158*) wird dann ein Gemisch zweier Methylester erhalten.

Obwohl das Bilirubin sich in seinen Eigenschaften — vor allem durch das Fehlen des komplex gebundenen Eisens — weitgehend vom Hämatin unterscheidet, konnte schon W. Küster (*148*) zeigen, daß es zu diesem noch in naher Beziehung steht. Er erhielt bei der Oxydation mit Chromsäure aus beiden Substanzen das gleiche Abbauprodukt, die Hämatinsäure (I). Die weiteren Zusammenhänge sind dann durch die eingehenden Untersuchungen von H. Fischer und Mitarb. näher geklärt worden.

$H_3C$ — $CH_2 \cdot CH_2 \cdot COOH$ ; O= =O ; NH

(I). Hämatinsäure.

$H_3C$ — $C_2H_5$ ; O= =O ; NH

(II). Methyl-äthyl-maleinimid.

Ausgehend von den Versuchen von R. Maly (*185*) unterwarf H. Fischer (*49*) das Bilirubin der Reduktion mit Natriumamalgam und erhielt eine farblose Verbindung, das *Mesobilirubinogen* (ursprünglich Hemibilirubin genannt), das als Leukoverbindung der Gallenfarbstoffe angesehen werden muß. Während nun bei der Oxydation von Bilirubin neben der Hämatinsäure kein basisches Imid gefaßt werden konnte, gelang es beim oxydativen Abbau des Mesobilirubinogens (*51*) neben der Hämatinsäure das Methyl-äthyl-maleinimid (II) zu isolieren und somit den Nachweis zu erbringen, daß in den Gallenfarbstoffen mindestens zwei verschiedene Pyrrolkerne vorkommen. Die Reduktion ihrerseits bewirkt also die Veränderung, die dann Ursache für das Entstehen des Methyl-äthyl-maleinimids ist. Dem Vorhandensein zweier Pyrrolkerne entsprach auch das Titrationsergebnis beim Bilirubin, das auf die Zusammensetzung $(C_{16}H_{18}O_3N_2)_x$ hinwies (*49*). Die kurz darauf durchgeführte Analyse des Mesobilirubinogens und die Bestimmung seines Molekulargewichtes (*51*) ergaben als Zusammensetzung $C_{33}H_{44}O_6N_4$ und deuteten damit auf ein Gerüst, das *4* Pyrrolkerne enthält.

### *Bilirubinsäure, Xanthobilirubinsäure.*

Während so im oxydativen Abbau bei Blut- und Gallenfarbstoff bestimmte Parallelen vorhanden waren, verlief die *reduktive* Aufspaltung des Bilirubinmoleküls prinzipiell verschieden von der des Blutfarbstoffs. Bei der Reduktion des Hämins mit Jodwasserstoff-Eisessig entsteht ein Gemisch von vier verschiedenen Pyrrolbasen und den entsprechenden

Pyrrolcarbonsäuren unter totaler Aufspaltung. Dagegen wurde von H. FISCHER und H. RÖSE (*52*) beim Bilirubin unter den gleichen Bedingungen neben nur geringen Mengen Kryptopyrrol (III) und Kryptopyrrol-carbonsäure (IV) (*53*) als Hauptprodukt ein neuartiges, zweikerniges Pyrrolderivat, die *Bilirubinsäure*, erhalten. Sie ist gleichzeitig auch von O. PILOTY und S. J. THANNHAUSER (*213*) gewonnen und als „Bilinsäure" bezeichnet worden. Aus Analyse und Molekulargewichtsbestimmung berechnete sich die Bruttoformel zu $C_{17}H_{24}O_3N_2$. Die Titration sprach für eine einbasische Säure. Mit der Isolierung von Hämatinsäure und Methyl-äthyl-maleinimid bei der Oxydation der Bilirubinsäure mit Bleisuperoxyd oder salpetriger Säure waren auch die $\beta$-Substituenten festgelegt. Daß auch die $\alpha$-Stellungen der Pyrrolkerne substituiert sein mußten, ging aus dem allgemeinen chemischen Verhalten der Substanz hervor.

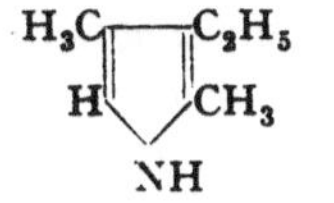

$H_3C$—$C_2H_5$; H, $CH_3$; NH

(III). Kryptopyrrol.

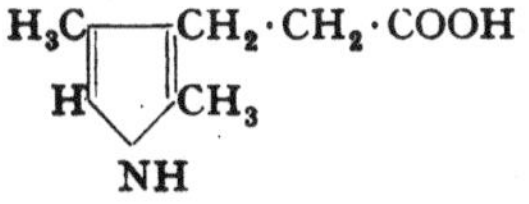

$H_3C$—$CH_2 \cdot CH_2 \cdot COOH$; H, $CH_3$; NH

(IV). Kryptopyrrol-carbonsäure.

O. PILOTY und S. J. THANNHAUSER (*214*) gelang es dann, durch gelinde Oxydation mit Kaliumpermanganat diese Bilirubinsäure in eine intensiv gelb gefärbte Säure, die „Dehydrobilinsäure" überzuführen, die von H. FISCHER und H. RÖSE (*57*) auch durch Einwirkung von Natriummethylat auf Bilirubinsäure erhalten und ihrer Farbe entsprechend als Xanthobilirubinsäure bezeichnet wurde. Sie erhielten diese Säure bei der gleichen Behandlung auch aus Bilirubin und Mesobilirubinogen. Schließlich gelang auch mit Jodwasserstoff-Eisessig die Rückverwandlung der Xanthobilirubinsäure in die Bilirubinsäure.

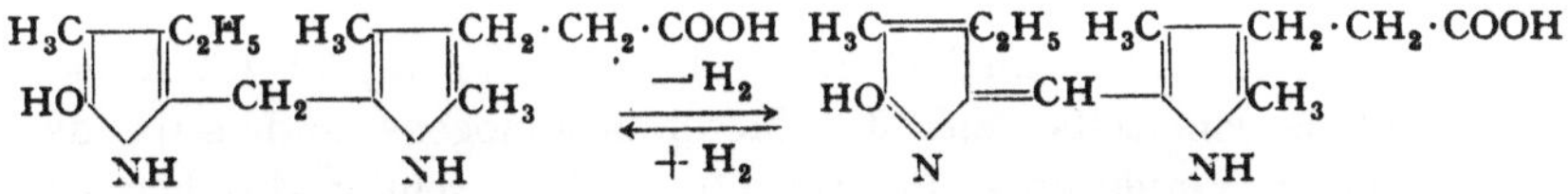

$H_3C$—$C_2H_5$ $H_3C$—$CH_2 \cdot CH_2 \cdot COOH$; HO—$CH_2$—$CH_3$; NH NH $\underset{+H_2}{\overset{-H_2}{\rightleftarrows}}$ $H_3C$=$C_2H_5$ $H_3C$—$CH_2 \cdot CH_2 \cdot COOH$; HO=CH—$CH_3$; N NH

(V). Bilirubinsäure. (VI). Xanthobilirubinsäure.

Die Konstitution der Bilirubinsäure wurde dann durch die weiteren Untersuchungen von H. FISCHER und H. RÖSE (*58, 60*) endgültig aufgeklärt, und zwar im Sinne der Formel (V). Es gelang ihnen nämlich durch langdauernde Einwirkung von Jodwasserstoff-Eisessig der Abbau dieser Säure zu Kryptopyrrol und Kryptopyrrol-carbonsäure [= Isophonopyrrol-carbonsäure (*61*)], welch letztere erstmals von H. FISCHER und E. BARTHOLOMÄUS (*54*) aus Hämin isoliert worden ist. Diese Feststellung, zusammen mit der Tatsache, daß beim Abbau der Bilirubinsäure mit salpetriger Säure das Oxim (VIII) gebildet wird, das auch aus 2,3,5-Trimethyl-pyrrol-4-propionsäure (VII) entsteht, führte zu der Aufstellung der obigen Formel, in der die Pyrrolcarbonsäure in tetrasubstituierter Form vorhanden und mit dem basischen Pyrrol durch eine $CH_2$-Gruppe verbunden ist. Die Konstitution der gelben Xanthobilirubinsäure ergab sich daraus zwangsläufig als die eines Dehydrierungsprodukts im Sinne der Formulierung (VI). Schließlich konnte durch Aufspaltung der Bilirubinsäure mittels Kaliummethylat (*60*) auch die 2,3,5-Trimethylpyrrol-4-propionsäure, die sog. Phyllopyrrolcarbonsäure (VII) erhalten werden. Die Existenz der Hydroxylgruppe in der Xanthobilirubinsäure wurde durch Acetylierung nachgewiesen (*69*).

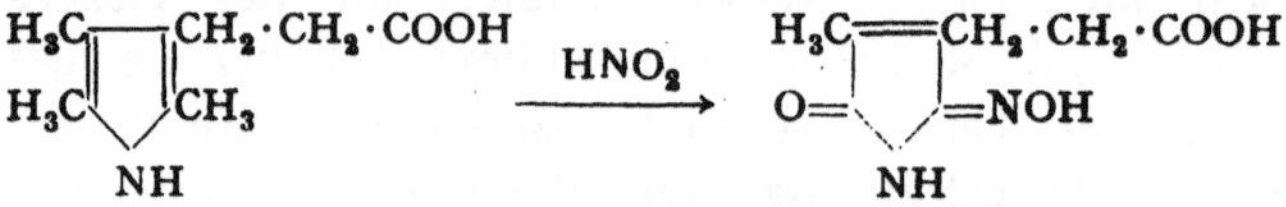

$$\begin{array}{ccc} H_3C\!=\!\!=\!C\text{-}CH_2\cdot CH_2\cdot COOH & \xrightarrow{HNO_3} & H_3C\!=\!\!=\!C\text{-}CH_2\cdot CH_2\cdot COOH \\ H_3C\text{-}C\quad C\text{-}CH_3 & & O\!=\!C\quad C\!=\!NOH \\ NH & & NH \end{array}$$

(VII). Phyllopyrrolcarbonsäure. (VIII)

Es sei hier betont, daß kein Grund vorlag, die Bilirubinsäure als nicht einheitlich zu betrachten. Daß in ihr ein Isomerengemisch vorliegen könnte, haben erst spätere synthetische Arbeiten ergeben (S. 96).

Was die *Konstitutionsaufklärung des Bilirubins* selbst betrifft, so war von besonderer Bedeutung die katalytische Reduktion desselben mit kolloidalem Palladium in alkalischer Lösung. Sie wurde 1914 von H. FISCHER (*62, 63*) durchgeführt und ergab ein Produkt, das wie das Bilirubin noch gelb gefärbt ist und die gleiche GMELINsche Reaktion (S. 109) zeigt. Es wurde Mesobilirubin genannt, da es durch Aufnahme von vier H-Atomen aus dem Bilirubin entsteht und dementsprechend zu diesem in dem gleichen Verhältnis steht wie Mesohämin zu Hämin oder Mesoporphyrin zu Protoporphyrin. Es ist in der Folgezeit auch aus Mesobilirubinogen durch Oxydation mit Kaliummethylat unter Druck (*63*) sowie durch Reduktion von Bilirubin nach WOLFF-KISHNER (*73*) bei 180° erhalten worden.

War durch die unterschiedlichen Ergebnisse beim oxydativen Abbau des Bilirubins einerseits und des Mesobilirubinogens anderseits die Existenz einer Vinylgruppe im Bilirubin schon sehr wahrscheinlich geworden, so konnte nach der Isolierung des Mesobilirubins kein Zweifel mehr bestehen, zumal der oxydative Abbau bei diesem Produkt — wie erwartet — auch Methyl-äthyl-maleinimid ergab. Durch die katalytische Reduktion sind eben lediglich die im Bilirubinmolekül anzunehmenden Vinylgruppen zu Äthylgruppen umgewandelt worden, in Analogie zu den Verhältnissen beim Hämin.

Die Analyse sprach beim *Mesobilirubin* eindeutig für die Zusammensetzung $C_{33}H_{40}O_6N_4$ und stellte damit auch für das Bilirubin *ein Gerüst mit 33 C-Atomen* sicher.

Schließlich wurde mit Methanol-Chlorwasserstoffsäure aus Mesobilirubin ein orangefarbener, gut kristallisierter Methylester gewonnen, dessen Zusammensetzung mit $C_{35}H_{44}O_6N_4\cdot 2\,HCl$ auf ein Mesobilirubin-dimethylester-dihydrochlorid (*69*) hinweist und die Existenz *zweier Carboxylgruppen* im Gallenfarbstoff beweist.

Diese Ergebnisse führten in Anlehnung an die von H. FISCHER und H. RÖSE (*60*) zur Diskussion gestellte Häminformel (IX) für das Bilirubin zuerst zur Formel (X). Diese Formel erklärte vor allem auch den Verlust eines Kohlenstoffatoms beim Übergang des 34 C-Atome enthaltenden Hämins zum Bilirubin.

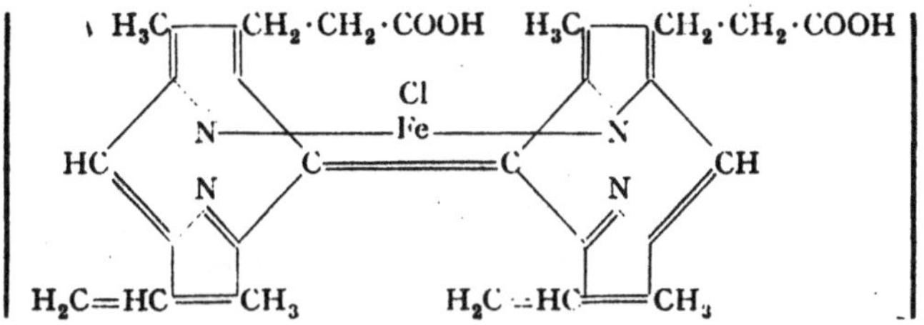

(IX)

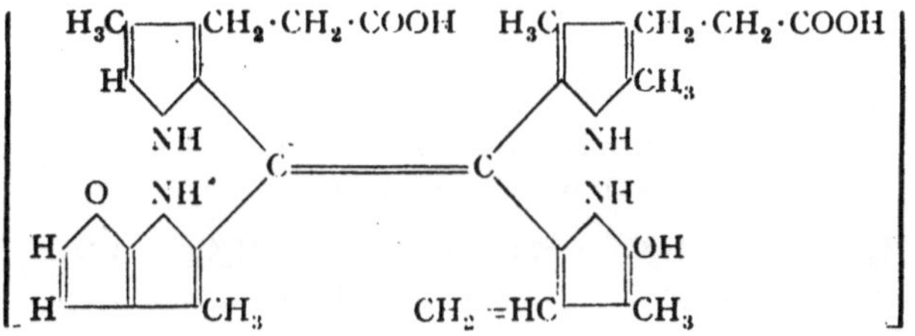

(X)

„*Nitritkörper*".

Der an dem einen Pyrrolkern angegliederte Furanring in Formel (X) ergab sich zwangsläufig aus einem auffälligen Verhalten des Bilirubins bei der Oxydation mit salpetriger Säure in Eisessig (*64, 75, 63*). Es wurde hierbei eine Verbindung erhalten, die ihrer empirischen Zusammensetzung nach (mit $C_7H_7O_2N$) zuerst als Methyl-vinyl-maleinimid angesehen wurde. Da sie jedoch bei Reduktion mit Natrium- bzw. Aluminiumamalgam kein Methyl-äthyl-maleinimid lieferte, mußte ihr eine andere Struktur zukommen. Es wurde dieser Verbindung, die kurz „Nitritkörper" genannt wird, die Konstitution (XI) zuerteilt.

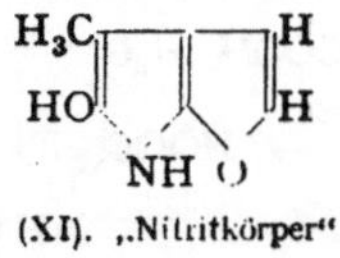

(XI). „Nitritkörper"

„*Neoxanthobilirubinsäure*", *Mesobilirubin-XIII*, α.

Im Verein mit der inzwischen von H. FISCHER und K. ZEILE (*79*) durchgeführten Totalsynthese des Hämins brachte nun die von H. FISCHER und R. HESS (*81*) auf das Mesobilirubin übertragene *Resorcinschmelze* einen erheblichen Fortschritt in der Erkenntnis der Gallenfarbstoffstruktur. Es gelang als Spaltprodukt bei dieser Schmelze ein (ursprünglich für einheitlich gehaltenes) Oxypyrromethen, die sog. „Neoxanthobilirubinsäure" zu isolieren, die sich von der Xanthobilirubinsäure (VI) nur durch das Fehlen der $\alpha$-Methylgruppe unterscheidet.

Nachdem es weiter gelungen war, dieses Abbauprodukt mit Formaldehyd-Salzsäure zu einem dem Mesobilirubin außerordentlich ähnlichen künstlichen Mesobilirubin (K-Mesobilirubin) zu kondensieren, konnte kein Zweifel mehr darüber bestehen, daß im Skelett des Gallenfarbstoffs die Pyrrol- bzw. Pyrrolenin-ringe *linear* miteinander verkettet sind. Wenn der Neoxanthobilirubinsäure dann die oben beschriebene Konstitution zukam, so mußte im K-Mesobilirubin eine Verbindung (XIII) vorliegen.

(Prs = $-CH_2 \cdot CH_2 \cdot COOH$)

(XII). Hämin (= Hämin-IX).

(XIII). Mesobilirubin-XIII,

## *Synthesen der Xantho-, Neoxantho-, Iso-neoxanthobilirubinsäure; Mesobilirubin-III,α.*

Klarheit wurde hier erst durch die *Totalsynthese* geschaffen. H. Fischer und W. Fröwis (*82*) haben erstmals das $\alpha$-Bromatom in Dipyrrylmethenen einmal mit methylalkoholischem Kali gegen die Methoxygruppe, dann aber mit Natriummethylat unter Druck gegen die Oxygruppe ausgetauscht. H. Fischer und E. Adler (*84*) gelang es dann, durch Umsetzung des 5'-Brom-3,4',5-trimethyl-3'-äthyl-pyrromethen-4-propionsäure-hydrobromids (XIV) (*80*) mit Kaliumacetat bzw. Silber-

(XIV)

(VI). Xanthobilirubinsäure.

acetat unter Austausch des α-Br-Atoms gegen die Hydroxylgruppe die Xanthobilirubinsäure zu synthetisieren, aus der durch Reduktion mit Natriumamalgam schließlich die Bilirubinsäure erhalten wurde.

Durch Einwirkung von Brom (*85*) auf diese synthetische Xanthobilirubinsäure entstand nunmehr wieder ein bilirubinoider Körper, dem die Konstitution (XIII) zukam. Dieses Produkt war dem Mesobilirubin so ähnlich, daß man an eine Identität glauben mußte. Allerdings ergab sich mit der Annahme eines, wie die Formel zeigt, symmetrischen Mesobilirubins, eine Schwierigkeit hinsichtlich der Ableitbarkeit der Gallenfarbstoffe vom Hämin. Das Hämin ist ***unsymmetrisch*** gebaut und muß bei der Aufspaltung ein unsymmetrisches Bilirubinoid ergeben. Die Entstehung eines symmetrischen wäre nur denkbar, wenn bei der Umwandlung des Blutfarbstoffs in Gallenfarbstoff eine weitgehende Spaltung und erneute Resynthese stattfände.

Diese Schwierigkeiten wurden durch die direkte Synthese der Neoxanthobilirubinsäure von W. SIEDEL und H. FISCHER (*231*) behoben. Auf dem in dem Formelschema S. 94 skizzierten Wege wurde über das entsprechende α-Brom-pyrromethen durch Einwirkung von Natriummethylat-Wasser die Neoxanthobilirubinsäure (XVIII) in annehmbarer Ausbeute erhalten. Diese synthetische Säure zeigte nun auffälligerweise einen Schmelzpunkt (251—253°, korr.), der um etwa 20° über dem des analytischen Produkts (233,5°, korr.) lag (*81*). In Mischung mit analytischem Produkt trat aber keine Depression im Schmelzpunkt ein. Diese Erscheinung konnte durch eine Isomerisation im Sinn einer Lactim-Lactam-Tautomerie (Formeln XV—XVI) erklärt werden:

$$\text{HO–}\underset{\text{N}}{\langle\rangle}\text{=CH–}\underset{\text{NH}}{\langle\rangle}\text{H}\ \text{(XV)} \rightleftarrows \text{O=}\underset{\text{NH}}{\langle\rangle}\text{=CH–}\underset{\text{NH}}{\langle\rangle}\text{H}\ \text{(XVI)}$$

Ebenso nahe lag jedoch die Annahme, daß in der analytischen Neoxanthobilirubinsäure ein Gemisch zweier Isomerer vorliegt, die sich im Sinne der Formeln (XVIII) und (XIX) unterscheiden. Sie mußten auch bei der Resorcinschmelze entstehen, wenn das Bilirubin und damit auch das Mesobilirubin unsymmetrisch gebaut sind und eben durch einfache Aufsprengung des Porphyrinringes gebildet werden.

Daß in der Tat diese Verhältnisse vorliegen, konnte auf mehreren Wegen bewiesen werden.

*a*) Ausgehend vom Neoxanthobilirubinsäure-methyläther (XX) (*231*) wurde mit Jodwasserstoff-Eisessig die Leukoverbindung der Neoxanthobilirubinsäure, die Neobilirubinsäure (XXI) hergestellt. Sie konnte die Lactim-Lactam-Tautomerie nicht mehr zeigen.

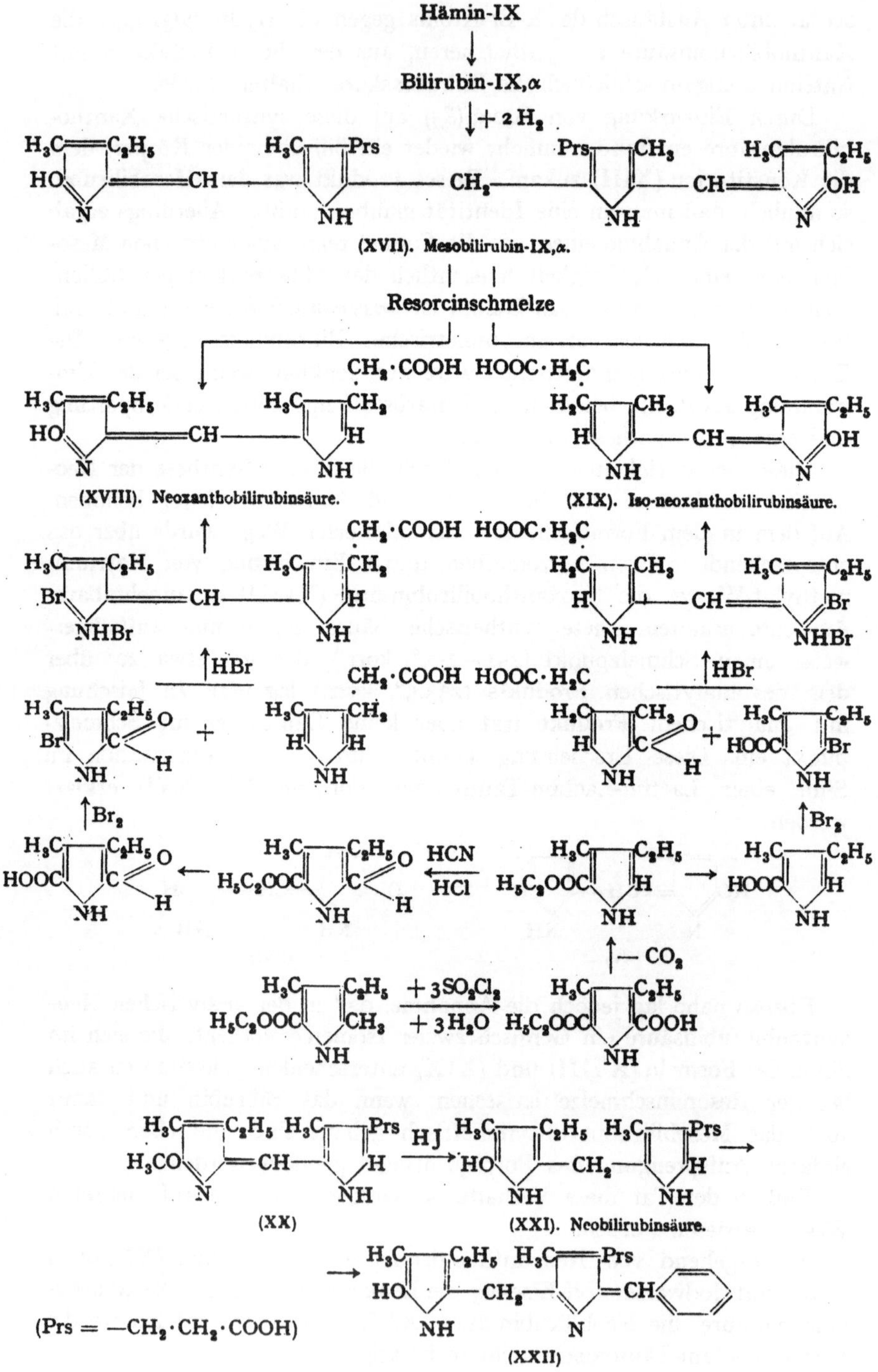

Hämin-IX

↓

Bilirubin-IX,α

↓ + 2 $H_2$

(XVII). Mesobilirubin-IX,α.

Resorcinschmelze

(XVIII). Neoxanthobilirubinsäure.

(XIX). Iso-neoxanthobilirubinsäure.

↑ HBr

↑ $Br_2$

HCN / HCl

↑ − $CO_2$

+ 3 $SO_2Cl_2$ + 3 $H_2O$

HJ

(XX)

(XXI). Neobilirubinsäure.

(XXII)

(Prs = —$CH_2 \cdot CH_2 \cdot COOH$)

Da sich nun tatsächlich auch in diesem Falle das synthetische und das analytische Produkt, besonders in Form der Benzylidenverbindung (XXII) beträchtlich unterschieden, war die Isomerie hinsichtlich der $\beta$-Substituenten sehr wahrscheinlich geworden.

*b*) Der endgültige Beweis wurde durch die Darstellung des im Gemisch der „Neoxanthobilirubinsäure" vermuteten Isomeren der Formel (XIX) erbracht. Die erste Synthese dieses als Iso-neoxanthobilirubinsäure bezeichneten Isomeren ist auf dem in den Formeln (XXIII)—(XXIV) aufgezeigtem Wege durchgeführt worden, also durch Resorcinschmelze des

(XXIII). Iso-xanthobilirubinsäure.

$\downarrow Br_2$

(XXIV). Mesobilirubin-III, $\alpha$.

$\downarrow$ Resorcinschmelze

(XIX). Iso-neoxanthobilirubinsäure.

bei der Bromierung von Iso-xanthobilirubinsäure entstehenden symmetrischen Mesobilirubins (—III,$\alpha$) (*85*), bei welchem an Stelle der Methylgruppen (bei dem Isomeren —XIII,$\alpha$; Formel XIII) die Äthylgruppen in Nachbarschaft zum Hydroxyl stehen.

An dem Gemisch der synthetischen isomeren Neoxanthobilirubinsäure-methylester wurde schließlich eine Methode der fraktionierten Kristallisation ausgearbeitet, die auf das analytische Produkt übertragen, zur Isolierung des Iso-neoxanthobilirubinsäure-methylesters führte.

Damit war eindeutig gezeigt, daß die *Struktur der Gallenfarbstoffe eine unsymmetrische ist.* Bilirubin stimmt also in der Anordnung seiner $\beta$-Substituenten prinzipiell mit dem Hämin überein. Die physiologische Entstehung aus dem Häm oder dem Hämatin erfolgt also durch Aufsprengung des Porphinringes an der $\alpha$-Methinbrücke, Herausnahme derselben, sowie des Eisens und Bildung zweier Oxygruppen an den freigewordenen $\alpha$-Stellen der beiden endständigen Pyrroleninkerne.

Rückblickend findet auch die Bildung des „Nitritkörpers" ihre Erklärung sowie die Entstehung von Hämopyrrol (XXV) bei der Umsetzung von Mesobilirubinogen mit Jodwasserstoff-Eisessig im Bombenrohr, ein Befund, dem ja bereits die auf S. 91 angeführte frühere Bilirubinformel Rechnung trug.

$H_3C$ — $C_2H_5$
$H_3C$ — H
NH

(XXV). Hämopyrrol.

Hat sich die analytische „Neoxanthobilirubinsäure" als Gemisch zweier Isomerer erwiesen, so konnten nunmehr W. SIEDEL und H. FISCHER (*231*) zeigen, daß auch in der analytischen „Xanthobilirubinsäure" ein Gemisch der entsprechenden Isomeren, der eigentlichen Xanthobilirubinsäure (Schmelzp. 295°, korr.) und der Iso-xanthobilirubinsäure (Schmelzp. 297°, korr.) vorliegt. Auch hier konnte durch fraktionierte Kristallisa ion eine Trennung der Isomeren erzielt werden. Neue Synthesen dieser beiden Isomeren sind dann später von H. FISCHER, T. YOSHIOKA und P. HARTMANN (*89*) und H. FISCHER und P. HARTMANN (*91*) durchgeführt worden, und zwar ausgehend von Oxy-kryptopyrrol bzw. Oxy-hämopyrrol.

**Nomenklatur der Bilirubinoide.** Im Hinblick auf den unsymmetrischen Bau der Gallenfarbstoffe und auf die Synthese von symmetrischen Bilirubinoiden war es nötig geworden, eine neue, exakte Nomenklatur für die Bilirubinoide einzuführen (*231, 94, 235*). Um klare Beziehungen und möglichst einfache Verhältnisse zu schaffen, werden *alle Bilirubinoide von den entsprechenden Porphyrinen abgeleitet* gedacht. — Von den vier isomeren Ätioporphyrinen leiten sich nun 15 isomere Proto- bzw. Mesoporphyrine ab (*78*), die von I bis XV numeriert werden. Aus jedem dieser 15 Isomeren können durch Spaltung zwei, drei oder vier Bilirubinoide abgeleitet werden, je nachdem zwei, eine oder keine Symmetrieebenen vorhanden sind. Dies ergibt insgesamt 52 Isomeriemöglichkeiten allein für vierkernige Produkte mit den $\beta$-Substituenten des Bilirubins oder Mesobilirubins (wobei sogar noch die Einschränkung besteht, daß an einem Kern immer eine $\beta$-Methylgruppe mit einer $\beta$-Äthyl- bzw. $\beta$-Propionsäuregruppe vorkommt).

Da sich nun die natürlichen Bilirubinoide vom Proto- oder Mesoporphyrin-IX ableiten lassen, wird ihnen die römische Ziffer IX angefügt. Weiter aber wird zur genauen Angabe noch die Spaltungsstelle des Porphyrinringes berücksichtigt. Da die natürlichen Gallenfarbstoffe vom Typ IX nun durch Aufspaltung des Hämins-IX an der $\alpha$-Methinbrücke entstanden sind, erhalten sie das Kennzeichen -IX, $\alpha$.

HO [1 2 I 1' 2'] =CH— [3 4 II 3' 4'] —$CH_2$— [5 6 III 5' 6'] —CH= [7 8 IV 7' 8'] OH
N (α) NH ms ($\beta$) NH ($\gamma$) N

Zur Festlegung der $\beta$-Substituenten in den Fünfringen werden durchlaufend die Zahlen 1 bis 8 gebraucht, für die $\alpha$-Stellen die Zahlen 1' bis 8'. Die die Kerne verbindenden Kohlenstoffbrücken erhalten der Reihe nach die Benennung $\alpha$, ms (oder $\beta$) und $\gamma$; und zwar vor allem für die Angabe des Ortes der Doppelbindungen. Schließlich können noch — wenn nötig — die Kerne von I bis IV numeriert werden. Unter Einbeziehung der Silbe „-bili-" als Kennzeichen des Gallenfarbstoffs und

Berücksichtigung der Anzahl der Brücken-Doppelbindungen wie üblich in den Silben „en“, „dien“ und „trien“ ist z. B. das analytische Mesobilirubin ( Mesobilirubin-IX,α) zu bezeichnen als: 1′,8′-Dioxy-1,3,6,7-tetramethyl-2,8-diäthyl-bilidien-(2′α,7′γ)-4,5-dipropionsäure. — Die symmetrischen Mesobilirubine (XIII) und (XXIV) erhalten auf Grund ihrer Beziehungen zu den entsprechenden Mesoporphyrinen-XIII und -III die Kennzeichen XIII,α und III,α.

## *Synthese des Mesobilirubins-IX,α.*

Abgeschlossen wurde die Beweisführung über den unsymmetrischen Aufbau der natürlichen Gallenfarbstoffe durch die von W. SIEDEL (*233, 235*) 1935 bzw. 1937 durchgeführten Totalsynthesen des Glaukobilins-IX,α und des Mesobilirubins-IX,α (vgl. S. 103).

Wie das Formelschema unten zeigt, wurde zur Synthese des Mesobilirubins-IX,α in den Methylester der Neoxanthobilirubinsäure mittels HCN—HCl die Formylgruppe eingeführt und diese durch katalytische Reduktion mit Platinoxyd-Wasserstoff in die Carbinolgruppe umgewandelt. Kondensation dieses so gewonnenen Oxymethyl-neoxanthobilirubinsäuremethylesters mit 1 Mol der von W. SIEDEL (*232*) inzwischen auch auf direktem Wege synthetisierten Iso-neoxanthobilirubinsäure [vgl. auch (*101*)] führte bei nachfolgender Veresterung zum Dimethylester des Mesobilirubins-IX,α, welcher sich in allen Eigenschaften mit dem analytischen Produkt als identisch erwies.

$H_3C$ — $C_2H_5$ $H_3C$ — $CH_2 \cdot CH_2 \cdot COOH$; HO, =CH—, C(H)=O; N, NH

(XXVI)

(Prs = $-CH_2 \cdot CH_2 \cdot COOH$)

↓ $PtO_2 + H_2$

$H_3C$ — $C_2H_5$ $H_3C$ — Prs; HO, =CH—, $CH_2OH$; N, NH (XXVII) + Prs — $CH_3$ $H_3C$ — $C_2H_5$; H, —CH=, OH; NH, N (XIX)

↓ HCl ($-H_2O$)

$H_3C$ — $C_2H_5$ $H_3C$ — Prs Prs — $CH_3$ $H_3C$ — $C_2H_5$; HO, =CH—, —$CH_2$—, —CH=, OH; N, NH, NH, N

(XVII). Mesobilirubin-IX, α.

Die Synthese der symmetrischen Bilirubinoide vom Typ der Isomeren III,α und XIII,α wird durch Kondensation der entsprechenden Oxypyrromethene mittels Formaldehyd-Salzsäure (*81*) durchgeführt oder durch Bromierung der Iso-xanthobilirubinsäure bzw. Xanthobilirubinsäure (S. 95). In neueren Untersuchungen konnten W. SIEDEL und

E. GRAMS (*240*) zeigen, daß die symmetrischen Bilirubinoide mit besserer Ausbeute durch Einwirkung von 1 Mol Bleitetraacetat auf die Xanthobilirubinsäuren gewonnen werden können.

Ein weiteres Bilirubinoid vom Typ des Mesobilirubins ist von W. SIEDEL und H. FISCHER (*231*) dargestellt worden, und zwar der Dimethyläther des Mesobilirubins-XIII,α. — Symmetrische Bilirubinoide mit gleicher Anordnung und Hydrierungsstufe der Brücken aber anderen Substituenten in β-Stellung wurden von H. FISCHER und J. ASCHENBRENNER (*92, 97*) synthetisiert, so der Dimethyläther des Koprobilirubins-II,β (XXVIII), dazu der entsprechende Ätiokörper, das sogenannte Iso-ätio-mesobilirubin und das Octamethyl-bilirubin. Von H. FISCHER und G. FRIES (*93*) wurden weiter gewonnen: Deuterobilirubin-III,γ-dimethyläther, Mesobilirubin-III, γ-dimethyläther und Kopro-bilirubin-II,γ-dimethyläther, von H. FISCHER und E. ADLER (*84, 88*) Koprobilirubin-IV,γ sowie Bilirubinoide mit Carbäthoxygruppen in β-Stellung.

$H_3C$ Prs Prs $CH_3$ $H_3C$ Prs Prs $CH_3$
$H_3CO$ =CH— $CH_2$ —CH= $OCH_3$
N NH NH N

(XXVIII). Koprobilirubin-II,β-dimethyläther.

## *Konstitution des Bilirubins, Dihydro-bilirubins.*

Durch diese Synthesen ist vor allem bewiesen, daß die beiden mittleren Fünfringe der Gallenfarbstoffe vom Bilirubin- und Mesobilirubintyp durch eine *Methylenbrücke* miteinander verbunden sind, während die beiden endständigen Fünfringe durch Methingruppen verknüpft sind.

$H_3C$ $CH=CH_2$ $H_3C$ Prs Prs $CH_3$ $H_3C$ $CH=CH_2$
HO —CH— —$CH_2$— —CH— OH
N NH NH N

(XXIX)

$H_3C$ $CH=CH_2$ $H_3C$ Prs Prs $CH_3$ $H_3C$ $CH_2$
HO —CH— —$CH_2$— —CH= $CH_2$
N NH NH N O

(XXIX a)

Was nun die *β-Substituenten* des Bilirubins betrifft, so wurden vorerst im Sinne der Formel (XXIX) Vinylgruppen an Stelle der Äthylgruppen des Mesobilirubins angenommen. In neuerer Zeit formulierten jedoch H. FISCHER und H. W. HABERLAND (*94*) das Bilirubin mit einem an den Kern IV angegliederten Dihydrofuranring (Formel XXIXa), und zwar in Berücksichtigung des früher gefundenen „Nitritkörpers" (S. 91) sowie vor allem der Tatsache, daß bei der katalytischen Reduktion des Bilirubins zum Mesobilirubin ein Zwischenprodukt, das Dihydrobilirubin (*94*) abgefangen werden kann. Diesem Dihydrobilirubin, das die Zusammensetzung $C_{33}H_{38}O_6N_4$ besitzt und aus Pyridin in ziegelroten Nadeln mit dem Schmelzpunkt 315° kristallisiert, kommt die Konstitution (XXX) zu, da es bei der Resorcinschmelze nur die Iso-neoxanthobilirubinsäure (XIX) liefert, nicht aber die Neoxanthobilirubinsäure. H. FISCHER und H. W. HABERLAND nehmen — in Analogie mit Fällen in der Cumaranreihe — an, daß die Reduktion des Bilirubins zuerst am Dihydrofuranring einsetzt und dessen Sprengung unter Bildung des Dihydrobilirubins bewirkt.

$H_3C$=$CH$=$CH_2$ $H_3C$ Prs Prs $CH_3$ $H_3C$=$C_2H_5$
HO =CH— —$CH_2$— —CH= OH
N NH NH N

(XXX). Dihydro-bilirubin.
[1',8'-Dioxy-1,3,6,7-tetramethyl-8-äthyl-2-vinyl-bili-dien (2'α, 7'γ)-4,5-dipropionsäure.]

Eine weitere Stütze für die Annahme des Dihydrofuranringes erblicken H. FISCHER und H. REINECKE (*103*) darin, daß bei der sehr kurz dauernden Resorcinschmelze des Bilirubins wohl die der Neoxanthobilirubinsäure entsprechende Vinylverbindung, nicht aber die der Isoneoxanthobilirubinsäure entsprechende erhalten wird.

Die *Synthese des Bilirubins* selbst ist noch nicht durchgeführt. Sie ist durch die Existenz der Vinylgruppen, bzw. des Dihydrofuranringes stark erschwert. H FISCHER und Mitarbeiter haben inzwischen das synthetische Problem in drei Richtungen bearbeitet. Einmal in Richtung auf die Synthese von Oxypyrromethenen, die in β-Stellung eine Acetylgruppe tragen [H. FISCHER und E. ADLER (*88*), H. FISCHER und G. FRIES (*93*)], dann in Richtung auf die Darstellung von Bilirubinoiden mit freien β-Stellungen, den sog. Deuterobilirubinoiden, in die nachträglich Acetylgruppen eingeführt werden könnten. In Analogie zur Häminsynthese wäre dann eine Umwandlung der Acetylgruppen in die Vinylgruppen denkbar. Allerdings schlugen bis jetzt alle Versuche zur Darstellung von Acetylbilirubinoiden fehl.

Der zweite Weg führte zur Teilsynthese eines symmetrischen Bilirubins. Die durch Resorcinschmelze des Bilirubins erhaltene „Vinyl-neoxanthobilirubinsäure" (s. oben) konnten H. FISCHER und H. REINECKE (*103*) mittels Formaldehyd-HCl zu einem symmetrischen Bilirubinoid mit 2 Vinylgruppen kondensieren. Dieses Bilirubin-XIII,α kristallisiert aus Pyridin in kleinen, orangegelben, rechteckigen Blättchen und besitzt im Gegensatz zum Bilirubin einen scharfen Schmelzpunkt bei 312°.

Drittens wurde in neuester Zeit von H. FISCHER und H. REINECKE (*105*) die Synthese von Oxypyrromethenen mit Nitrovinylgruppen in β-Stellung durchgeführt. Vorerst haben diese Arbeiten zu symmetrischen Bilirubinoiden vom Urobilintyp (S. 116) geführt, die Nitrovinylgruppen tragen.

### *Farbreaktionen des Bilirubins und Mesobilirubins.*

Beide Bilirubinoide können durch zwei charakteristische Farbreaktionen erkannt werden: 1. Diazoreaktion, 2. GMELINsche Reaktion.

1. **Die Diazoreaktion.** Diese Reaktion dient zum qualitativen und quantitativen Nachweis des Bilirubins und ist in der klinischen Diagnostik vielfach in Gebrauch. [Neuere Methoden vgl. M. ENGEL (*43*, *44*), L. JENDRASSIK (*139*—*141*).]

Wie P. EHRLICH (*41*) 1883 zeigte, gibt Bilirubin in Chloroform gelöst nach Zusatz von 0,1proz. Diazobenzolsulfosäurelösung und Salzsäure eine Rotfärbung, die auf weiteren Zusatz von konz. Salzsäure über Violett in ein intensives Blau übergeht. Von klinischer Seite wurde von A. A. HYMANS VAN DEN BERGH (*130*, *131*) die Reaktion zur quantitativen kolorimetrischen Methode ausgebaut, hauptsächlich zum Nachweis des Gallenfarbstoffs im Blut.

Es wurde im Verlaufe dieser Untersuchungen festgestellt, daß zwar die Galle die Diazoreaktion gibt, daß aber reines Bilirubin nur auf Zusatz von Alkohol, Natronlauge, Gallensäuren oder sonstigen schwachen Säuren die Farbreaktion zeigt. Man unterscheidet seitdem die „direkte" und die „indirekte" Diazoreaktion, und zwar gibt die „direkte" das Bilirubin, das bereits (etwa bei Stauungsikterus oder hepatocellulärem Ikterus) in die Gallenwege sezerniert wurde, die „indirekte" das anhepatische Bilirubin, das die Blut-Gallen-Schranke nicht passiert hat, wie z. B. bei perniciöser Anämie, hämolytischem Ikterus, paroxysmaler Hämoglobinurie oder bei Hämatomen. Der Unterschied in den beiden Reaktionsarten ist nach den Feststellungen von K. O. PEDERSEN und J. WALDENSTRÖM (*212*) nicht, wie früher angenommen wurde, in einer Bindung des indirekt kuppelnden Bilirubins an Eiweiß zu suchen [vgl. auch (*68*)].

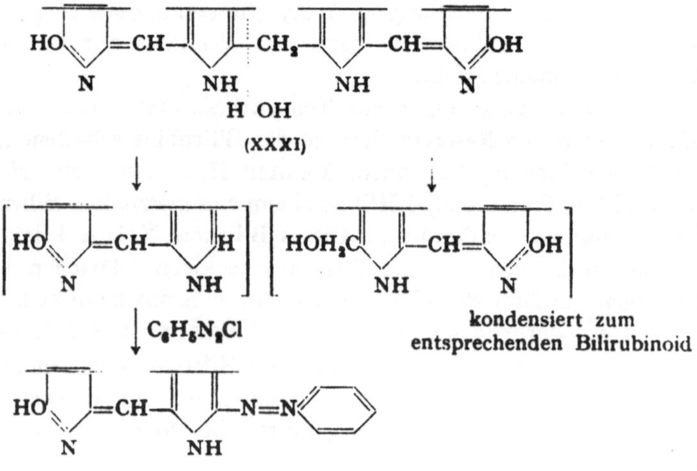

HO, =CH, CH$_2$, CH=, OH
N, NH, NH, N
H OH

(XXXI)

HO, =CH, H | HOH$_2$C, CH=, OH
N, NH | NH, N

$C_6H_5N_2Cl$ — kondensiert zum entsprechenden Bilirubinoid

HO, =CH, N=N
N, NH

Mit dem Chemismus der Diazoreaktion haben sich als erste F. PRÖSCHER (*215*) beschäftigt, dann W. R. ORNDORF und J. E. TEEPLE (*209*). Ihre Befunde sind von H. FISCHER und H. BARRENSCHEEN (*67*) im wesentlichen bestätigt worden, insofern als auch diese Autoren die Entstehung von zwei Kupplungsprodukten feststellen konnten. Aufgeklärt wurde der Mechanismus des Kupplungsvorgangs durch H. FISCHER und H. W. HABERLAND (*94*), und zwar am Mesobilirubin, dessen dem Bilirubin gleichartige Kupplungsfähigkeit schon von H. FISCHER und G. NIEMANN (*69*) festgestellt worden war. Durchgeführt wurden die Kupplungsversuche mit Benzoldiazoniumchlorid. Nachdem schon früher (*70, 72*) beobachtet worden war, daß Dipyrrylmethene von Diazobenzosulfosäure aufgespalten werden, schien es möglich, daß auch bei einem Bilirubinoid eine Spaltung eintreten könnte. Tatsächlich konnte bewiesen werden, daß unter dem Einfluß der Diazokomponente das Bilirubinoid im Sinne der Formulierung (XXXI) hydrolytisch aufgespalten wird. Da das natürliche Mesobilirubin unsymmetrisch gebaut ist, entsteht ein Gemisch der Azofarbstoffe der Neo- und der Iso-neoxanthobilirubinsäure. Symmetrische Bilirubinoide ergeben bei der gleichen Umsetzung natürlich einheitliche Produkte.

**2. Die GMELINsche Reaktion:** vgl. S. 109.

*Über den physiko-chemischen Zustand des Bilirubins im Blut und Harn.*

**a) Bilirubin-Albumin.** Ausgehend von der auffälligen Erscheinung der „direkten" und „indirekten" Diazoreaktion des Bilirubins wurde die Frage nach seinem physikalisch-chemischen Zustand im physiologischen Medium in vivo aufgeworfen. Bis vor kurzem glaubte man, daß für die verschiedene Kupplungsfähigkeit die Bindung des Bilirubins an ein größeres Molekül verantwortlich sei. Für diese Auffassung schien die Nicht-dialysierbarkeit des „indirekten" Bilirubins zu sprechen, sowie die Tatsache, daß dieses Bilirubin die Nieren nicht passiert. Nachdem schließlich R. DUESBERG (*37*) gezeigt hatte, daß zur physiologischen Bilirubinbildung nur Hämoglobin (also Farbkomponente + Globin) befähigt ist, nicht aber das Hämatin allein, konnte der Schluß gezogen werden, daß das *Bilirubin an Globin gebunden ist.*

Zur Prüfung dieser Frage haben K. O. PEDERSEN und J. WALDENSTRÖM (*212*) die Sedimentationskonstante des Serumbilirubins von fünf verschiedenen Fällen von Ikterus in der Ultrazentrifuge gemessen. Obwohl das Bilirubin dieser fünf Fälle teils direkt, teils indirekt mit Diazoreagens kuppelte, stimmten die Sedimentationskonstanten in allen Fällen gut mit denjenigen des Serumalbumins und des Hämoglobins überein. Die Bestimmung des isoelektrischen Punktes ($p_H = 4{,}8$) sprach schließlich eindeutig für das Vorliegen eines Albuminkomplexes. Tatsächlich ergaben auch die weiteren Versuche, daß das Albumin, und zwar nur das Serumalbumin, eine besondere Affinität zum Bilirubin besitzt. Endlich konnten beide Autoren beweisen, daß das Bilirubin auch in der Galle in hochmolekularer Form vorhanden ist und diese

Bindung an einem Träger seine Löslichkeit wesentlich erhöht. Ähnliche Befunde sind auch schon von BENNHOLD (*14*) erhoben worden. Er hat festgestellt, daß das Bilirubin bei der Kataphorese unter verschiedenen Umständen zusammen mit der Albuminfraktion wandert. Neuerdings wurde diese ausschließliche Bindung des Bilirubins an Serumalbumin von I. SNAPPER und W. M. BENDIEN (*241*) bestätigt. Sie stellten weiter fest, daß im Harn und in wäßriger Lösung Bilirubin molekulardispers gelöst ist.

**b) „Aktives Bilirubin."** In neuester Zeit haben Untersuchungen von A. MÜLLER (*199—201*) ergeben, daß bei schwerem Ikterus das Bilirubin im Harn in einer besonderen „aktiven" Form vorkommt. Da dieses Bilirubin befähigt ist, die Leukoverbindung des Methylenblaus zu oxydieren und selbst schon bei Zusatz von Eisessig unter Grünfärbung zum Biliverdin dehydriert wird, nimmt A. MÜLLER an, daß an das Bilirubinmolekül Sauerstoff gebunden ist und ein Analogon zu dem Verhältnis Hämoglobin-Oxyhämoglobin vorliegt. Er konnte auch beweisen, daß im ikterischen Harn fast alles Bilirubin an einem kolloiden Träger gebunden ist.

## 2. Ferrobilin, Glaukobilin, Biliverdin; Mechanismus der Gallenfarbstoffbildung.

*Ferrobilin, Glaukobilin.*

Durch Einwirkung von Ferrichlorid in Eisessig auf Mesobilirubin (= Mesobilirubin-IX,$\alpha$) $C_{33}H_{40}O_6N_4$ erhielten H. FISCHER, H. BAUMGARTNER und R. HESS (*87*) eine gut kristallisierende, in Lösung grüne Substanz, die sie als *Ferrobilin* bezeichneten. Die Analyse sprach für die Zusammensetzung $C_{33}H_{38}O_6N_4 \cdot FeCl_3 \cdot HCl$, also für eine Molekülverbindung. Nach Entfernung des Ferrichlorids und der Chlorwasserstoffsäure aus dem Molekül mittels Natronlauge gelangte man zu einem in Lösung rein blauen Farbstoff, dem *Glaukobilin* von der Bruttoformel $C_{33}H_{38}O_6N_4$. Im Hinblick auf die Struktur des Mesobilirubins und auf die Bildungsweise des Glaukobilins nahmen H. FISCHER und Mitarbeiter für dieses neue Produkt die Struktur eines Dehydromesobilirubins an. Nach dem Nachweis des unsymmetrischen Baues des Mesobilirubins mußte ihm die Konstitution einer 1',8'-Dioxy-1,3,6,7-tetramethyl-2,8-diäthyl-bili-trien(2'$\alpha$,ms5',$\gamma$7')-4,5-dipropionsäure zukommen (XXXII). Der Beweis für die Richtigkeit dieser Annahme wurde von W. SIEDEL (*233*) durch die Totalsynthese erbracht, die gleichzeitig die erste Synthese eines unsymmetrischen Bilirubinoids, also eines Gallenfarbstoffs der natürlichen Reihe war. Zur Synthese wurde, wie das Formelschema S. 103 zeigt, zuerst die Formylgruppe in die freie $\alpha$-Stellung der Neoxanthobilirubinsäure mittels HCN—HCl eingeführt. Kondensation dieser so gewonnenen Formyl-neoxanthobilirubinsäure (XXVI) mit Iso-neoxanthobilirubinsäure (XIX) mittels Bromwasserstoffs oder Essigsäureanhydrids führte zum synthetischen Glaukobilin-IX,α (XXXII), das sich mit dem analytischen Produkt in allen Eigenschaften identisch erwies.

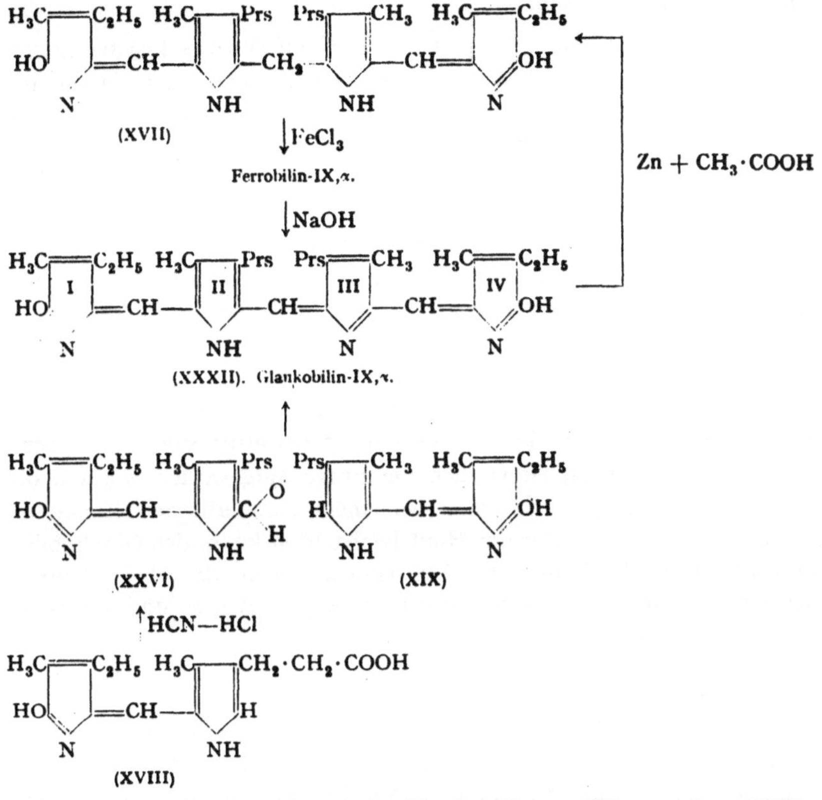

$H_3C$ $C_2H_5$ $H_3C$ Prs Prs $CH_3$ $H_3C$ $C_2H_5$
HO =CH— —$CH_2$— —CH= OH
N NH NH N
(XVII)

↓$FeCl_3$
Ferrobilin-IX,α.
↓NaOH

Zn + $CH_3 \cdot COOH$

$H_3C$ $C_2H_5$ $H_3C$ Prs Prs $CH_3$ $H_3C$ $C_2H_5$
I II III IV
HO =CH— —CH= —CH= OH
N NH N N
(XXXII). Glaukobilin-IX,α.

↑

$H_3C$ $C_2H_5$ $H_3C$ Prs Prs $CH_3$ $H_3C$ $C_2H_5$
HO =CH— C(O)H H —CH= OH
N NH NH N
(XXVI) (XIX)

↑HCN—HCl

$H_3C$ $C_2H_5$ $H_3C$ $CH_2 \cdot CH_2 \cdot COOH$
HO =CH— H
N NH
(XVIII)

Die isomeren symmetrischen Glaukobiline —III,α und —XIII,α wurden zum Vergleich ebenfalls dargestellt. Sie sind vor allem im Kristallhabitus sowohl untereinander wie von dem Isomeren —IX, α deutlich verschieden.

Zur Klärung der Frage, ob es zum Glaukobilin-IX,α ein Isomeres gibt, bei dem der Ring III der Pyrrolring ist, wurde die Synthese auch umgekehrt, ausgehend von Formyl-iso-neoxanthobilirubinsäure und Neoxanthobilirubinsäure vollzogen. Das so gewonnene Isomere war mit dem Glaukobilin aber völlig identisch. Somit scheint das Glaukobilin-IX,α nur in einer einzigen stabilen Form zu existieren. Die Ladungsverteilung im Molekül ist also dieselbe, gleichgültig, in welcher Richtung die Synthese durchgeführt wird.

Es sei erwähnt, daß schließlich das synthetische Glaukobilin —IX,α durch Reduktion mit Zink-Eisessig in das Mesobilirubin —IX,α übergeführt wurde. Auch dieses synthetische Mesobilirubin stimmte in allen Eigenschaften mit dem analytischen überein (235).

Außer der oben geschilderten Darstellungsweise des Glaukobilins sind als Gewinnungsmethoden noch zu erwähnen: die Oxydation des Mesobilirubins mit konz. Schwefelsäure, mit Bleidioxyd, mit Chinon (*94*) sowie die alkalische Oxydation an der Luft (*73*). Schließlich stellt das Glaukobilin die Grünstufe der Gmelinschen Reaktion dar (S. 110). Ein Koproglaukobilin-II,$\beta$ ist von H. Fischer und A. Stachel (*104*) dargestellt worden.

In der Natur wurde das *Vorkommen des Glaukobilins* selbst bis heute noch nicht beobachtet. Allerdings sind Glaukobiline als Sekundärprodukte aus einigen natürlich vorkommenden Farbstoffen gewonnen worden. So ist von R. Lemberg und G. Bader (*165, 166*) ein Glaukobilin aus den Chromoproteiden der Rotalgen, dem Phykocyan und dem Phykoerythrin durch Behandlung mit methylalkoholischer Kalilauge erhalten worden. Weiter konnte von R. Lemberg (*171*) gezeigt werden, daß die von O. Warburg und E. Negelein (*265*) aufgefundene Umwandlung des Hämins in das sog. „grüne Hämin" eine Aufspaltungsreaktion des Porphyrinringes darstellt und daß bei Übertragung auf das Mesohämin schließlich ein Glaukobilin isoliert werden kann. Ob diese durch Aufspaltung der Hämine erhaltenen Glaukobiline mit dem Glaukobilin-IX,$\alpha$ identisch sind, konnte noch nicht definitiv bewiesen werden.

Von W. Siedel (*233*) ist endlich die Frage aufgeworfen worden, ob nicht bei dem Farbspiel, das man bei einem traumatischen Hämatom bzw. einer Suggilation unter der Haut beobachten kann, das Glaukobilin eine Rolle spielt. Er konnte im Tierversuch zeigen, daß das subcutan injizierte Glaukobilin außerordentlich rasch abgebaut wird und jedenfalls keine körperfremde Substanz darstellt.

*Biliverdin = Uteroverdin.*

In Parallele zur Oxydation des Mesobilirubins zum Glaukobilin steht die Oxydation des Bilirubins. Auch hier tritt die Dehydrierung im gleichen Sinne ein, und zwar unter Bildung eines in Lösung grünen Farbstoffs, des Biliverdins. Ihm kommt dementsprechend die Formel (XXXIII) zu.

$H_3C$—CH=$CH_2$ $H_3C$—Prs Prs—$CH_3$ $H_3C$—CH=$CH_2$ oder $H_3C$—$CH_2$
HO (I) N =CH— (II) NH —CH= (III) N —CH= (IV) N OH oder = (IV) N O $CH_2$

(XXXIII). Biliverdin.

Dieses Biliverdin, das seinen Namen von Berzelius erhalten hat, findet sich in der Galle mehrerer Tiere, bisweilen auch in Gallensteinen, bei Ikterus im Harn, in der Placenta des Hundes und in Vogeleier-schalen. Seit den Untersuchungen von G. Städeler (*243*), R. Maly (*186*) und Thudichum (*250, 251*) wird es als chemisches Individuum angesehen. Von W. Küster (*153, 157*) ist es schließlich — allerdings nur undeutlich kristallisiert — durch Oxydation des Bilirubins sowohl in alkalischer wie in saurer Lösung dargestellt worden. W. Küster hat die sekundäre

Entstehung des Biliverdins auch bei der Gewinnung von Bilirubin aus Gallensteinen beobachtet.

Die eigentliche strukturelle Zuordnung geschah von der Seite des *Uteroverdins* aus. Was diesen von G. BRESCHET (*23*) schon 1830 in den Säumen der Hundeplacenta entdeckten und als Uteroverdin bezeichneten Farbstoff betrifft, so ist er zwar schon frühzeitig mit dem Biliverdin in Beziehung gebracht worden. Jedoch gelang es erst R. LEMBERG und J. BARCROFT (*163*), das Uteroverdin in Form seines Hydrochlorids sowie seines Dimethylesters kristallisiert zu isolieren. Schon die Analyse sowie der Abbau mit Jodwasserstoff-Eisessig zu Bilirubinsäure wiesen darauf hin, daß es sich um den *Dimethylester* eines Dehydrobilirubins ($C_{35}H_{38}O_6N_4$) handeln mußte. Tatsächlich konnte es mit dem Dimethylester des Biliverdins identifiziert werden, der in Anlehnung an die Darstellung des Glaukobilins (*87*) aus Bilirubin mittels Ferrichlorid-Eisessig gewonnen worden war. Somit war die Identität des grünen Biliverdins mit dem Uteroverdin bewiesen und die Konstitution als die eines Dehydro-bilirubins sichergestellt (*164, 167*). Ganz abgeschlossen werden konnte die Beweisführung nicht, da noch gewisse Unterschiede in den Schmelzpunkten der Dimethylester auftraten (*167*). Außerdem wurde festgestellt, daß beide Verbindungen in zwei verschiedenen Formen kristallisieren.

Auffällig beim Vergleich von Glaukobilin und Biliverdin ist der Farbunterschied in neutralen Lösungsmitteln. Das erstere ist in Lösung rein blau, das letztere grün. Ob diese Farbvertiefung im Biliverdin durch die Vinylgruppen bedingt ist oder durch einen möglicherweise vorhandenen Dihydrofuranring, ist nicht erwiesen.

Die Frage, ob der in den *Vogeleierschalen* (*242, 181*) häufig vorkommende blaugrüne Farbstoff, das Oocyan (*71, 74*), mit dem Biliverdin identisch ist, konnte noch nicht eindeutig geklärt werden. Während R. LEMBERG (*162, 164*) in früheren Versuchen für den Oocyan-methylester als Bruttoformel $C_{37}H_{40}O_8N_4$ fand, gelang es ihm nach Änderung der Isolierungsmethode, Biliverdinester an Stelle des Oocyans zu erhalten. Nachdem die obige Summenformel für drei Carboxylgruppen spricht, scheint es, als wäre bei der variierten Aufarbeitung eine Decarboxylierung eingetreten.

Neuerdings ist das Biliverdin als Chromoproteid von D DINELLI (*34*) in den Eierschalen des Kasuars gefunden worden.

### *Über die Aufspaltung des Porphyrinringes zu Bilirubinoiden sowie über die Konstitution der Verdohämochromogene und den Mechanismus der Bilirubinbildung.*

**a) Chemische Aufspaltung des Porphyrinringes.** Bereits im Jahre 1925 beobachteten H. FISCHER und F. LINDNER (*76*) bei der Einwirkung von Hefe, sowie von Oxykörpern (Pyrogallol, Adrenalin u. a.) oder auch Leberbrei auf Hämin in Pyridinlösung einen Übergang des Blutfarbstoffs in blaugrüne Farbstoffe. Sie sprachen schon damals die Vermutung aus, daß es sich bei den Umwandlungsprodukten um Gallenfarbstoffe handeln könne.

Ähnliche Befunde sind auch von L. Asher und G. Ebnöth (*4*) sowie von Th. Brugsch und Mitarbeitern (*27*) erhoben worden.

Bei Untersuchungen über die katalytische Übertragung von Sauerstoff durch Hämin beobachteten 1930 O. Warburg und E. Negelein (*265*), daß beim Einleiten von Sauerstoff in eine Pyridinlösung von Hämin unter Zusatz von Hydroxylamin-hydrochlorid und Natronlauge die Farbe nach Grün umschlägt. Der Dimethylester dieses sog. „grünen Hämins", den sie kristallisiert erhielten, hatte die Zusammensetzung $C_{36}H_{40}O_8N_4 \cdot FeCl_4 \pm H$. R. Lemberg (*171*), der diese Untersuchung wieder aufnahm, konnte nach Veresterung mit Methanol-Chlorwasserstoff aus dem Gemisch des „grünen Hämins" einen mit Dehydrobilirubinester identischen Biliverdinester isolieren. In Analogie hierzu führte das Mesohämin — der gleichen Reaktion unterworfen — über einen Ferrobilinester zu einem Glaukobilin. Damit war der Beweis erbracht, daß eine *Aufspaltung des Porphyrinringes in vitro möglich* ist, und zwar sowohl mit biologischem Material wie mit rein chemischen Mitteln.

In neuerer Zeit sind auch Aufspaltungsversuche mit Ascorbinsäure unternommen worden. So wurde erstmal von P. Karrer, H. v. Euler und H. Hellström (*145*) Überführung von Hämoglobin bzw. Hämin in grüne Farbstoffe beobachtet. Von R. Lemberg (*174*) sowie von S. Edlbacher und A. v. Segesser (*38, 39*) wurden diese Beobachtungen bestätigt. Diese Autoren nehmen an, daß unter dem Einfluß von Ascorbinsäure auf Hämochromogene ein Übergang in die Gallenfarbstoffreihe möglich ist. Kristallisierte Produkte wurden nicht erhalten. Erst H. Fischer und H. Libowitzky (*100*) gelang es, auf diese Weise den Koprohämin-I-tetramethylester über ein intermediär entstehendes „grünes Hämin" mit Methanol-Chlorwasserstoff über die Ferrichloridmolekülverbindung in das Kopro-glaukobilin-I,α umzuwandeln. Die gleichen Versuche auf den Mesohämin-IX-dimethylester übertragen, führten zu einem Gemisch von Glaukobilinen vom Typ des Glaukobilins-IX,α.

Koprohämin-I.

Kopro-glaukobilin-I,α.

Was den Mechanismus der Spaltungsreaktion betrifft, so diskutiert ihn R. LEMBERG dahingehend, daß das intermediär entstehende grüne Produkt ein Pyridin-hämochromogen ist, ein Verdohämochromogen mit bivalent gebundenem Eisen. Mit Methanol-Chlorwasserstoff entsteht daraus das Biliverdin-Fe-Komplexsalz, aus dem dann das Biliverdin selbst erhältlich ist. Erst durch Reduktion entsteht aus diesem in einer zweiten Phase das Bilirubin. In Übereinstimmung mit dieser letzten Annahme steht die Beobachtung von J. B. HAYCRAFT und H. SCOFIELD (*114*), wonach beim Stehen der grünen Galle wie auch bei Behandlung mit Ammoniumhydrosulfid Biliverdin in Bilirubin übergeht. Die Verhältnisse werden durch das folgende Schema veranschaulicht:

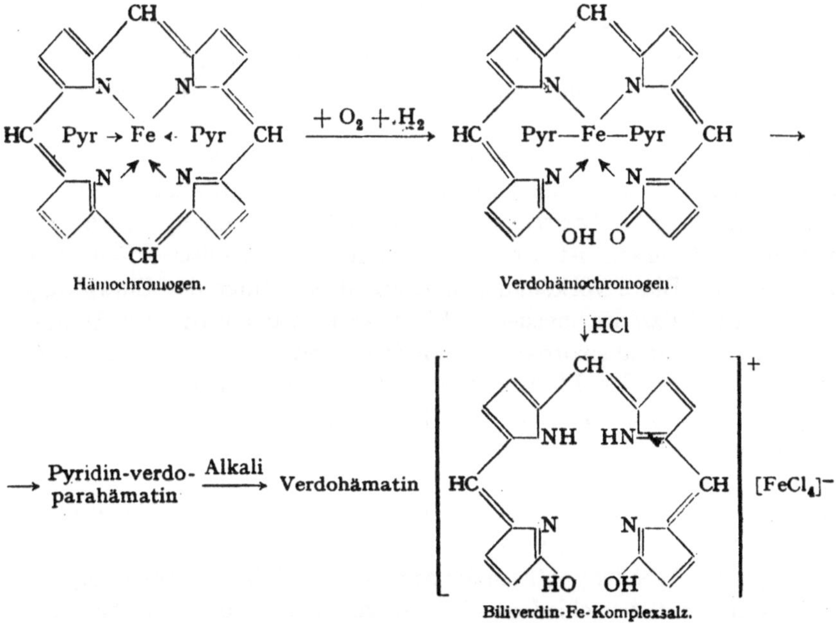

CH, N, N, HC, Pyr → Fe ← Pyr, CH, N, N, CH

Hämochromogen.

$\xrightarrow{+ O_2 + H_2}$

CH, N, N, HC, Pyr—Fe—Pyr, CH, N, N, OH O →

Verdohämochromogen.

↓HCl

→ Pyridin-verdo-parahämatin $\xrightarrow{\text{Alkali}}$ Verdohämatin

CH, NH HN, HC, CH, N, N, HO OH $[FeCl_4]^-$ (+)

Biliverdin-Fe-Komplexsalz.

Die Hypothese, daß auch bei der physiologischen Gallenfarbstoffbildung die Zwischenstufen nicht Hämatin oder Porphyrine sind, sondern Gallenfarbstoff-hämochromogene und Biliverdin, wird durch verschiedene neuere Befunde gestützt. So sind natürliche Verdohämochromogene in Präparaten von Pferdeleber-katalase, von Cytochrom c und in Erythrocyten (*175*) aufgefunden worden.

Der Mechanismus der Bildung von Verdohämochromogenen durch gekuppelte Oxydation von Hämochromogenen und Ascorbinsäure ist von R. LEMBERG, B. CORTIS-JONES und M. NORRIE (*174*, *175*) näher studiert worden. Nach ihnen wird zuerst eine Ferro-häm-hydro-peroxyd-Verbindung gebildet. Dann wird der Sauerstoff auf die α-Methingruppe übertragen, wobei das Hämatin einer chlorinähnlichen Verbindung, wahrscheinlich eines Oxyporphyrins, gebildet wird. Schließlich wird die Methingruppe entfernt und der Ring durch die Einwirkung von Sauerstoff aufgespalten. Hämoglobin selbst reagiert mit Ascorbinsäure und Sauerstoff in ähnlicher Weise, allerdings langsamer (*3*) und der so erhaltene grüne Farbstoff wird durch Säure in Biliverdin ungewandelt (*38, 39, 230*).

Ausgehend von dem Pyridin-hämochromogen des Koprohämin-I-tetramethylesters haben H. Libowitzky und H. Fischer (*180*) durch Oxydation mit Wasserstoffperoxyd einen Iso-oxy-koprohämin-I-tetramethylester dargestellt. Bei Behandlung der Pyridinlösung dieses Oxyhämins mit Sauerstoff bei 50—60° wurde ein kristallisierter Farbstoff erhalten, der das Spektrum des „grünen Hämins" von O. Warburg und E. Negelein (*265*) besitzt. Da sich das Eisen in diesem Kopro-verdohämin-I-tetramethylester als III-wertig erwies, wird gefolgert, daß auch das „grüne Hämin" das Eisen in III-wertiger Form enthält und nicht, wie R. Lemberg annimmt, ein Verdohämochromogen mit II-wertigem Eisen vorliegt.

**b) Physiologische Aufspaltung des Porphyrinringes.** In diesem Zusammenhang sind auch die Untersuchungen von G. Barkan über das *„leicht abspaltbare" Bluteisen* zu nennen. Die Bezeichnung „leicht abspaltbares" Bluteisen ist ein Sammelname für organische Fe-haltige Stoffe, die im Blute vorkommen und aus denen unter der Einwirkung von 0,4proz. Salzsäure ionisiertes Eisen abgespalten wird. Die Hauptmenge des „leicht abspaltbaren" Bluteisens findet sich in den Erythrocyten, aber auch das Plasma, bzw. das Serum enthalten eine kleine Menge (*12, 8*). Es wurde schon früh beobachtet, daß dieses Produkt aus mindestens zwei Substanzen besteht, die sich in der Resistenz ihrer CO-Verbindungen gegen Salzsäure unterscheiden. Nachdem festgestellt worden war, daß im Gegensatz zum Hämoglobin das „leicht abspaltbare" Bluteisen bei Enteisenung kein Porphyrin ergibt, vertrat G. Barkan (*11*) schon 1932 als Arbeitshypothese die Annahme, daß diese Verbindung ein vom Blutfarbstoff verschiedene eisenhaltige Vorstufe des Bilirubins seie

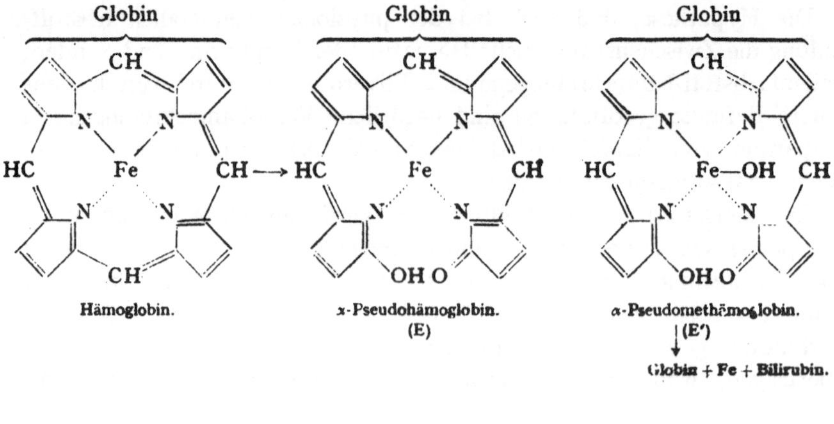

Globin — Globin — Globin

Hämoglobin. → α-Pseudohämoglobin. (E) — α-Pseudomethämoglobin. (E′) ↓ Globin + Fe + Bilirubin.

In neuerer Zeit erhielten G. BARKAN und O. SCHALES (*7, 8, 9*) durch Einwirkung von Hydroperoxyd auf Hämoglobin in Gegenwart von Cyanid eine Verbindung, die sie als α-Pseudohämochromogen bezeichnen und die dem oben genannten Verdohämochromogen ähnlich ist. Sie besitzt aber auch die Eigenschaften des „leicht abspaltbaren" Bluteisens. G. BARKAN und O. SCHALES formulieren nunmehr den Vorgang des Zerfalls des Hämoglobins im strömenden Blut in dem Schema auf S. 108.

**c) Photochemische Aufspaltung des Porphyrinringes.** Daß bei Anwesenheit von Sauerstoff die Porphyrine nicht lichtbeständig sind, ist bekannt. Ein photosynthetisches Oxydationsprodukt ist in reiner Form erstmals von H. FISCHER und M. DÜRR (*99*) isoliert worden. H. FISCHER und K. HERRLE (*99*) beobachteten nun, daß bestimmte Porphyrine bei Anwesenheit von Natriumalkoholat in pyridinischer Lösung schon nach kurzer Belichtung unter Umschlag der roten Farbe über Blau nach Grün eine tiefgreifende Umwandlung erleiden. Ausgehend vom Ätioporphyrin-I konnte schließlich aus den Reaktionsprodukten das Ätio-glaukobilin-I,α isoliert werden. Neben weiteren Abbauprodukten wurde in etwas besserer Ausbeute auch eine rotgefärbte bilirubinoide Verbindung erhalten, bei der als ms-Brücke eine Ketogruppe angenommen wird.

### 3. Bilipurpurine, Choleteline; Mechanismus der GMELINschen Reaktion.

Wird eine Lösung von Bilirubin oder Mesobilirubin in Chloroform mit nitrithaltiger Salpetersäure überschichtet, so tritt ein prachtvolles Farbenspiel auf, und zwar färbt sich die Chloroformlösung über gelb, grün, blau, violett, rot nach orange bzw. gelb.

Diese Umsetzung wird unter dem Namen „GMELINsche Reaktion" schon seit langem zum qualitativen Nachweis des Bilirubins benutzt (*249, 127, 65*). Zum Zustandekommen der Reaktion ist, wie inzwischen gezeigt werden konnte (*81, 83*), das System von *vier* linear miteinander verknüpften Pyrrolringen erforderlich, und zwar mit den Brückenbindungen wie beim Bilirubin oder Biliverdin bzw. den entsprechenden Mesoverbindungen.

Was die einzelnen Farbstufen der GMELINschen Reaktion beim Bilirubin betrifft, so betrachtet man die Grünstufe schon lange als die des Biliverdins. Der dann scheinbar folgende blaue Farbstoff ist von HEYNSIUS und CAMPBELL (*129*) Bilicyanin, von B. J. STOKVIS (*245*) Cholecyanin genannt worden. Es zeichnet sich durch eine intensive Rot-Fluoreszenz seines Zink-Komplexsalzes aus. Der der letzten Stufe des GMELINschen Testes zugrunde liegende gelbe Farbstoff ist von R. MALY (*184*) als Choletelin (Bilitelin) bezeichnet worden. Dieses letztere Produkt gibt, ähnlich wie das Urobilin, mit Zinksalzen eine grüne Fluoreszenz. Infolge dieser Ähnlichkeit herrscht in der älteren Literatur bezüglich der

Einstufung der Farbstoffe eine große Verwirrung. H. K. BARRENSCHEEN und O. WELTMANN (*13*) haben hier erstmals versucht, Klarheit zu gewinnen und kommen zu dem Schluß, daß Urobilin und Choletelin verschiedene Substanzen sind.

Da die GMELINsche Reaktion bei Bilirubin und Mesobilirubin prinzipiell gleichartig verläuft, konnte man bei der Untersuchung des Reaktionsmechanismus von dem leichter — vor allem auf synthetischem Wege — zugänglichen, symmetrischen Mesobilirubinen und Ätiobilirubinen ausgehen. Die Untersuchungen von H. FISCHER und E. ADLER (*86*) sowie H. FISCHER und H. W. HABERLAND (*94*) ergaben, daß der grünen, also der ersten Stufe der GMELINschen Reaktion Bilirubinoide vom Typ der Bili-triene, also der Glaukobiline bzw. Biliverdine zugrunde liegen.

In neuerer Zeit ist nun von W. SIEDEL und W. FRÖWIS (*236*) die GMELINsche Reaktion in ihren weiteren Phasen verfolgt worden. Die Versuche zur Isolierung der blauen Phase der Reaktion, für welche die Bezeichnung „Cholecyanin" in Gebrauch ist, haben zu der Feststellung geführt, daß in ihr nicht ein einheitlicher Stoff vorliegt. Sie stellt vielmehr eine Mischung dar aus der grünen Lösung des salpetersauren Glauko- bzw. Biliverdins und der violetten salpetersauren Lösung eines neuen, in neutraler Lösung purpurroten Farbstoffs. Da für dieses Produkt der Name „cyanin" irreführend wäre, wurde die Bezeichnung „purpurin" vorgeschlagen, also „Bilipurpurin" bzw. „Mesobilipurpurin".

Der Name Bilipurpurin ist zwar früher von W. F. LOEBISCH und M. FISCHLER (*182*) für einen aus Rindergalle isolierten Farbstoff gebraucht worden. Nachdem dieser aber von L. MARCHLEWSKI sowie von H. FISCHER (*190*, *191*, *66*) mit dem Phylloerythrin, also einem Chlorophyllderivat, identifiziert werden konnte, ist der Ausdruck „purpurin" wieder frei und darf sinngemäß auch für ein Bilirubinoid verwendet werden.

Da für den Dimethylester des Mesobilipurpurins sich die Zusammensetzung $C_{35}H_{42}O_7N_4$ ergab, und seine Eigenschaften, wie Farbe, Lichtabsorption und Rotfluoreszenz des Zinksalzes denen des S. 119 aufgeführten Mesobiliviolins gleichen, muß eine gleichartige Konjugation der Doppelbindungen angenommen werden, nur mit dem Unterschied, daß sich an Stelle der $—CH_2$-Brücke der Mesobilivioline bei den Bilipurpurinen eine —CO-Brücke befindet, entsprechend dem erhöhten Sauerstoffgehalt. Die Bildung dieses Farbstoffs, die auch aus Glaukobilin mit 1 Mol Bleitetraacetat erzielt werden kann, wird auf die intermediäre Entstehung eines Brückenhydroxyls zurückgeführt (Formel XXXIV). In einer zweiten Phase tritt dann unter Verschiebung des Hydroxylwasserstoffs an das tertiäre N-Atom des benachbarten Ringes IV Stabilisierung zu einem „Oxo-mesobiliviolin" ein, eben dem Bilipurpurin bzw. Mesobilipurpurin (XXXV). Wie neuere Untersuchungen von W. SIEDEL und E. GRAMS (*240*) ergeben haben, sind die Verhältnisse bei der GMELINschen Reaktion im allgemeinen komplizierter, als sie oben dargestellt wurden. In völliger Übereinstimmung mit den Mesobiliviolinen (vgl. dort) existieren auch bei den Mesobilipurpurinen mindestens zwei Typen, die sich vor allem in der Lage der Absorptionsbande ihrer Zink-Komplexsalze unterscheiden. Daneben werden — wie zu erwarten — immer auch Produkte gefaßt, die ihr Entstehen einer weiter fortgeschrittenen Oxydation verdanken.

Es liegt nahe, anzunehmen, daß bei fortschreitender Oxydation — also dem letzten, orangegelben Stadium der GMELINschen Reaktion — eine zweite Oxogruppe im Bilirubinoidmolekül auftritt im Sinne der Formel (XXXVI). Dieses Dioxo-bilirubinoid müßte in seinen Eigenschaften dem Urobilin ähnlich sein. Tatsächlich zeigt ja, wie schon oben gesagt, die letzte Phase des GMELINschen Testes, das Choletelin, Urobilin-eigenschaften. Es ist gelb und fluoresziert als Zink-Komplexsalz wie das Urobilin grün. Somit dürfte es sehr wahrscheinlich sein, daß dem Choletelin bzw. Mesocholetelin die in Formel (XXXVI) angegebene Konstitution zukommt. Damit ist gleichzeitig die Frage nach der Existenz des „fluoreszierenden Doppelgängers des Urobilins" beantwortet. Daß in der Tat solche Dioxo-bilirubinoide Urobilin-eigenschaften haben, wurde von W. SIEDEL und G. PEINZE (*238*) an einem entsprechenden synthetischen Dioxo-bilirubinoid gezeigt.

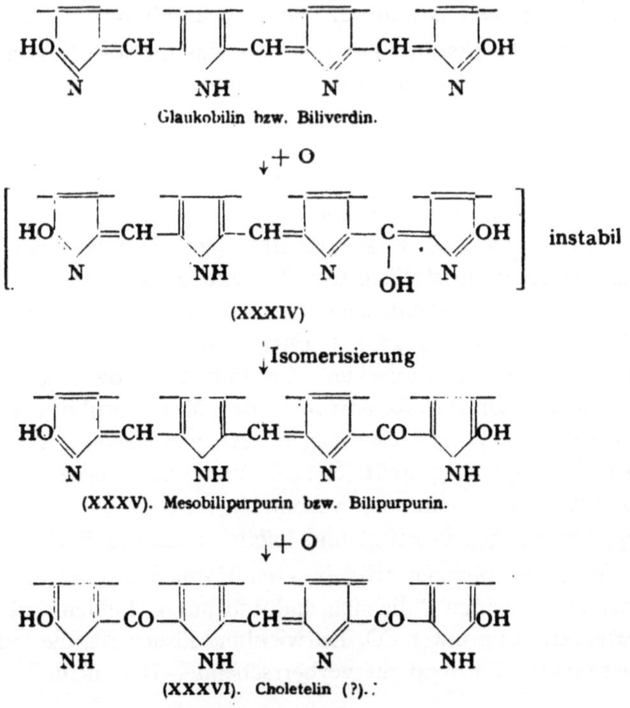

HO — =CH — — CH= — CH= — OH
N NH N N

Glaukobilin bzw. Biliverdin.

↓ + O

[ HO — =CH — — CH= — C= — OH
N NH N OH N ] instabil

(XXXIV)

↓ Isomerisierung

HO — =CH — — CH= — CO — OH
N NH N NH

(XXXV). Mesobilipurpurin bzw. Bilipurpurin.

↓ + O

HO — CO — — CH= — CO — OH
NH NH N NH

(XXXVI). Choletelin (?).

## 4. Urobilinogen und Stercobilinogen.

*Urobilinogen (= Mesobilirubinogen-IX, α).*

Wie schon im Abschnitt II dargelegt worden ist, wird das Bilirubin im Darm zu Leukoverbindungen reduziert. Die Untersuchung dieser Chromogene nahm ihren Ausgang von dem von M. Jaffé (*138*) 1868 in der Galle entdeckten Farbstoff *Urobilin*. Schon Jaffé nahm an, daß dieser Farbstoff ein Sekundärprodukt ist, eben entstanden durch Oxydation einer entsprechenden Leukoverbindung. In Übereinstimmung damit steht auch die Beobachtung von M. Saillet (*225*) (1897), daß in frischem Harn gesunder Menschen regelmäßig kein Urobilin, sondern nur das Chromogen desselben vorkommt und daß aus diesem erst unter der Einwirkung des Lichtes oder schwacher Oxydationsmittel das Urobilin gebildet wird. Der erste Versuch der künstlichen Herstellung einer solchen Leukoverbindung ist von G. Städeler gemacht worden. R. Maly (*184*, *185*), der später die Versuche über die Natriumamalgam-Reduktion des Bilirubins wieder aufnahm, übersah die Entstehung der Leukoverbindung und erhielt immer sofort ein „Urobilin". Dagegen erkannte L. Disqué (*35*) bei den gleichen Versuchen die primäre Bildung der Leukoverbindung, für die von C. Le Nobel (*178*) die Bezeichnung *Urobilinogen* eingeführt worden ist. Hinsichtlich der Konstitutionsaufklärung des Urobilinogens wurde ein entscheidender Erfolg erst erzielt, als H. Fischer unternahm, die Urobilinfrage von Grund auf neu zu bearbeiten.

So gelang es H. Fischer (*49*) erstmals, das farblose Natriumamalgam-Reduktionsprodukt des Bilirubins als einheitlich kristallisierte Substanz zu gewinnen. Er nannte es zuerst „Hemibilirubin", führte dann später den Namen „Mesobilirubinogen" ein. Die weitgehende Übereinstimmung dieses Produktes mit dem Chromogen des Urobilins legte den Gedanken nahe, daß beide identisch sein könnten. Tatsächlich gelang es kurze Zeit darauf H. Fischer und F. Meyer-Betz (*50*), Urobilinogen aus pathologischem Harn in kristallisiertem Zustand zu gewinnen und mit dem Mesobilirubinogen zu identifizieren. Gestützt auf die von H. Fischer und Mitarbeitern (*51*, *69*, *73*, *81*) durch Abbaureaktionen gewonnenen Erkenntnisse, der analytischen Zusammensetzung $C_{33}H_{44}O_6N_4$, den Feststellungen über die Konstitution des Mesobilirubins, sowie dessen Totalsynthese, wird das Urobilinogen bzw. das Mesobilirubinogen durch Formel (XXXVII) dargestellt (S. 116). Vier Pyrrolkerne sind also durch Methylenbrücken miteinander verbunden. Somit ist die Konjugation der Doppelbindungen beseitigt und folglich auch der Farbstoffcharakter.

Das Mesobilirubinogen tritt in zwei Formen auf, in einer „aciden" und einer „nichtaciden", die sich dadurch unterscheiden, daß die erstere in Bicarbonatlösung unter $CO_2$-Entwicklung löslich ist, die letztere nicht. Die „nichtacide" Form ist die vorherrschende. Die „acide" ist in reinem

Zustand noch nicht isoliert worden, sie wandelt sich auch teilweise in die „nichtacide" Form zurück.

Die direkte Synthese des Mesobilirubinogens ist noch nicht durchgeführt, wohl aber die synthetische Darstellung durch Reduktion des Mesobiliviolins-IX,α [W. SIEDEL und H. MÖLLER (*239*)]. Die so erhaltene Leukoverbindung erwies sich in allen Eigenschaften mit dem Mesobilirubinogen-IX,α identisch. Das symmetrische Mesobilirubinogen-XIII,α wurde schon früher aus Mesobilirubin-XIII,α (*85*, *234*), dann aber auch aus Urobilin-XIII,α (*234*) durch Amalgam-Reduktion gewonnen.

### *Stercobilinogen.*

Wenige Jahre nach der Entdeckung des Urobilins fanden C. F. VAN LAIR und J. B. MASIUS (*253*) auch in den Faeces einen urobilinähnlichen Farbstoff; sie nannten ihn Stercobilin. Nachdem die Untersuchungen in der neueren Zeit gezeigt haben, daß Urobilin und Stercobilin wohl im Grundgerüst gleichartig gebaut sind, dennoch aber auffällige Verschiedenheiten aufweisen (vgl. S. 117), mußte die Frage aufgeworfen werden, ob sich neben dem Urobilinogen ein zweites Chromogen, also ein Stercobilinogen findet? Durch die neueren Untersuchungen von C. J. WATSON (*263*) sowie von H. FISCHER und H. LIBOWITZKY (*106*) kann die Frage heute dahingehend beantwortet werden, daß tatsächlich Urobilinogen und Stercobilinogen nebeneinander vorkommen, und zwar sowohl im Harn wie in den Faeces. Nach den bisherigen Untersuchungen überwiegt das Stercobilinogen gegenüber dem Urobilinogen [vgl. auch (*170a*)].

**Nachweisreaktion für die Bili-chromogene.** Zum Nachweis des Urobilinogens und des Stercobilinogens dient nach O. NEUBAUER (*204*) das sogenannte EHRLICHsche Reagens: p-Dimethylamino-benzaldehyd in salzsaurer Lösung. Die Reaktion besteht in einer intensiven Rotfärbung des Reaktionsgemisches. Sie wird auch zur quantitativen Bestimmung des Urobilinogens angewandt [vgl. D. CHARNAS (*29*), CH. DHÉRÉ (*32*, *33*), C. J. WATSON (*264*) und L. HEILMEYER (*115*); s. auch (*206*, *229*)].

Der Reaktionsmechanismus ist noch nicht völlig geklärt. Die früher vertretene Auffassung, daß sich der Angriff des p-Dimethylaminobenzaldehyds gegen die mittelständige Methylenbrücke des Tetrapyrran-systems richten würde und eine Aufsprengung des Moleküls an dieser Stelle stattfinde, ist heute aufgegeben, zugunsten der Annahme einer Mitbeteiligung der beiden seitenständigen Methylenbrücken. Denn das Kondensationsprodukt (XXIIa) aus Neobilirubinsäure und p-Dimethylaminobenzaldehyd ist gelb gefärbt und kommt also als Spaltprodukt der EHRLICHschen Reaktion nicht in Frage (*81*, *86*).

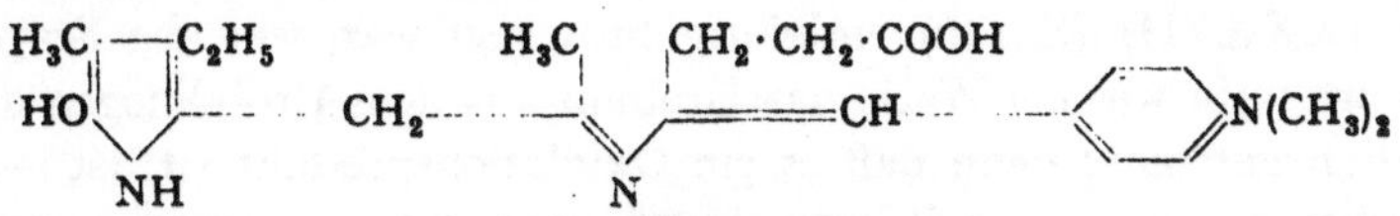

```
H3C——C2H5             H3C     CH2·CH2·COOH
HO      ——— CH2——— ——         ═══CH ——— ——<    >N(CH3)2
   NH                    N
```

(XXII a)

**Reaktionen zur Unterscheidung von Urobilinogen und Stercobilinogen.** Die Bili-chromogene unterscheiden sich scharf voneinander in mehreren Eigenschaften. Während das Mesobilirubinogen gut kristallisiert, mit Ferrichlorid in salzsaurer Lösung in violettes Mesobiliviolin übergeht und mit alkalischer Kupfersulfatlösung eine Violettfärbung mit charakteristischem dreibandigem Spektrum gibt [H. Fischer (*55*)], ist das Stercobilinogen bis jetzt noch nicht zur Kristallisation gebracht worden. Mit Ferrichlorid entsteht aus ihm in salzsaurer Lösung nur ein rotbraunes Ferrikomplexsalz; mit Kupfersulfat in Alkali ist kein Spektrum zu beobachten, jedenfalls nicht in so kurzer Zeit wie beim Mesobilirubinogen (*106*).

## 5. Urobilin, Stercobilin.

Das Urobilin wurde im Jahre 1868 von M. Jaffé (*136, 138*) als roter Farbstoff in menschlicher Galle und in Hundegalle entdeckt und 1869 auch im Harn nachgewiesen, und zwar mittels der charakteristischen Fluoreszenzreaktion mit Zinksalzlösungen. Wenige Jahre später fanden C. F. van Lair und J. B. Masius (*253*) auch in den Faeces einen Farbstoff, der dem Urobilin ähnlich ist. Sie nannten ihn deshalb Stercobilin. Wie schon der Name sagt, nahm Jaffé an, daß der Farbstoff aus der Galle stammt. Er erkannte auch, daß derselbe ein Oxydationsprodukt einer entprechenden Leukoverbindung darstellt.

Strukturchemisch wurde das Urobilin zuerst von F. Hoppe-Seyler (*134*) bearbeitet. Durch Reduktion des Hämatins und Hämoglobins mit Zinn-Salzsäure erhielt er Produkte, die in ihren Eigenschaften dem Urobilin und dem Stercobilin ähnlich waren. R. Maly (*184—186*) versuchte dann weiter auf rein chemischem Wege, den Zusammenhang zwischen Urobilin und Gallenfarbstoff aufzuklären. Er gelangte in der Tat auch durch Reduktion des Bilirubins mit Natriumamalgam zu einem Körper, der dem Urobilin Jaffés glich.

Eindeutig wurde die Frage nach der Abstammung des Urobilins erst durch die biologische Überführung von Bilirubin in Urobilin durch Fr. v. Müller (*202, 203*) entschieden (vgl. S. 84). Analysen, die sowohl von A. Garrod und F. Hopkins (*110, 133*) wie von H. Fischer (*49*) durchgeführt worden sind, ergaben durchwegs zu niedere Werte für Stickstoff. Als Ursache dafür stellte H. Fischer einen Gehalt von Gallensäuren und verwandten Stoffen fest.

Von großer Bedeutung für die Konstitutionserforschung des Urobilins war der von H. Fischer und F. Meyer-Betz (*50*) erbrachte Beweis der *Identität von Harn-Urobilinogen mit Mesobilirubinogen* (vgl. S. 84). Nachdem dann schließlich mit der Synthese des Glaukobilins auch die Konstitution des Urobilinogens bzw. Mesobilirubinogens im Sinne der Formel (XXXVII) (S. 116) endgültig festgelegt war, war die Frage zu beantworten, in welcher Weise das Urobilin aus dem Urobilinogen durch Oxydation entsteht; denn daß es ein Oxydationsprodukt ist, ist — wie schon oben gesagt — bereits von Jaffé vermutet und später auch von L. Disqué (*35*) bestätigt worden.

Wenngleich, wie später gezeigt wird, Urobilin und Stercobilin nicht identisch sind, so liegt doch eine Reihe gemeinsamer Eigenschaften vor, bei deren Untersuchung mitunter eine klare Unterscheidung zwischen den beiden Verbindungen nicht mehr getroffen worden ist. Dementsprechend greifen die Arbeiten hinsichtlich der Konstitutionserforschung beider Substanzen derart ineinander, daß eine getrennte Behandlung nicht möglich ist.

Während beide Farbstoffe früher nur amorph anfielen, gelang es 1932 erstmals C. J. WATSON (*256*, *258*) das Stercobilin der Faeces, 1933 das Urobilin des Harns kristallisiert zu erhalten. Letzteres wurde einige Zeit später auch von H. RUDERT und L. HEILMEYER (*223*) in kristallisiertem Zustand isoliert. Sowohl C. J. WATSON wie L. HEILMEYER und Mitarbeiter haben nun anschließend versucht, das Konstitutionsproblem des Urobilins bzw. Stercobilins auf analytischem Wege zu lösen und die Frage nach der Verwandtschaft oder Identität beider Farbstoffe zu beantworten. Trotzdem so in der Folgezeit die beiden Substanzen in Form verschiedener Derivate charakterisiert worden sind, konnte eine eindeutige Summenformel nicht aufgestellt werden. Gesichert war nur der Stickstoffgehalt der Verbindungen mit 4 N-Atomen und die Existenz von Mono-hydrochlorid-derivaten. Im Gegensatz zu den meisten Gallenfarbstoffen der Mesoreihe lieferten weder Urobilin noch Stercobilin bei der Oxydation Methyl-äthyl-maleinimid.

Aus der Beobachtung nun, daß durch Einwirkung von Eisessig auf Mesobilirubin an der Luft Oxydation zum Glaukobilin, also eine Dehydrierung des Mesobilirubins an der ms-Brücke und einer der benachbarten Iminogruppen eintritt, haben W. SIEDEL und E. MEIER (*233*, *234*) auf einen analogen Dehydrierungsmechanismus bei der Entstehung des Urobilins aus dem Urobilinogen geschlossen, vor allem, da auch das Urobilinogen besonders leicht mit Eisessig-Luftsauerstoff wieder zum Urobilin oxydierbar ist. Dem Urobilin mußte somit die Struktur (XXXVIII) zukommen (S. 116).

Zum Beweis der Richtigkeit dieser Auffassung wurde von W. SIEDEL und E. MEIER (*234*) die Kondensation der Iso-neobilirubinsäure (XL) mit Formyl-neobilirubinsäure (XXXIX) durchgeführt, die ihrerseits durch katalytische Reduktion der Formyl-neoxanthobilirubinsäure mittels kolloidalem Palladium dargestellt wurde. Tatsächlich führte diese Kondensation, die mit 2 n-Salzsäure vollzogen wurde, zu einem Produkt mit den Eigenschaften des Urobilins. Der Vergleich mit Urobilin, das durch Einwirkung von Eisessig auf analytisches Mesobilirubinogen dargestellt und erstmals einwandfrei kristallisiert erhalten worden war, ergab völlige Identität. Der Befund, daß Urobilin hygroskopisch ist und daß die halogenwasserstoffsauren Salze instabil sind, erklärte die Differenz in den früheren analytischen Ergebnissen [betr. Darstellung des Urobilins aus analytischem Material vgl. auch (*22*, *132*, *248*)].

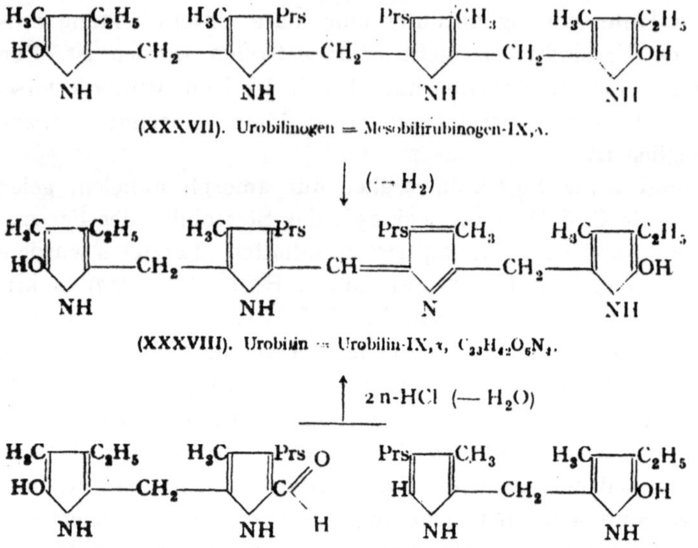

(XXXVII). Urobilinogen = Mesobilirubinogen-IX,α.

$(-H_2)$

(XXXVIII). Urobilin = Urobilin-IX,α, $C_{33}H_{42}O_6N_4$.

$2\,n\text{-}HCl\ (-H_2O)$

(XXXIX) $Pd + H_2$ (XL). Iso-neobilirubinsäure.

Formyl-neoxanthobilirubinsäure. ($Prs = -CH_2 \cdot CH_2 \cdot COOH$)

Somit war durch die Synthese gleichzeitig Klarheit über die *Konstitution des Urobilins* geschaffen. Infolge der Unsymmetrie des Moleküls besteht auch beim Urobilin-IX,α wie beim Glaukobilin-IX,α die Möglichkeit, daß ein Isomeres mit einer zum Kern II verlagerten Doppelbindung existieren könnte. Die in diesem Sinne durchgeführte Synthese durch Kondensation von Formyl-iso-neobilirubinsäure mit Neobilirubinsäure ergab ein mit Urobilin-IX,α identisches Produkt. Diese Verhältnisse stimmen also mit denen beim Glaukobilin überein.

Symmetrische Urobiline, wie die Isomeren —XIII,α und III,α, wurden von W. Siedel und E. Meier (*234*) durch Kondensation der Neo- bzw. Iso-neobilirubinsäure mittels Ameisensäure und Essigsäureanhydrid im Sinne der untenstehenden Formulierung erhalten. Dem Urobilin ähnliche vierkernige Verbindungen sind auch von H. Fischer und A. Kürzinger (*83*) dargestellt worden. Sie haben die gleiche Brückenanordnung wie Urobilin und fluoreszieren mit Zinksalzen ebenfalls grün.

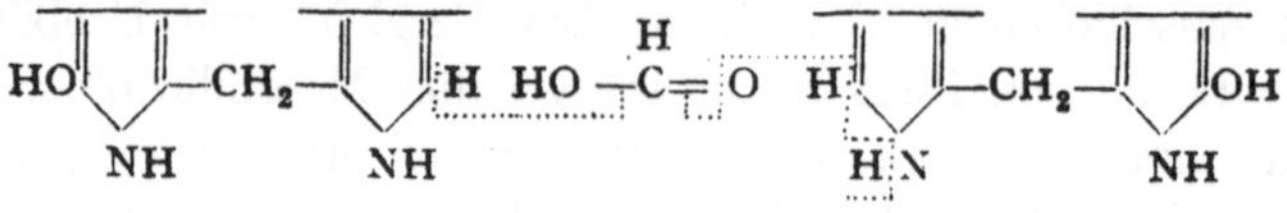

Durch katalytische Hydrierung des Urobilins-XIII,α wurde schließlich unter Aufnahme von 2 Atomen Wasserstoff das Mesobilirubinogen-XIII,α dargestellt. Es stimmt in seinen Eigenschaften prinzipiell mit dem Urobilinogen überein.

Wie schon oben hervorgehoben, liegt im *Stercobilin* ein dem Urobilin äußerst ähnlicher Farbstoff vor. Die weitgehende Übereinstimmung hat immer wieder die Frage nach der Identität oder Nichtidentität der beiden Pigmente veranlaßt. Trotz eingehender Untersuchungen konnten aber bis 1935 weder C. J. WATSON (*259*, *262*) noch L. HEILMEYER und W. KREBS (*122*) Endgültiges aussagen. Nachdem zwar schon früher Unterschiede in der Stabilität des Urobilins und des Stercobilins gegenüber Ferrichlorid beobachtet worden waren (*170*), wurde der exakte Beweis der Verschiedenheit beider Pigmente erst durch die Untersuchungen von H. FISCHER, H. HALBACH und A. STERN (*95*), H. FISCHER und H. HALBACH (*96*) sowie durch die Urobilinsynthese von W. SIEDEL und E. MEIER (*234*) erbracht. So stellten erstere die ausgeprägte optische Aktivität des Stercobilins fest, — eine Eigenschaft, die Urobilin nicht besitzt und im Hinblick auf seine Konstitution auch nicht haben kann. Während das durchwegs gut kristallisierende Mesobilirubinogen beim oxydativen Abbau Methyl-äthyl-maleinimid liefert, wurde dieses bei der gleichen Behandlung des reduktiv erhaltenen — nicht kristallisierenden — Stercobilinogens nicht gebildet. Schließlich erwies sich das Stercobilin analytisch um 4 Wasserstoffatome reicher als das inzwischen synthetisierte Urobilin.

Umgekehrt gleicht das Stercobilin sowohl spektroskopisch wie kristalloptisch dem Urobilin weitgehend, ebenso sind die Kristallformen, auch der Derivate, zum Verwechseln ähnlich. Daß die Anordnung der $\beta$-Seitenketten im Urobilin —IX,$\alpha$ und Stercobilin die gleiche ist und allgemein mit derjenigen der natürlichen Bilirubinoide übereinstimmt, ist durch die Überführung von Stercobilin mittels konz. Schwefelsäure in Glaukobilin-IX,$\alpha$ bewiesen worden (*96*).

Im Hinblick auf die rein äußeren Eigenschaften des Urobilins und des Stercobilins war schon von vornherein sicher, daß die Anordnung der Brücken-Methin- und Brücken-Methylengruppen, d. h. die Hydrierungsstufe des Brückenskeletts beim Stercobilin die gleiche ist wie beim Urobilin-IX,$\alpha$, bedingt doch, wie durch die synthetischen Arbeiten gezeigt werden konnte, gerade das Brückenskelett den Gruppencharakter der Bilirubinoide. Unter Zugrundelegung dieses Urobilingerüstes haben H. FISCHER und H. HALBACH (*96*) für das Stercobilin die Formel (XLI) aufgestellt.

```
      H                                                      H
 H3C—|‾‾‾‾|C2H5 H3C‾‾‾‾‾Prs Prs‾‾‾‾‾CH3  H3C‾‾‾‾‾|—C2H5
     | I  |            |   |             | IV  |
 HO—|     |—CH2—|      |—CH=\     /—CH2—|      |—OH
     \   /       \    /      \   /       \    /
   H  NH           NH           N·         NH  H
```

(XLI). Stercobilin, $C_{33}H_{46}O_6N_4$.

Die Formel ist noch nicht durch Synthese bewiesen. In ihr sind in den Pyrrolkernen I und IV die vier „überzähligen" H-Atome untergebracht und damit gleichzeitig die für die optische Aktivität verantwortlichen Asymmetriezentren geschaffen worden.

Neuere Untersuchung des Stercobilins durch H. FISCHER und H. LIBOWITZKY (*106*) hat die früheren Ergebnisse bestätigt. Sie hat weiter ergeben, daß die basischen Kerne des Moleküls bei der Oxydation sauere, optisch-aktive Spaltstücke liefern. Hämatinsäure wurde nicht gefaßt. Schließlich konnte gezeigt werden, daß die früher beobachtete leichte optische Inaktivierbarkeit des Stercobilins in der Anwendung zu geringer Substanzmengen bei den Messungen begründet war. Während das Hydrochlorid die spezifische Drehung $[\alpha]^{20}_{690-720} = -1700°$ besitzt, hat die freie Säure die spezifische Drehung von $-320°$ in Chloroform, $-254°$ in Eisessig, $+256°$ in Ameisensäure und $-140°$ in 0,1 n-Natronlauge. Das Drehungsvermögen ist stark von der Wellenlänge abhängig. Bei Stercobilinogen konnte eine optische Aktivität nicht festgestellt werden; es sei jedoch betont, daß bei der Re-oxydation desselben wieder optisch aktives Stercobilin entsteht.

Das *Ergebnis* aller dieser Untersuchungen ist, daß als Umbauprodukte des Blutfarbstoffs zwei urobilinoide Farbstoffe vorkommen, die streng auseinanderzuhalten sind:

a) Urobilin (= Urobilin-IX,$\alpha$) als Oxydationsprodukt des Urobilinogens und

b) Stercobilin, das seine Entstehung einem komplizierteren Prozeß verdankt. Wahrscheinlich entsteht sein Chromogen durch sekundäre asymmetrische Reduktion des Urobilinogens im Darm.

**Nachweisreaktion des Stercobilins und Urobilins.** Nachgewiesen werden beide Urobilinoide mittels des SCHLESINGERschen Reagens (Zinkacetat in absolutalkoholischer Lösung). Es tritt bei beiden Farbstoffen eine intensiv grüne Fluoreszenz mit charakteristischem Absorptionsspektrum auf. Quantitative Bestimmungsmethoden sind ausgearbeitet worden von L. HEILMEYER (*115, 116*), C. J. WATSON (*264*) und O. SATO (*227*). Sehr häufig wird auch das Urobilinogen nach der Oxydation zu Urobilin quantitativ bestimmt. Untersuchungen von C. J. WATSON (*264*) haben jedoch gezeigt, daß selten eine völlige Umwandlung von Urobilinogen in Urobilin möglich ist und daß dementsprechend die Bestimmungen ungenau sind. Umgekehrt können die Urobilinoide zu den Leukoverbindungen reduziert und als solche quantitativ bestimmt werden.

**Unterscheidungsreaktion zwischen Urobilin und Stercobilin.** Urobilin und Stercobilin unterscheiden sich hinsichtlich ihrer Stabilität gegen Ferrichlorid. Bei Einwirkung von $FeCl_3$ in 25proz. Salzsäure auf Urobilin in Methanol bei 100° tritt bereits nach 10 Minuten intensive Mesobiliviolin-Bildung ein (S. 119). Stercobilin gibt die Reaktion nicht. — Am einfachsten können Urobilin und Stercobilin durch die Untersuchung auf optische Aktivität unterschieden werden. Nur das letztere dreht die Ebene des polarisierten Lichtes.

## 6. Dihydro-mesobilirubin.

Zu dem Urobilin und Stercobilin zugrunde liegenden Brückenskelett ist noch ein Isomeres denkbar, das sich von ihm nur durch Verlagerung einer Brücken-Methylengruppe im Sinne der Formel (XLII) unterscheidet. Dieses Produkt findet sich nach H. FISCHER und H. BAUMGARTNER (*90*) mit ziemlicher Regelmäßigkeit in den Mutterlaugen der Mesobilirubin-darstellung. Es stellt eben das Zwischenprodukt der Reduktion des Mesobilirubins zum Mesobilirubinogen dar und konnte in Form feiner gelber Nädelchen isoliert werden. Analyse und Eigenschaften sprechen für die obige Konstitution eines Dihydro-mesobilirubins. Es gibt primär kein fluoreszierendes Zinksalz; bei der GMELINschen Reaktion tritt lediglich Rotfärbung ein, bei der EHRLICHschen Reaktion Violettfärbung. Wie die Untersuchungen von W. SIEDEL und H. MÖLLER (vgl. nächsten Abschnitt) zeigen, stehen diese Eigenschaften mit der Konstitution des Produkts in vollem Einklang. Bei der Einwirkung oxydierender Reagenzien tritt vorwiegend Dehydrierung an der mittelständigen $—CH_2—$-Brücke und der Iminogruppe eines benachbarten Ringes ein, unter Bildung von Mesobilirhodin und untergeordneter Bildung von Mesobiliviolin.

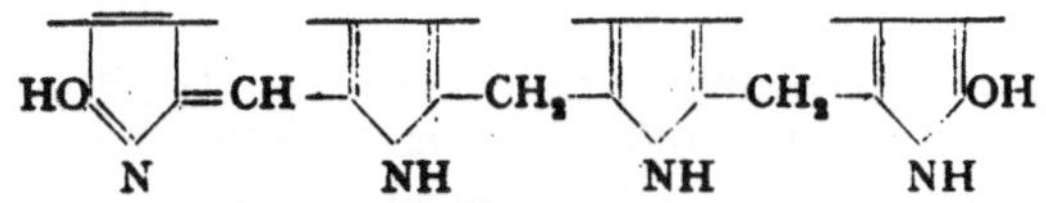

$$HO\text{–}\underset{N}{[\;]}\text{=}CH\text{–}\underset{NH}{[\;]}\text{–}CH_2\text{–}\underset{NH}{[\;]}\text{–}CH_2\text{–}\underset{NH}{[\;]}\text{–}OH$$

(XLII)

## 7. Mesobiliviolin, Mesobilirhodin.

Bei Untersuchungen über die Stabilität des Mesobilirubinogens erhielten H. FISCHER und G. NIEMANN (*73*) bei Einwirkung von Ferrichlorid auf eine salzsaure Lösung der Leukoverbindung in der Hitze einen intensiv violetten Farbstoff, der allerdings nur undeutlich kristallisierte. Seiner Farbe entsprechend wurde er „Mesobiliviolin" genannt. Dieses „Mesobiliviolin" zeigte als chlorwasserstoffsaures Salz ein dreibandiges Spektrum und war vor allem durch eine schöne Rotfluoreszenz seines Zinkkomplexsalzes in alkoholischer Lösung charakterisiert.

In der Natur wurde dieser violette Farbstoff von C. J. WATSON (*257*) beobachtet. Da er ihn immer in Begleitung des Stercobilins im Kot fand, nannte er ihn Kopromesobiliviolin. Größere Bedeutung erlangte der Farbstoff durch die Untersuchung der Pigmente der Rotalgen (vgl. S. 122). Schließlich ist auch schon die Frage aufgeworfen worden, ob nicht das Cytochrom $a_2$ ein Biliviolin-hämochromogen ist (*172*).

Leider ist in der Zwischenzeit, infolge der allerdings sehr großen Ähnlichkeit, das Mesobiliviolin mit dem Bilicyanin, also der blauen Phase der GMELINschen Reaktion, in Beziehung gebracht worden. Dadurch ist eine Verwirrung eingetreten, die so weit ging, daß die Bezeichnung „Biliviolin" schließlich als Kollektivausdruck gebraucht wurde.

Hier wurde ein entscheidender Wandel durch die synthetische Arbeit geschaffen, und zwar im Zusammenhang mit der Synthese des Glaukobilins und des Urobilins.

So konnte von W. Siedel (233) gezeigt werden, daß durch Kondensation von Formyl-neoxanthobilirubinsäure (XXVI) mit Neo- oder Isoneobilirubinsäure ein in neutraler Lösung violetter Farbstoff entsteht, durch Kondensation von Formyl-neobilirubinsäure (XXXIX) mit Neo- oder Iso-neoxanthobilirubinsäure ein in neutraler Lösung mehr braunroter Farbstoff. Ersterer gibt mit Zinksalzen die typische Rotfluoreszenz des Mesobiliviolins, letzterer gibt eine beige-farbene Fluoreszenz. Im Verlauf dieser Untersuchungen konnte dann der Beweis mittels der chromatographischen Adsorptionsanalyse erbracht werden, daß das analytische „Mesobiliviolin" ebenfalls aus diesen beiden Farbkomponenten zusammengesetzt ist. Als Bezeichnung wurde für die rotviolette Type der Name Mesobiliviolin beibehalten, für die mehr braunrote der Ausdruck Mesobilirhodin eingeführt. Auf Grund der Synthesen ergeben sich für die beiden Farbkomponenten die Formelbilder (XLIII) und (XLIV), für das Mesobiliviolin also ein Bilirubinoid, bei dem die Pyrrol- und Pyrroleninkerne alternieren. Beim Mesobilirhodin liegt zwar die gleiche Hydrierungsstufe vor, doch ist die Lage der Doppelbindungen derart geändert, daß je zwei Pyrrol- und Pyrroleninringe nebeneinanderliegen. Beide sind Isomere des Mesobilirubins und unterscheiden sich von ihm nur durch die Lage der —$CH_2$-Brücke.

$H_3C$ $C_2H_5$ $H_3C$ Prs Prs $CH_3$ $H_3C$ $C_2H_5$
HO =CH— C O H H —$CH_2$— OH
N NH NH NH

(XXVI). Formyl-neoxanthobilirubinsäure.

$H_3C$ $C_2H_5$ $H_3C$ Prs Prs $CH_3$ $H_3C$ $C_2H_5$
HO =CH— —CH= —$CH_2$— OH
N NH N NH

(XLIII). Mesobiliviolin-IX,α.

$H_3C$ $C_2H_5$ $H_3C$ Prs Prs $CH_3$ $H_3C$ $C_2H_5$
HO —$CH_2$— —CH= —CH= OH
NH NH N N

(XLIV). Mesobilirhodin-IX,α.

$H_3C$ $C_2H_5$ $H_3C$ Prs Prs $CH_3$ $H_3C$ $C_2H_5$
HO —$CH_2$— C O H H —CH= OH
NH NH NH N

(XXXIX). Formyl-neobilirubinsäure.

Betrachtet man nun die *Dehydrierungs*möglichkeiten beim Urobilin, welches als Zwischenprodukt bei der Bildung des „Mesobiliviolins" erwiesen ist, so erkennt man, daß sie in drei Richtungen vor sich gehen kann:

a) Dehydrierung an der Iminogruppe des Ringes I und der $\alpha$-$CH_2$-Gruppe;

b) Dehydrierung an der Iminogruppe des Ringes IV und der $\gamma$-$CH_2$-Gruppe;

c) Dehydrierung an der Iminogruppe des Ringes II und der $\alpha$-$CH_2$-Gruppe.

Bei Fall a) entsteht das Mesobiliviolin, bei Fall b) das Mesobilirhodin.

Urobilinogen.

$\downarrow$ $H_2$

HO I $\alpha$ $CH_2$ II ms CH III $\gamma$ $CH_2$ IV OH

NH NH N NH

Urobilin.

$-H_2$

HO =CH— —CH= —$CH_2$— OH

N NH N NH

Mesobiliviolin.

$-H_2$

Isomerisierung

HO —$CH_2$— CH= —CH= OH

NH NH N N

Mesobilirhodin.

HO —CH= —CH= —$CH_2$— OH

NH N N NH

Isomeres Mesobiliviolin.

Die Synthese des Mesobiliviolins-IX,$\alpha$ ist von W. SIEDEL und H. MÖLLER (*239*) durchgeführt worden, ebenso die Synthese des isomeren Mesobiliviolins-XIII,$\alpha$. Bei beiden Verbindungen ist bei längerem Liegen eine Umwandlung beobachtet worden. Das Umwandlungsprodukt ist in Lösung nicht mehr violettrot, sondern braunrot. Die Rotfluoreszenz des Zinksalzes bleibt jedoch erhalten, nur ist die charakteristische Absorptionsbande im Rot nach dem kürzerwelligen Teil des Spektrums verschoben. Alle Eigenschaften des Umwandlungsprodukts deuten darauf hin, daß in ihm das Isomere des Mesobiliviolins vorliegt, das bei dem obigen Dehydrierungsmechanismus c) entsteht. Endgültig bewiesen ist diese Annahme noch nicht; es wäre schließlich auch noch eine Lactim-

Lactam-Tautomerie am Kern I möglich, wie sie schon mehrfach in Erwägung gezogen worden ist (vgl. S. 93).

Reduktion des Mesobiliviolins-IX,α mit Natriumamalgam führte zum Mesobilirubinogen-IX,α (= Urobilinogen), Reduktion mit Platinoxyd-Wasserstoff zum Dihydro-mesobilirubin, welches seinerseits, mit salpetriger Säure oxydiert, in Mesobilirhodin übergeht, während Mesobiliviolin nur in ganz untergeordneter Menge zurückgebildet wird. Es ist somit im Sinne des folgenden Schemas eine einfache Überführung von Mesobiliviolin in Mesobilirhodin möglich:

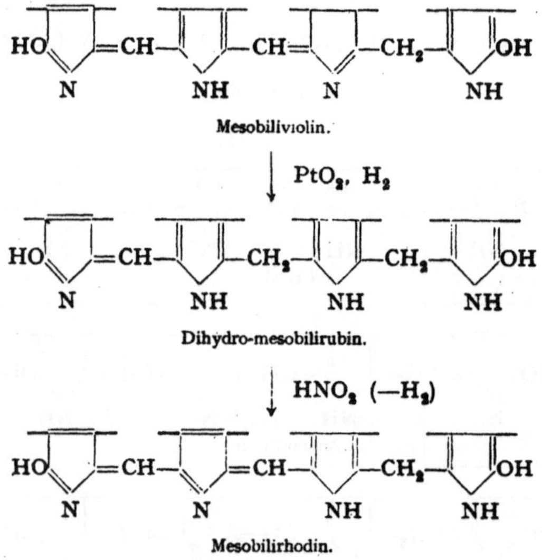

HO =CH— —CH= —$CH_2$— OH
N NH N NH

Mesobiliviolin.

↓ $PtO_2$, $H_2$

HO =CH— —$CH_2$— —$CH_2$— OH
N NH NH NH

Dihydro-mesobilirubin.

↓ $HNO_2$ ($-H_2$)

HO =CH— =CH— —$CH_2$— OH
N N NH NH

Mesobilirhodin.

*Phykobiline, die Pigmente der Rotalgen; Mesobilierythrin, Mesobilicyanin.*

In Fortführung der Untersuchungen von Fr. T. Kützing, H. Molisch und C. Nägeli, G. G. Stokes und A. Hansen gelang es H. Kylin (*146*), die *Chromoproteide* der Rotalgen in Eiweißbaustein und Farbkomponente zu zerlegen. Aus dem urobilinartigen Charakter dieser Farbstoffe schloß dann später R. Lemberg (*160, 161, 165, 166*) auf die Zugehörigkeit der Pigmente zu den Gallenfarbstoffen. In Anlehnung an frühere Befunde von H. Kylin und Z. Kitasato (*146*) gelang es ihm, sowohl aus dem blauen Phykocyan wie aus dem roten Phykoerythrin mittels Umsetzung mit methylalkoholischem Kali ein Glaukobilin zu isolieren.

Betreffs der Zuordnung der Phykobiline zur Reihe der bis dahin bekannten Gallenfarbstoffe kam dann R. Lemberg zu der Ansicht, daß die beiden Farbstoffe mit dem in der Farbe ähnlichen „Mesobiliviolin" in Beziehung stehen könnten. Er fand auch, daß in dem analytischen Mesobiliviolin ein Gemisch zweier Farbstoffe vorliegt. Da sie in ihrer Farbe den Produkten aus den Rotalgen glichen, nannte er sie Mesobilicyanin und Mesobilierythrin. Eine exakte Trennung konnte er jedoch nicht erzielen. Er glaubte auch, im Mesobilicyanin ein Oxydationsprodukt des Mesobilierythrins bzw. des Mesobilirubins vor sich zu haben. Die Frage nun, ob die Farbstoffe der Rotalgen mit diesen von W. SIEDEL als Mesobiliviolin und Mesobilirhodin bezeichneten Gallenfarbstoffen tatsächlich identisch sind, ist noch nicht entschieden.

Tabelle 1. Typen der bis jetzt bekannten Bilirubinoide.

| | | Farbe in neutraler Lösung | Fluoreszenz der Zn-Salze |
|---|---|---|---|
| *Bilane:* | | | |
| HO —$CH_2$— —$CH_2$— —$CH_2$— OH<br>NH NH NH NH | Mesobilirubinogen<br>Urobilinogen<br>Stercobilinogen | farblos | — |
| *Bili-ene:* | | | |
| HO —$CH_2$— —CH= —$CH_2$— OH<br>NH NH N NH | Urobilin<br>Stercobilin | gelb | grün |
| HO =CH— —$CH_2$— —$CH_2$— OH<br>N NH NH NH | Dihydro-mesobilirubin | gelb | — |
| *Bili-diene:* | | | |
| HO =CH— —CH= —$CH_2$— OH<br>N NH N NH | Mesobiliviolin<br>(Mesobilicyanin ?) | rot-violett | rot |
| HO —CH= —CH= —$CH_2$— OH<br>NH N N NH | Isomeres Mesobiliviolin | rot | rot |
| HO —$CH_2$— —CH= —CH= OH<br>NH NH N N | Mesobilirhodin<br>(Mesobilierythrin ?) | braun-rot | gelb-braun |
| HO =CH— —$CH_2$— —CH= OH<br>N NH NH N | Bilirubin =<br>Hämatoidin<br>Mesobilirubin | gelb | — |
| *Bili-triene:* | | | |
| HO =CH— —CH= —CH= OH<br>N NH N N | Biliverdin =<br>Uteroverdin<br>Glaukobilin<br>(Oocyan) | grün<br>blau | —<br>— |

*Fortsetzung von Tabelle 1.*

| | | Farbe in neutraler Lösung | Fluoreszenz der Zn-Salze |
|---|---|---|---|
| *Oxo-bili-diene:* | | | |
| HO =CH– –CH= –CO– OH<br>N NH N NH | Bilipurpurin<br>Mesobili-<br>purpurin | rot-<br>violett | rot |
| HO –CH= –CH= –CO– OH<br>NH N N NH | Isomeres Bili-<br>purpurin bzw.<br>Mesobilipurpurin | rot | rot |
| *Dioxo-bili-ene:* | | | |
| HO –CO– –CH= –CO– OH<br>NH NH N NH | Choletelin (?)<br>Meso-<br>choletelin (?) | gelb | grün |

## *Lichtabsorption und Konstitution der Bilirubinoide.*

Die analytisch, in der Hauptsache aber synthetisch ermittelten Konstitutionsformeln der Bilirubinoide stehen, wie die Untersuchungen über die Absorptionsspektren der Gallenfarbstoffe von A. STERN und F. PRUCKNER (*244*, *216*) zeigen, völlig im Einklang mit der Lichtabsorption dieser Farbstoffe.

So ist die Absorptionskurve des Urobilins sehr ähnlich derjenigen der Pyrromethene, nur daß die Maxima nach Rot verschoben sind. Tatsächlich stellt ja auch das Urobilin im Prinzip ein Pyrromethen dar, lediglich flankiert von Pyrrolkernen, die selbst keine chromophoren Eigenschaften besitzen. Die Spektren des Stercobilins und des Urobilins sowie die ihrer Hydrochloride sind einander sehr ähnlich, doch sind sie nicht identisch.

Die Absorptionskurve des Mesobilirubins ist gegenüber der des Urobilins nach Blau verschoben, und zwar infolge des Einflusses der beiden Oxygruppen, die sich hier an Pyrroleninkernen befinden. Die Lage der Absorptionsmaxima bei den Oxypyrromethenen wie der Xanthobilirubinsäure und Iso-xanthobilirubinsäure spricht ebenfalls dafür, daß die OH-Gruppen sich am Pyrroleninkern des Pyrromethensystems befinden.

Bei Salzbildung tritt sowohl bei Urobilin wie bei Mesobilirubin die gleiche spektrale Veränderung auf wie bei der Salzbildung der Pyrromethene, woraus wiederum auf das Vorhandensein von Pyrromethenstrukturen in den Gerüsten dieser Farbstoffe geschlossen werden muß.

Entsprechend besitzt das Glaukobilin als Bili-triensystem mit drei Pyrroleninkernen und einem Pyrrolkern ein dem Typ nach vollkommen verändertes Absorptionsspektrum, dessen Maxima beträchtlich nach kürzeren Wellen verschoben sind. Glaukobiline mit anderen β-Substituenten haben den gleichen Absorptionstyp wie Glaukobilin-IX,α. Doch ist der Einfluß von verschiedenen, nicht besonders chromophoren Gruppen auf die Lichtabsorption im Bili-triensystem relativ groß.

## IV. Zweikernige Gallenfarbstoffe.

### 1. Mesobilifuscin, Bilifuscin, Myobilin.

*Mesobilifuscin.*

Bei den Versuchen zur Reduktion des Rohbilirubins zum Mesobilirubinogen mittels Natriumamalgam gewann H. FISCHER (*49*) ein braunes Nebenprodukt, das er als „Körper II" bezeichnete. Da es jedoch nicht möglich war, die Substanz zur Kristallisation zu bringen und damit rein darzustellen, wurden die Untersuchungen zurückgestellt. Dieses Nebenprodukt gewann nun ein besonderes Interesse, als es G. MELDOLESI (*196*) gelang, aus den Fäzes von Myopathikern ein neuartiges Pigment zu isolieren, das dem „Körper II" außerordentlich ähnlich war. Es wurde deshalb von W. SIEDEL und H. MÖLLER (*237*) die Prüfung des „Körpers II" erneut in Angriff genommen. Durch chromatographische Adsorptionsanalyse konnte er gereinigt werden. Aber obwohl er als Methylester mit einem einigermaßen konstanten Schmelzpunkt rein erhalten wurde, konnte eine Kristallisation bis jetzt noch nicht erreicht werden.

Daß es sich nun tatsächlich um einen Pyrrolfarbstoff handelt, wurde durch oxydativen Abbau zu Methyl-äthyl-maleinimid und Hämatinsäure bewiesen. Allerdings mußte der „Körper II" im Aufbau von den bekannten Gallenfarbstoffen wesentlich unterschieden sein, und zwar insofern, als er keine der bekannten Gallenfarbstoffreaktionen gibt. So wird mit Natriumamalgam keine Leukoverbindung erhalten. Lediglich mit Zink-Eisessig trat in der Hitze eine Reduktion ein, die auf das Vorhandensein einer Brücken-methingruppe, wie in Dipyrrylmethenen, hinwies. Die Analyse selbst sprach für ein den Bilirubinoiden gegenüber sauerstoffreicheres Produkt.

Versuche, durch Oxydation von bekannten Bilirubinoiden aus zu dem Produkt zu gelangen, waren erfolgreich. So wurde durch Oxydation von Mesobilirubinogen-IX,α mit Bleitetraacetat ein brauner, amorpher Körper gewonnen, der in Form seines Methylesters in der Bruttozusammensetzung, im ganzen Verhalten sowie auch in der Absorption im Ultraviolett mit dem „Körper II" identisch war. Auch durch Oxydation von symmetrischem Mesobilirubinogen-XIII,α, Urobilin-XIII,α, Mesobilirubin-XIII,α und Glaukobilin-XIII,α wurde der entsprechende Körper gewonnen. Nachdem durch weitere analytische Untersuchung die Bruttoformel des Methylesters zu $(C_{17}H_{22}O_4N_2)_x$ festgelegt war und die Molekulargewichtsbestimmung auf das Vorliegen eines zweikernigen Pyrrolderivats hinwies, wurde die Oxydation auf zweikernige Verbindungen, und zwar auf Neo- und Iso-neoxanthobilirubinsäure ausgedehnt, in der Erwartung, daß auch hier der „Körper II" entstehen könnte. Tatsächlich führten diese Oxydationsversuche ebenfalls zum Ziel. Gleichzeitig gestatteten sie aber auch noch einen Einblick in den Mechanismus der Oxydationsreaktion. Es gelang nämlich, als primäre Produkte der Oxydation farblose, gut kristallisierte Körper zu erhalten, die um ein Sauerstoffatom reicher waren als der „Körper II". Die Überführung dieser Oxoprodukte in „Körper II" konnte dann durch Reduktion mit Natriumamalgam und nachfolgender Behandlung mit Chlorwasserstoffsäure bewirkt werden.

Mesobilirubinogen-IX,α.

$Pb(OOC \cdot CH_3)_4$

Neoxanthobilirubinsäure. Iso-neoxanthobilirubinsäure.

$Pb(OOC \cdot CH_3)_4$ $Pb(OOC \cdot CH_3)_4$

(XLV) (XLV a)

NaHg, HCl NaHg, HCl

(XLVI). Mesobilifuscin-I. (XLVI a). Mesobilifuscin-II.

Mesobilifuscin = „Körper II"

$KOCH_3$

(XLVII)

$HNO_3$

HJ

Opsopyrrol-carbonsäure.

Methyl-äthyl-maleinimid.

Hämatinsäure.

Alle diese Ergebnisse führten dann zu dem Schluß, daß dem „Körper II" mit größter Wahrscheinlichkeit die Konstitution eines Dioxypyrromethens zukommt, identisch mit der in den Formeln (XLVI) und (XLVIa) angegebenen Oxy-neoxanthobilirubinsäure oder Oxy-iso-neoxanthobilirubinsäure, bzw. einem Gemisch von beiden. Für diese Konstitutionsauffassung spricht weiter der Abbau mit Jodwasserstoffsäure zu Opsopyrrol-carbonsäure, die aus vierkernigen Gallenfarbstoffen bisher noch nicht erhalten worden ist. In Übereinstimmung mit den Formeln ergab weiter die GRIGNARD-Umsetzung nach ZEREWITINOFF das Vorhandensein von drei „aktiven" H-Atomen. Schließlich wurde bei Umsetzung des $\alpha,\alpha'$-Dibrom-pyrromethens (XLVII) mit Kaliummethylat — allerdings in sehr geringer Ausbeute — ebenfalls der „Körper II" erhalten. Umgekehrt entstand bei Umsetzung des „Körpers II" mit Brom-Bromwasserstoffsäure ein Dibrom-pyrromethen.

Die Bildung des „Körpers II" durch Bleitetraacetat-Oxydation der Neo- bzw. Iso-neo-xanthobilirubinsäure läßt sich im Sinne der Formulierung (vgl. unten) durch die Annahme erklären, daß gleichzeitig mit der Oxydation der freien $\alpha$-Stelle der Oxy-pyrromethene eine Oxydation an der Methinbrücke einsetzt, so wie sie von W. SIEDEL und W. FRÖWIS bei der GMELINschen Reaktion in Betracht gezogen wird (S. 111). Das in der ersten Phase gebildete Enol stabilisiert sich dann unter Verschiebung des Hydroxylwasserstoffs an das tertiäre N-Atom des benachbarten Pyrroleninringes. Mit der Ausbildung der —CO-Gruppe liegt dann das farblose Oxoprodukt (XLV) bzw. (XLVa) vor, das durch eine intensive Pentdyopentreaktion (S. 130) ausgezeichnet ist.

Der leichte Übergang dieses Oxoprodukts in den „Körper II" nach Reduktion mit Natriumamalgam und folgender Behandlung mit Chlorwasserstoffsäure dürfte dann in der intermediären Bildung eines neuen Carbinols begründet sein. Daß derartige Dipyrrylcarbinole bereits mit geringsten Spuren von Mineralsäuren durch Wasserabspaltung in die entsprechenden Pyrromethene übergehen, ist schon von H. FISCHER und G. FRIES (93) gezeigt worden.

HO–(N)=CH–(NH)–H $\xrightarrow{2\,Pb(OOCCH_3)_4}$ [HO–(N ← HO)–C–(NH)–OH]

⟶ HO–(NH)–CO–(NH)–OH $\xrightarrow[(+H_2)]{NaHg}$ [HO–(HN HO)–C–(H NH)–OH]

Oxo-Produkt.

$\xrightarrow[(-H_2O)]{HCl}$ HO–(N)=CH–(NH)–OH ⇄ O=(NH)=CH–(NH)–OH

(XLVIII) (XLVIII a)

*Bilifuscin.*

Was die Herkunft des „Körpers II" betrifft, so wurde festgestellt, daß die Muttersubstanz dem Rohbilirubin beigemengt ist (*237*). Bei näherer Betrachtung der noch unerforschten Begleitpigmente des Bilirubins erwies sich als diese Substanz diejenige, die von G. Städeler (*243*) die Bezeichnung „Bilifuscin" erhalten hat und die später von L. v. Zumbusch (*271*) und E. Weinberger (*266*) bearbeitet worden ist. Da anzunehmen ist, daß das Bilifuscin entsprechend seinem Vorkommen zusammen mit Bilirubin eine Vinylgruppe enthält, liegt zwischen ihm und dem eine Äthylgruppe tragenden „Körper II" das gleiche Verhältnis vor wie zwischen Bilirubin und Mesobilirubin. Aus diesem Grund wird für den „Körper II" nunmehr folgerichtig die Bezeichnung *Mesobilifuscin* gebraucht.

In diesem zweikernigen Mesobilifuscin liegt also ein Abbauprodukt vor, welches bis jetzt im physiologischen Geschehen noch nicht beobachtet worden war. Dementsprechend ist nun die Annahme berechtigt, daß im Organismus neben der Aufspaltung des Porphyringerüstes zu den vierkernigen Bilirubinoiden noch ein zweiter Mechanismus einer weitergehenden Spaltung existiert.

Da das Bilifuscin entweder direkt oder über das Bilirubin aus dem unsymmetrisch gebauten Hämatin entsteht, sind dann auch die beiden in den Formeln (XLVI) und (XLVI a) für Mesobilifuscin angegebenen Isomeren zu erwarten. Vorläufig wird das Gemisch der beiden Isomeren „Mesobilifuscin" genannt. Werden die Isomeren gesondert betrachtet, dann werden die Bezeichnungen Mesobilifuscin-I und Mesobilifuscin-II gebraucht.

Wie schon betont, konnte das Mesobilifuscin bis jetzt noch nicht zur Kristallisation gebracht werden. Worauf diese Eigenart und vor allem die für ein Dipyrromethen auffällige tiefe Braunfärbung beruht, ist noch unklar. Ebenso ist bemerkenswert, daß das Mesobilifuscin selbst keine Pentdyopentreaktion mehr gibt, die von H. Fischer und Mitarbeitern als charakteristisch für Dioxy-pyrromethene betrachtet wird. Da eine Mesobilifuscinlösung dem Lambert-Beerschen Gesetz gehorcht, also eine Assoziationserscheinung wohl kaum in Frage kommt, bliebe nur noch die Annahme einer Lactim-Lactam-Tautomerie, wie sie in den Formeln (XLVIII) und (XLVIII a) S. 127 aufgezeigt ist. Das Lactam der Konstitution (XLVIII a) dürfte in seinen Eigenschaften beträchtlich von dem Dioxy-pyrromethen abweichen. Schließlich wäre auch die Möglichkeit einer Scherenbindung (Chelation) zwischen den einsame Elektronenpaare besitzenden Hydroxyl- und Iminogruppen bzw. tertiären N-Atomen mehrerer Moleküle gegeben [vgl. B. Eistert (*40*) sowie K. Kunz (*147*)]. Damit wäre vielleicht auch die tiefe Färbung und das Beharren des Mesobilifuscins im amorphen Zustand zu erklären.

*Myobilin.*

Auf der Suche nach Abbauprodukten des Myoglobins bei Muskeldystrophie ist es G. MELDOLESI gelungen, aus den Faeces von Myopatikern einen braunen Farbstoff zu isolieren, dessen Menge in einem direkten Verhältnis zur Progressivität des Falles steht. Dieses Produkt zeigt in Lösung eine Spontanfluoreszenz zum Unterschied von Urobilin und Stercobilin, die beide nur als Zinkkomplexsalze fluoreszieren. In eingehender Untersuchung konnten G. MELDOLESI, W. SIEDEL und H. MÖLLER (*196*) zeigen, daß diese Verbindung, die als Myobilin bezeichnet wird, ein *Chromoproteid* ist. Durch Behandlung mit Chlorwasserstoffsäure-Methanol konnte die prosthetische Gruppe abgetrennt werden. Mittels der chromatographischen Adsorptionsanalyse konnte hierauf der Methylester rein gewonnen werden. Diese Substanz erwies sich nun in allen Eigenschaften identisch mit dem Mesobilifuscin, dessen Untersuchung sie angeregt hatte. Ebenso wie bei diesem, konnte durch oxydativen Abbau Methyl-äthyl-maleinimid und Hämatinsäure erhalten werden. Mit Natriumamalgam wurde Hydrierung nicht erzielt. Ebenso zeigt das neue Pigment keine der bekannten Gallenfarbstoffreaktionen. Es besitzt den gleichen Schmelzpunkt wie das Mesobilifuscin und gleicht diesem auch in der Lichtabsorption im Ultraviolett. Obwohl in den Analysenergebnissen noch gewisse Abweichungen vorliegen, darf die Farbkomponente des Myobilins mit größter Wahrscheinlichkeit als identisch mit dem *Mesobilifuscin* angesehen werden. Unter dem Ausdruck *Myobilin* ist dann die spontan fluoreszierende Eiweißverbindung des Mesobilifuscins zu verstehen.

Daß dieses Pigment wirklich mit dem Abbau des Muskelfarbstoffs, dessen prosthetische Gruppe ja mit der des Blutfarbstoffs identisch ist, zusammenhängt, wird dadurch sehr wahrscheinlich, daß auch bei Wöchnerinnen in den ersten Tagen nach der Geburt infolge der Rückbildung des myoglobinreichen Uterus eine große Menge spontan-fluoreszierenden Myobilins im Stuhl vorkommt.

Schließlich liegen Befunde dafür vor (*196*), daß das Bilifuscin bzw. Mesobilifuscin oder das Myobilin bei Myopathikern auch im *Blutserum* vorkommt. Neueste Untersuchungen bei Wöchnerinnen ergäben ebenfalls eine starke Vermehrung des gelben Serumfarbstoffs. W. SIEDEL und H. MÖLLER (*237*) werfen endlich noch die Frage auf, ob das Bilifuscin nicht auch mit dem Farbstoff identisch sein könnte, der bei der perniziösen Anämie häufig neben dem Bilirubin auftritt und auf die bekannten Gallenfarbstoffreaktionen nicht anspricht. Dieser gelbe Farbstoff ist auch von E. ENDERLEN, S. J. THANNHAUSER und M. JENKE (vgl. S. 83, 133) im Blut leberloser Hunde beobachtet und „Xanthorubin" genannt worden.

## 2. Pentdyopent.

In den Jahren 1870--1872 beobachtete B. J. Stokvis (*246*), daß bei der Reduktion bestimmter pathologischer Harne mit Schwefelammonium, Zinn oder Zucker in alkalischem Medium eine Rotfärbung mit charakteristischer Absorptionsbande auftritt. Er nannte die zugrunde liegende Substanz „reduzierbares Nebenprodukt".

Unabhängig hiervon wurde die Reaktion 60 Jahre später von K. Bingold (*15*, *16*, vgl. auch *17*—*21*) neu aufgefunden. Er fand, daß bei Reduktion bilirubinreicher Harne mit Natriumhydrosulfit in Kalilauge eine Rotfärbung des Reaktionsgemisches eintritt. Da die rote Lösung eine charakteristische Absorption mit dem Maximum bei 525 m$\mu$ besitzt, wurde der Vorgang als „Pentdyopent-reaktion" bezeichnet. K. Bingold (*18*) beobachtete schließlich die Reaktion auch bei katalasefreien, mit Hydroperoxyd behandelten Blutlösungen. Er schloß daraus, daß das Pentdyopent ein Abbauprodukt des Blutfarbstoffs sein mußte. Beweisen konnte er dies durch Oxydation von Hämin selbst in ammoniakalischer Lösung mit Wasserstoffperoxyd. Auch dieses Umsetzungsprodukt zeigte die charakteristische Reaktion.

Schließlich konnte Bingold nachweisen, daß der Farbstoff im biologischen Oxydationsprozeß (z. B. durch Einwirkung von Pneumokokken auf Taubenblut-agar) aus Hämoglobin entstehen kann. Weitere Untersuchungen zeigten, daß das Pentdyopent ein im Organismus vorkommendes, natürliches Substrat ist, das in außergewöhnlich großen Mengen im Harn von Ikterischen ausgeschieden wird, das aber auch regelmäßig im Blut, genauer in den Erythrocyten, in geringen Mengen vorhanden ist. Die Befunde wurden von L. A. Hulst und W. Grotepass (*135*) bestätigt und nach der medizinischen Seite hin diskutiert.

Somit mußte das Pentdyopent als ein selbständiges, neuartiges Abbauprodukt des Blutfarbstoffs aufgefaßt werden. Damit wurde die Frage nach seiner Konstitution aufgeworfen. Während schon K. Bingold zeigen konnte, daß auch bilirubinhaltiger Harn sowie Bilirubin und Urobilin mit Wasserstoffperoxyd zu Pentdyopent abgebaut werden können, erkannten H. Fischer, H. W. Haberland und A. Müller (*98*) die Pentdyopentreaktion als eine *Gruppenreaktion*. Sie fanden sie positiv bei verschiedensten Häminen, bei Bilirubin, Mesobilirubin, Glaukobilin, Biliverdin und zahlreichen Pyrromethenen und Oxypyrromethenen nach Oxydation mit Hydroperoxyd. Auch Amino-oxy- und Diaminopyrromethene gaben nach Behandlung mit salpetriger Säure die Reaktion (*102*). Nur das Stercobilin verhielt sich negativ.

Ist schon aus diesen Untersuchungen hervorgegangen, daß dem Pentdyopent die Konstitution eines Dioxy-pyrromethens zugrunde liegen dürfte, etwa entstanden durch eine zweifache Spaltung des Hämins, so haben die Befunde von H. FISCHER und H. v. DOBENECK (*107*) einerseits und von G. MELDOLESI, W. SIEDEL und H. MÖLLER wie W. SIEDEL und H. MÖLLER (*196, 237*) anderseits weitere Aufschlüsse erbracht. Wie auf S. 127 beschrieben, wurde bei der synthetischen Darstellung des Mesobilifuscins als farblose Zwischenstufe ein Oxoprodukt (XLV) erhalten, das die Pentdyopent-reaktion gibt. Das Endprodukt der Umwandlung jedoch, das braune Mesobilifuscin, verhält sich negativ.

Von H. FISCHER und H. v. DOBENECK sind aus Ätiohämin und Pyrromethanen durch Oxydation mit Perhydrol ebenfalls farblose zweikernige Körper mit 3 Sauerstoffatomen in den $\alpha$-Stellungen bzw. an der Brückenbindung erhalten worden, die als Propentdyopent bezeichnet werden und die mit Natriumhydrosulfit intensive Rotfärbung geben. Aus menschlichen Gallensteinen konnte das Propentdyopent schließlich sogar kristallisiert erhalten werden. Durch Reduktion des Propentdyopents mit Natriumamalgam wurde endlich das der Rotstufe zugrunde liegende Produkt kristallisiert gefaßt. Es erwies sich als ein Natriumsalz, das gegen Säuren sehr empfindlich ist.

Die Propentdyopent-verbindungen stimmen in ihren Eigenschaften mit dem Oxo-mesobilifuscin überein.

Trotz dieser Einblicke, die bereits in den Mechanismus der Pentdyopentreaktion gewonnen worden sind, sind die Verhältnisse noch nicht völlig geklärt, zumal auf der einen Seite ein Dioxy-pyrromethen noch niemals kristallisiert erhalten werden konnte und auf der anderen Seite gerade das Mesobilifuscin, das ein Dioxypyrromethen ist oder ihm zumindest nahesteht, die Pentdyopentreaktion nicht gibt. Daß jedoch beim Mesobilifuscin besondere Verhältnisse vorliegen, ist schon dort beschrieben worden.

## V. Gallenfarbstoffe unbekannter Konstitution.

**1. Porphobilinogen = Chromogen.** Mit diesem Namen wird eine farblose Verbindung bezeichnet, die mit EHRLICHS Reagens eine Rotfärbung gibt, wie Urobilinogen, jedoch in Gegensatz zu diesem mit einem zweibandigen Spektrum. Sie kommt konstant bei Porphyrie vor und ist von P. SACHS (*224*), J. WALDENSTRÖM (*255*), H. KÄMMERER und W. K. MEYER (*144*), B. VAHLQUIST (*252*) untersucht worden. Von letzterem ist eine Methode der quantitativen Bestimmung ausgearbeitet worden. In neueren Untersuchungen zeigen J. WALDENSTRÖM und B. VAHLQUIST (*255a*), daß sich das Porphobilinogen beim Stehen, schneller beim Kochen in saurer Lösung in ein Gemisch von Uroporphyrin I und III verwandelt. Da das Mol.-Gew. des Porphobilinogens etwa 350 beträgt, scheint es sich um ein Gemisch zweier isomerer Dipyrryl-tetracarbonsäuren bzw. Pyrromethan-tetracarbonsäuren zu handeln.

**2. Rubrobilin.** Das Rubrobilin ist ein Oxydationsprodukt des Urobilins und erstmals von L. HEILMEYER und P. BEICKERT (*123*) beobachtet worden. Der Farbstoff, der in salzsaurer Lösung violettrot ist und ein zweibandiges Spektrum besitzt, entsteht durch Oxydation von Urobilin mit 0,3—3,0 proz. $H_2O_2$ in 12,5proz. Salzsäure. Er ist nicht lichtbeständig und wird im Gegensatz zum Pentdyopent schon von Spuren von Alkali zerstört.

**3. Biliprasin.** Es ist ein grüner, von G. STÄDELER (*243*) aus Gallensteinen dargestellter Farbstoff. Nach DASTRE und FLORESCO (*31*) soll er noch eine Zwischenstufe bei der Oxydation des Bilirubins zum Biliverdin darstellen und ist von ihnen in der Galle mehrerer Tiere gefunden worden.

**4. Bilihumin.** So nannte G. STÄDELER (*243*) den braunen, amorphen Rückstand, der nach dem Ausziehen der Gallensteine mit Chloroform, Alkohol und Äther zurückbleibt [vgl. W. KÜSTER (*153*)].

**5. Choleprasin.** Es ist ein von W. KÜSTER (*152*) aus Gallensteinen isolierter grüner Farbstoff, welcher in Eisessig löslich, aber in Alkali unlöslich ist. Er enthält auch Schwefel und gibt bei der Hydrolyse mit Salzsäure Histidin und andere Bausteine des Globins.

**6. Bilinigrin, Dehydroxy-bilirubin.** Diese sind von W. KÜSTER (*154*) bei der Einwirkung von Ferrichlorid auf eine Suspension von Bilirubin in Eisessig erhalten worden. Es scheint Sauerstoff ins Molekül aufgenommen worden zu sein.

**7. Kopronigrin.** Diese Substanz ist von C. J. WATSON (*256, 257*) regelmäßig in menschlichen Fäzes in relativ großen Mengen gefunden worden. Sie ist amorph, fällt in Form ihres Zinkkomplexsalzes quantitativ aus und ist mit Zink-Eisessig wie mit Natriumamalgam zu einer Leukoverbindung zu reduzieren, die allerdings keine EHRLICHsche Reaktion gibt. Die Analyse spricht für das Vorliegen einer Verbindung eines Gallenfarbstoffs mit einer stickstoff-freien Substanz. Nach neueren Untersuchungen nimmt WATSON an, daß das Kopronigrin ein Oxydationsprodukt des Urobilinogens bzw. Urobilins ist.

**8. Urochrom B.** Nach A. GITTER und L. HEILMEYER (*111*) stammt der mit Ammoniumsulfat fällbare Bestandteil der Harnfarbstoffe, das Urochrom B, vom Hämoglobin ab. Injektion von Hämoglobinlösungen hat eine Vermehrung von Urochrom B zur Folge [vgl. auch R. NOTHHAAS und F. WIDENBAUER (*207, 208*)], ebenso durch Phenylhydrazin bewirkte Hämoglobin-ausschwemmung (*210*). Nach L. HEILMEYER (*117*) enthält das Urochrom B eine geringe Menge Uroerythrin [vgl. M. WEISS (*267, 268*)]. Aber auch diese Substanz ist so wenig wie Urochrom chemisch exakt definiert. Sie ist instabil am Licht und findet sich nicht in den Fäzes. In Fällen von hämolytischem Ikterus ist sie vermehrt gefunden worden.

**9. Xanthorubin.** E. ENDERLEN, S. J. THANNHAUSER und M. JENKE (*42*) fanden (vgl. S. 83, 129), daß das Serum der Hunde, denen nach F. C. MANN und T. B. MAGATH (*187*) die Leber exstirpiert war, auffallend gelbrot gefärbt war, jedoch den vermuteten hohen Gehalt an Bilirubin nicht aufwies. Gleichzeitig beobachteten E. MELCHIOR, F. ROSENTHAL und H. LICHT (*195, 219*), daß dieser Farbstoff die Diazoreaktion nicht gibt. Einen ähnlichen Farbstoff beschreiben auch Z. ERNST und E. HALLAY (*47*) bei ihren Untersuchungen über die fermentative Gallenfarbstoffbildung, und zwar bei Einwirkung von Milzextrakt auf Blut bei 37°. Ein klinischer Hinweis auf das Xanthorubin ist von A. SCHALLY (*228*) gegeben worden. Hier hergehören auch die Versuche von A. HELD (*128*) über die experimentelle Beeinflussung des Bilirubinstoffwechsels des Hundes. Aus diesen Experimenten geht hervor, daß auch das reticulo-endotheliale System diesen Farbstoff bilden kann.

## Literaturverzeichnis.

*Zusammenfassende Abhandlungen und Literaturzusammenstellungen über die Chemie und Physiologie der Gallenfarbstoffe.*


I. FISCHER, H.: Über Blut- und Gallenfarbstoff. Erg. Physiol. **15**, 185 (1916).

II. KÜSTER, W.: Gallenfarbstoffe und Abbauprodukte des Bilirubins. Handbuch der biologischen Arbeitsmethoden von E. ABDERHALDEN, Abt. I. Chem. Methoden, Teil 8, H. 2, S. 321. 1921.

III. FISCHER, H.: Farbstoffe mit Pyrrolkernen. II. Gallenfarbstoffe. Handbuch der Biochemie des Menschen und der Tiere (OPPENHEIMER), 2. Aufl., Bd. 1, S. 369. Jena, 1924.

IV. — u. A. TREIBS: Farbstoffe mit Pyrrolkernen. III. Über Bilirubin. Handbuch der Biochemie des Menschen und der Tiere (OPPENHEIMER), 2. Aufl., Erg.-Bd., S. 100. Jena, 1930.

V. — Über Bilirubin und bilirubinoide Farbstoffe. Handbuch der Biochemie des Menschen und der Tiere (OPPENHEIMER), 2. Aufl., Erg.-Werk, Bd. 1, S. 254. Jena, 1933.

VI. MAURER, H.: Gallenfarbstoffe. Biochemisches Handlexikon (herausgegeben von E. ABDERHALDEN), Bd. XIV, 7. Erg.-Bd. Berlin, 1933.

VII. FISCHER, H. u. H. ORTH: Der Gallenfarbstoff und seine Abkömmlinge sowie synthetische Bilirubinoide. Die Chemie des Pyrrols. Pyrrolfarbstoffe, II. Bd., 1. Hälfte, S. 621. 1937.

VIII. WATSON, C. J.: The pyrrol pigments, with particular reference to normal and pathologic hemoglobin metabolism. DOWNEY's Handbook of Hematology, Section XXXV, p. 2447. 1938.


*Originalarbeiten.*


*1.* ADLER, A.: Über Verhalten und Wirkung von Gallensäuren im Organismus. Eine experimentelle und klinische Studie. Z. ges. exp. Med. **46**, 371 (1925).

*2.* — Zur Theorie der Urobilinogenie. Klin. Wschr. **1**, 2505 (1922).

*3.* ANDERSON, A. B. u. P. D. A. HART: Viridanswirkung von Streptokokken und Erzeugung des grünen Pigments aus Hämoglobin durch reduzierende Systeme. J. Path. a. Bacter. **39**, 465 (1934).

*4.* ASCHER, L. u. G. EBNÖTH: Beiträge zur Physiologie der Drüsen. Das Zusammenwirken von Leber und Milz. Biochem. Z. **72**, 416 (1916).

5. Aschoff, L.: Das retikulo-endotheliale System und seine Beziehungen zur Gallenfarbstoffbildung. Münch. med. Wschr. **69**, 1352 (1922).
6. — Über Gallenfarbstoffbildung und Gelbsucht. Klin. Wschr. **11**, 1620 (1932).
7. Barkan, G. u. O. Schales: Bildungsmöglichkeiten und Eigenschaften der Pseudohämoglobine. Z. physiol. Chem. **253**, 83 (1938).
8. — — Chemischer Aufbau und physiologische Bedeutung des „leicht abspaltbaren" Bluteisens. Z. physiol. Chem. **248**, 96 (1937).
9. — — Die grünen Derivate des Hämoglobins und die Pseudohämoglobine. Naturwiss. **25**, 667 (1937).
10. — Blutfarbstoff, Eisen, Gallenfarbstoff. Klin. Wschr. **16**, 1265 (1937).
11. — „Leicht abspaltbares" Bluteisen und Blutfarbstoff. Klin. Wschr. **11**, 1050 (1932).
12. — Eisenstudien. Über das „leicht abspaltbare" Bluteisen und sein Verhältnis zum Hämoglobin. Z. physiol. Chem. **171**, 179 (1927).
13. Barrenscheen, H. K. u. O. Weltmann: Über fluoreszierende Oxydationsprodukte des Bilirubins und deren Bedeutung als Fehlerquelle bei dem üblichen Urobilinnachweis. Biochem. Z. **140**, 273 (1923).
14. Bennhold, H.: Erg. inn. Med. **42**, 273 (1932).
15. Bingold, K.: Die Niere als blutzerstörendes Organ. Klin. Wschr **12**, 1201 (1933).
16. — Zur Frage nach dem Schicksal des Hämoglobins im Organismus. Klin. Wschr. **13**, 1451 (1934).
17. — Weitere Untersuchungen zur Formulierung eines biologisch-chemischen Blutkreislaufes. Klin. Wschr. **14**, 1287 (1935).
18. — Über die Bedeutung von Katalase und Hydroperoxyd für den Blutstoffwechsel. Dtsch. Arch. klin. Med. **177**, 230 (1935).
19. — Über das Schicksal des überalterten Blutfarbstoffs im Organismus. Dtsch. Arch. klin. Med. **99**, 325 (1936).
20. — Neue Wege zur Auffindung des physiologischen Blutfarbstoffabbaus. Naturwiss. **26**, 656 (1938).
21. — Eigenschaften und physiologische Bedeutung des Pentdyopents. Klin. Wschr. **17**, 289 (1938).
22. Biró, St.: Beitrag zur Kenntnis der Umwandlung des Urobilinogens in Urobilin. Biochem. Z. **149**, 459 (1924).
23. Breschet, G.: Ann. Sci. Nat. **19**, 379 (1830).
24. Brugsch, Th. u. Yoshimoto: Zur Frage der Gallenfarbstoffbildung aus Blut. Z. exper. Path. u. Ther. **8**, 639 (1911).
25. — u. K. Kawashima: Der Einfluß von Hämatoporphyrin, Hämin und Urobilin auf die Gallenfarbstoffbildung. Z. exper. Path. u. Ther. **8**, 645 (1911).
26. — u. K. Retzlaff: Blutzerfall, Galle und Urobilin. Zur Frage der Gallenfarbstoffbildung aus Blut. Z. exper. Path. u. Ther. **9**, 508 (1912).
27. — u. E. Pollak: Über die Umwandlung von Blutfarbstoff in Gallenfarbstoff. Biochem. Z. **147**, 253 (1924).
28. Calvo-Criado, V.: Untersuchungen über den Hämoglobinabbau durch Gewebsextrakte. Biochem. Z. **164**, 61 (1925).
29. Charnas, D.: Über die Darstellung, das Verhalten und die quantitative Bestimmung des reinen Urobilins und Urobilinogens. Biochem. Z. **20**, 401 (1909).
30. Czike, A. v.: Über Gallenfarbstoffbildung in vitro. Dtsch. Arch. klin. Med. **164**, 236 (1929).
31. A. Dastre u. N. Floresco: Nouveaux pigments biliaires. C. R. Acad. Sciences **125**, 581 (1897); Chem. Zbl. **1897 II**, 1055.

32. DHÉRÉ, CH.: Nachweis der biologisch wichtigen Körper durch Fluoreszenz und Fluoreszenzspektren. Handbuch der biologischen Arbeitsmethoden (E. ABDERHALDEN), Abt. II, Teil 3, S. 3097, 3270. 1933; Fortschr. Chem. organ. Naturstoffe **2**, 301 (1939).
33. DHÉRÉ, CH. et J. ROCHE: Sur la fluorescence et spécialement les spectres de fluorescence des pigments de groupe de l'urobiline. C. R. Acad. Sciences **193**, 673 (1931).
34. DINELLI, D.: Färbende Substanzen der Eierschale des Kasuars. Atti R. Accad. naz. Lincei, Rend. **22**, 404 (1935).
35. DISQUÉ, L.: Über Urobilin. Z. physiol. Chem. **2**, 259 (1878/79).
36. DOLJANSKI, L. u. O. KOCH: Der Blutfarbstoff und die lebende Zelle. I. Über den Hämoglobinabbau in Gewebskulturen. Virchows Arch. **291**, 379 (1933).
37 DUESBERG, R.: Über die biologischen Beziehungen des Hämoglobins zu Bilirubin und Hämatin bei normalen und pathologischen Zuständen des Menschen. Naunyn-Schmiedebergs Arch. exp. Pathol. Pharmakol. **174**, 305 (1934).
38. EDLBACHER, S. u. A. v. SEGESSER: Über ein grünes Derivat des Hämoglobins. Naturwiss. **25**, 461 (1937).
39. — — Über ein grünes Derivat des Hämoglobins. Naturwiss. **25**, 557 (1937); vgl. auch **25**, 667 (1937).
40. EISTERT, B.: Tautomerie und Mesomerie. Stuttgart, 1938.
41. EHRLICH, P.: Sulfodiazobenzol als Reagens auf Bilirubin. Z. analyt. Chem. **23**, 275 (1884).
42. ENDERLEN, E., S. J. THANNHAUSER u. M. JENKE: Die Einwirkung der Leberexstirpation bei Hunden auf den Cholesterinstoffwechsel. Naunyn-Schmiedebergs Arch. exp. Pathol. Pharmakol. **120**, 16 (1927).
43. ENGEL, M.: Die plasmatische Bilirubinbildung. Diss. Univ. Zürich, 1935.
44. — Eine Methode zur quantitativen Bestimmung des Bilirubins im Vollblut und im hämoglobinhaltigen Plasma und Serum. Z. physiol. Chem. **259**, 75 (1939).
45. EPPINGER, H. u. D. CHARNAS: Was lehren uns quantitative Urobilinbestimmungen im Stuhl? Z. Klin. Med. **78**, 387 (1913).
46. — Die hepato-linealen Erkrankungen. Berlin: Julius Springer, 1920.
47. ERNST, Z. u. E. HALLAY: Zur Frage der Bilirubinbildung durch Fermente und Bakterien. Z. ges. exp. Med. **78**, 325 (1931).
48. FELIX, K. u. H. MOEBUS: Das Verhalten von Urobilinogen in der Leber. Z. physiol. Chem. **236**, 230 (1935).
49. FISCHER, H.: Zur Kenntnis der Gallenfarbstoffe. Z. physiol. Chem. **73**, 204 (1911).
50. — u. F. MEYER-BETZ: Zur Kenntnis der Gallenfarbstoffe. Über das Urobilinogen des Urins und das Wesen der EHRLICHschen Aldehydreaktion. Z. physiol. Chem. **75**, 232 (1911).
51. — u. P. MEYER: Zur Kenntnis der Gallenfarbstoffe. Z. physiol. Chem. **75**, 339 (1911).
52. — u. H. RÖSE: Zur Kenntnis der Gallenfarbstoffe. Z. physiol. Chem. **82**, 391 (1912).
53. — — Über Bilirubinsäure, ein neues Bilirubinabbauprodukt. Ber. dtsch. chem. Ges. **45**, 1579 (1912).
54. — u. E. BARTHOLOMÄUS: Die Lösung der Hämopyrrolfrage. Ber. dtsch. chem. Ges. **45**, 1979 (1912).
55. — Über einen einfachen (spektroskopischen) Nachweis des Hemibilirubins im pathologischen Harn. Münch. med. Wschr. **59**, 2555 (1912).
56. — u. E. BARTHOLOMÄUS: Experimentelle Studien über die Konstitution des Blut- und Gallenfarbstoffs. I. Mitteilung. Z. physiol. Chem. **83**, 50 (1913).

57. Fischer, H. u. H. Röse: Einwirkung von Natriummethylat auf Bilirubinsäure, Bilirubin und Hemibilirubin. Ber. dtsch. chem. Ges. **46**, 439 (1913).
58. — — Über den Abbau des Bilirubins und der Bilirubinsäure. Ber. dtsch. chem. Ges. **46**, 3274 (1913).
59. — u. E. Bartholomäus: Experimentelle Studien über die Konstitution des Blut- und Gallenfarbstoffs. II. Mitteilung. Z. physiol. Chem. **87**, 255 (1913).
60. — u. H. Röse: Über die Konstitution der Bilirubinsäure und des Bilirubins. Z. physiol. Chem. **89**, 255 (1914).
61. — — Die Gewinnung der Isophonopyrrolcarbonsäure aus Hämin und eine neue Isolierungsmethode der sauren Spaltprodukte des Hämins und Bilirubins. Ber. dtsch. chem. Ges. **47**, 791 (1914).
62. — Über Mesobilirubin. Ber. dtsch. chem. Ges. **47**, 2330 (1914).
63. — Zur Kenntnis des Gallenfarbstoffs. Über Mesobilirubin und Mesobilirubinogen. Z. Biol. **65** (n. F. 47), 163 (1914).
64. — u. H. Röse: Über die Destillation einiger Pyrrolcarbonsäuren. Z. physiol. Chem. **91**, 184 (1914).
65. — Zur Kenntnis des Bilirubins. Z. physiol. Chem. **95**, 78 (1915).
66. — Zur Kenntnis des Phylloerythrins (Bilipurpurins). Z. physiol. Chem. **96**, 292 (1916).
67. — u. H. Barrenscheen: Über Azofarbstoffe des Bilirubins. Z. physiol. Chem. **115**, 94 (1921).
68. — u. F. Reindel: Über Hämatoidin. Z. physiol. Chem. **127**, 299 (1923).
69. — u. G. Niemann: Zur Kenntnis des Gallenfarbstoffs. Z. physiol. Chem. **127**, 315 (1923).
70. — u. E. Loy: Synthetische Versuche über die Konstitution des Gallenfarbstoffs. I. Z. physiol. Chem. **128**, 59 (1923).
71. — u. F. Kögl: Zur Kenntnis der natürlichen Porphyrine. IV. Über das Ooporphyrin. Z. physiol. Chem. **131**, 241 (1923).
72. — u. J. Müller: Synthetische Versuche über die Konstitution des Gallenfarbstoffs. II. Z. physiol. Chem. **132**, 72 (1924).
73. — u. G. Niemann: Zur Kenntnis des Gallenfarbstoffs. Z. physiol. Chem. **137**, 293 (1924).
74. — u. F. Lindner: Zur Kenntnis der natürlichen Porphyrine. XVI. Mitteilung. Über Kämmerers Porphyrin. Z. physiol. Chem. **145**, 202 (1925).
75. — u. G. Niemann: Zur Kenntnis des Gallenfarbstoffs. Z. physiol. Chem. **146**, 196 (1925).
76. — u. F. Lindner: Über den Umbau des Blutfarbstoffs durch Hefe. Z. physiol. Chem. **153**, 54 (1926).
77. — — Zur Kenntnis der Gallenfarbstoffe. X. Überführung von Gallenfarbstoff und Bilirubinsäure in Mesoporphyrin. Gewinnung von Hämopyrrol aus Mesobilirubinogen. Z. physiol. Chem. **161**, 1 (1926).
78. — u. G. Stangler: Synthese des Mesoporphyrins, Mesohämins und über die Konstitution des Hämins. Liebigs Ann. Chem. **459**, 53 (1927).
79. — u. K. Zeile: Synthese des Hämatoporphyrins, Protoporphyrins und Hämins. Liebigs Ann. Chem. **468**, 98 (1928).
80. — u. H. Berg: Synthesen weiterer Pyrroporphyrine. Liebigs Ann. Chem. **482**, 189 (1930).
81. — u. R. Hess: Über Neoxanthobilirubinsäure und Partialsynthese des Mesobilirubins und Mesobilirubinogens (Urobilinogens). Z. physiol. Chem. **194**, 193 (1931).
82. — u. W. Fröwis: Synthese von Oxypyrromethenen und über einige Derivate des Koproporphyrins. Z. physiol. Chem. **195**, 49 (1931).

83. FISCHER, H. u. A. KÜRZINGER: Über bilirubinoide Farbstoffe und über Koproporphyrin. IV. Z. physiol. Chem. **196**, 226 (1931).
84. — u. E. ADLER: Synthese der Bilirubin- und Xanthobilirubinsäure und ihrer Isomeren sowie Synthese von Tripyrranen und bilirubinoiden Farbstoffen. Z. physiol. Chem. **197**, 237 (1931).
85. — — Synthese des Mesobilirubinogens und der Neobilirubinsäure, eines Mesobilirubins und einer Neoxanthobilirubinsäure sowie von (1,8)-Dioxytripyrrenen. Z. physiol. Chem. **200**, 209 (1931).
86. — — Über Ätiomesobilirubin und das Wesen der GMELINschen Reaktion. Z. physiol. Chem. **206**, 187 (1932).
87. — H. BAUMGARTNER u. R. HESS: Über Ferro- und Glaukobilin. Z. physiol. Chem. **206**, 201 (1932).
88. — u. E. ADLER: Synthese eines Koprobilirubins und Vorarbeiten zur Bilirubinsynthese. Z. physiol. Chem. **210**, 139 (1932).
89. — T. YOSHIOKA u. P. HARTMANN: Synthese des 2,4-Dimethyl-3-äthyl-5-oxypyrrols sowie Synthese der Xanthobilirubinsäure. Z. physiol. Chem. **212**, 146 (1932).
90. — u. H. BAUMGARTNER: Über Dihydromesobilirubin. Z. physiol. Chem. **216**, 260 (1933).
91. — u. P. HARTMANN: Synthese des Oxyhämopyrrols, der Isoneo-, der Isoxanthobilirubinsäure und über den Kryptopyrroläther. Z. physiol. Chem. **226**, 116 (1934).
92. — u. J. ASCHENBRENNER: Neue Synthese von Methoxypyrromethenen und bilirubinoiden Farbstoffen. Z. physiol. Chem. **229**, 71 (1934).
93. — u. G. FRIES: Synthese von Acetylpyrromethenen und -bilirubinoiden. Z. physiol. Chem. **231**, 231 (1935).
94. — u. H. W. HABERLAND: Über die Konstitution des Bilirubins sowie die seiner Azofarbstoffe und die GMELINsche Reaktion. Z. physiol. Chem. **232**, 236 (1935).
95. — H. HALBACH u. A. STERN: Über Stercobilin und seine optische Aktivität. Liebigs Ann. Chem. **519**, 254 (1935).
96. — — Über die Konstitution des Stercobilins. Z. physiol. Chem. **238**, 59 (1936).
97. — u. J. ASCHENBRENNER: Synthese des Oktamethylbilirubins. Z. physiol. Chem. **245**, 107 (1937).
98. — u. A. MÜLLER: Über die Pentdyopentreaktion. Z. physiol. Chem. **246**, 43 (1937).
99. — u. K. HERRLE: Einwirkung von Licht auf Porphyrine. I. Überführung von Ätioporphyrin I in bilirubinoide Farbstoffe. Z. physiol. Chem. **251**, 85 (1938). Vgl. auch H. FISCHER u. M. DÜRR: Liebigs Ann. Chem. **501**, 107 (1933).
100. — u. H. LIBOWITZKY: Überführung von Koprohämin I in Koproglaukobilin. Z. physiol. Chem. **251**, 198 (1938).
101. — u. H. HÖFELMANN: Über Pyrroline, Opsopyrrolaldehyd und eine neue Synthese der Iso-neoxanthobilirubinsäure. Z. physiol. Chem. **251**, 187 (1938).
102. — H. REINECKE u. H. LICHTENWALD: Über Oxyamino-pyrromethene, ein Beitrag zur Kenntnis der Pentdyopentreaktion. Z. physiol. Chem. **257**, 190 (1939).
103. — — Synthese zweier vinyl-substituierter Bilirubinoide. Z. physiol. Chem. **258**, 9 (1939).
104. — u. A. STACHEL: Über Dimethoxy-dipyrromethene und Dihalogen-dipyrromethene und ihre Umsetzungen. Z. physiol. Chem. **258**, 121 (1939).

105. FISCHER, H. u. H. REINECKE: Über Nitrovinyl-oxy-pyrromethene und urobilinoide Farbstoffe. Z. physiol. Chem. **258**, 243 (1939).

106. — u. H. LIBOWITZKY: Zur Kenntnis des Stercobilins. Z. physiol. Chem. **258**, 255 (1939).

107. — u. H. v. DOBENECK: unveröffentlicht.

108. FISCHLER, F.: Physiologie und Pathologie der Leber. Berlin, 1925.

109. — u. F. OTTENSOOSER: Zur Theorie der Urobilinentstehung. Ein Beitrag zur extraintestinalen Genese der Urobilinurie. Dtsch. Arch. klin. Med. **146**, 305 (1925).

110. GARROD, A. and F. HOPKINS: On urobilin. I. The unity of urobilin. J. Physiol. **20**, 112 (1896).

111. GITTER, A. u. L. HEILMEYER: Klinische Farbmessungen. XI. Der Einfluß parenteraler Gaben von Hämoglobin und Hämoglobinabbauprodukten auf den Blutfarbstoffwechsel mit besonderer Berücksichtigung der Harnfarbstoffausscheidung. Z. ges. exp. Med. **77**, 597 (1931).

112. HALBACH, H.: Über Stercobilin und Urobilin-IX,α. Erg. inn. Med. **55**, 1 (1938).

113. HANSEN, R.: Bilanz der Blutmauserung in der Schwangerschaft. Klin. Wschr. **17**, 521 (1938).

114. HAYCRAFT, J. B. u. H. SCOFIELD: Beitrag zur Farbenlehre der Galle. Z. physiol. Chem. **14**, 173 (1890).

115. HEILMEYER, L.: Die spektrophotometrische Bestimmung des Urobilins und Urobilinogens mit besonderer Berücksichtigung der TERWENschen Methode, zugleich eine Kritik der quantitativen Urobilinbestimmung überhaupt. Z. ges. exp. Med. **76**, 220 (1931).

116. — Die quantitative Bestimmung des Urobilins und Urobilinogens mit dem ZEISSschen Stufenphotometer. Biochem. Z. **231**, 393 (1931).

117. — Blutfarbstoffwechselstudien. I. Mitteilung. Probleme, Methoden und Kritik der WHIPPLEschen Theorie. Dtsch. Arch. klin. Med. **171**, 121 (1931).

118. — u. W. OETZEL: Blutfarbstoffwechselstudien. II. Mitteilung. Ergebnisse bei Gesunden. Diätversuche. Der Blutfarbstoffwechsel im Hunger. Dtsch. Arch. klin. Med. **171**, 365 (1931).

119. — Blutfarbstoffwechselstudien. III. Mitteilung. Blutmauserung und Leberfunktion beim Morbus Basedow. Dtsch. Arch. klin. Med. **171**, 515 (1931).

120. — Blutfarbstoffwechselstudien. IV. Mitteilung. Die Blutfarbstoffwechselregulation bei der akuten und chronischen Blutungsanämie sowie bei einigen sekundären Anämien anderer Genese. Dtsch. Arch. klin. Med. **172**, 341 (1931).

121. — Blutfarbstoffwechselstudien. V. Mitteilung. Der Farbstoffwechsel beim hämolytischen Ikterus und einigen hämolytischen Anämien verschiedener Genese. Wirkungen des Leberstoffs und perorale Milzverabreichung. Dtsch. Arch. klin. Med. **172**, 628 (1932).

122. — u. W. KREBS: Über kristallisiertes Urobilin. I. Kristallisiertes Stercobilin und sein Absorptionsspektrum. Z. physiol. Chem. **228**, 33 (1934).

123. — u. P. BEICKERT: Über ein Oxydationsprodukt des Urobilins. Z. physiol. Chem. **244**, 99 (1936).

124. — u. W. OHLIG: Über Urobilin im Blut. Klin. Wschr. **15**, 1124 (1936).

125. — Über eine Reaktion des Bilirubins mit konz. Salzsäure und ihre Anwendung zur Bilirubinbestimmung im Blutserum. Biochem. Z. **296**, 383 (1938).

126. — u. R. WESTHAUSER: Z. klin. Med. **121**, 378 (1932).

127. HEINTZ, W.: Über den in den Gallensteinen enthaltenen Farbstoff. Poggendorfs Ann. **84**, 106 (1851).

128. HELD, A.: Über experimentelle Beeinflussung des Bilirubinstoffwechsels. Klin. Wschr. **12**, 365 (1933).

129. HEYNSIUS u. CAMPBELL: Pflügers Arch. ges. Physiol. **4**, 520 (1871).

130. HYMANS VAN DEN BERGH, A. A.: Der Gallenfarbstoff im Blut. Leipzig, 1918.

131. — u. P. MÜLLER: Über eine direkte und eine indirekte Diazoreaktion auf Bilirubin. Biochem. Z. **77**, 90 (1916).

132. HOESCH, K.: Zur Urobilinogenurie. Biochem. Z. **167**, 107 (1925).

133. HOPKINS, F. and A. GARROD: On urobilin. II. The percentage composition of urobilin. J. Physiol. **22**, 451 (1897).

134. HOPPE-SEYLER, F.: Einfache Darstellung von Harnfarbstoff aus Blutfarbstoff. Ber. dtsch. chem. Ges. **7**, 1065 (1874).

135. HULST, L. A. u. W. GROTEPASS: Über das Pentdyopent von BINGOLD. Klin. Wschr. **15**, 201 (1936).

136. JAFFÉ, M.: Die Lehre von der Eigenschaft und der Abstammung der Harnpigmente. Virchows Arch. **47**, 405 (1869).

137. — Über das Vorkommen von Urobilin im Darminhalt. Zbl. med. Wiss. (1871).

138. — Beitrag zur Kenntnis der Gallen- und Harnpigmente. Zbl. med. Wiss. **6**, 243 (1868); J. prakt. Chem. **104**, 401 (1869). Über die Fluoreszenz des Harnfarbstoffs. Zbl. med. Wiss. **7**, 177 (1869).

139. JENDRASSIK, L. u. M. RÉBAY-SZABÓ: Über die Messung einer braunen Diazoreaktion im Blutserum. Biochem. Z. **294**, 293 (1937).

140. — u. P. GRÓF: Verfahren zur photometrischen Bestimmung des Bilirubins im Harn. Biochem. Z. **296**, 71 (1938).

141. — — Vereinfachte photometrische Methoden zur Bestimmung des Blutbilirubins. Biochem. Z. **297**, 81 (1938).

142. JONES, CH. M. and B. B. JONES: Arch. int. Med. **29**, 669 (1922).

143. KÄMMERER, H. u. K. MILLER: Zur enterogenen Urobilinbildung. Dtsch. Arch. klin. Med. **141**, 318 (1923).

144. — u. W. KL. MEYER: Über abdominale idiopathische Porphyrie. Dtsch. Arch. klin. Med. **179**, 392 (1936).

145. KARRER, P., H. V. EULER u. H. HELLSTRÖM: Zur Kenntnis des C-Vitamins. Ark. Kem. Mineral. Geol., Ser. B **11**, Nr. 5, 6 (1933).

146. KLEIN, G.: Handbuch der Pflanzenanalyse, Spezielle Analyse, II. Teil, Organ. Stoffe, Bd. 2, S. 1396. Wien: Julius Springer, 1932.

147. KUNZ, K.: Wasserstoffbindung in organischen Verbindungen. Angew. Chem. **52**, 436 (1939).

148. KÜSTER, W.: Über ein Spaltungsprodukt des Gallenfarbstoffs, die Biliverdinsäure. Ber. dtsch. chem. Ges. **30**, 1831 (1897).

149. — Beiträge zur Kenntnis der Gallenfarbstoffe. II. Z. physiol. Chem. **26**, 314 (1898).

150. — Über den Blut- und Gallenfarbstoff. Ber. dtsch. chem. Ges. **32**, 677 (1899).

151. — Beiträge zur Kenntnis der Gallenfarbstoffe. III. Ber. dtsch. chem. Ges. **35**, 1268 (1902).

152. — Beiträge zur Kenntnis der Gallenfarbstoffe. Z. physiol. Chem. **47**, 294 (1906).

153. — Beiträge zur Kenntnis der Gallenfarbstoffe. Über Bilirubin, Biliverdin und ihre Spaltungsprodukte. Z. physiol. Chem. **59**, 63 (1909).

154. — K. REIHLING u. R. SCHMIEDEL: Beiträge zur Kenntnis der Gallenfarbstoffe. VII. Über die Einwirkung von Eisenchlorid auf Bilirubin und über die Aufarbeitung von Gallensteinen. Z. physiol. Chem. **91**, 58 (1914).

155. — Beiträge zur Kenntnis der Gallenfarbstoffe. VIII. Über das Bilirubin. Z. physiol. Chem. **94**, 136 (1915).

156. — Über das Bilirubinammonium und über Modifikationen des Bilirubins. X. Z. physiol. Chem. **99**, 87 (1917).

157. Küster, W.: Beiträge zur Kenntnis der Gallenfarbstoffe. XI. Über die Aufarbeitung von Rindergallensteinen, die Gewinnung und Reinigung des Bilirubins. Z. physiol. Chem. **121**, 80 (1922).
158. — Über den Bilirubinester. Z. physiol. Chem. **141**, 40 (1924).
159. — u. R. Haas: Über die Aufarbeitung von Rindergallensteinen. Z. physiol. Chem. **141**, 279 (1924).
160. Lemberg, R.: Die Chromoproteide der Rotalgen. I. Liebigs Ann. Chem. **461**, 46 (1928).
161. — Die Chromoproteide der Rotalgen. II. Spaltung mit Pepsin und Säuren, Isolierung eines Pyrrolfarbstoffs. Liebigs Ann. Chem. **477**, 195 (1930).
162. — Über Oocyan. Liebigs Ann. Chem. **488**, 74 (1931).
163. — and J. Barcroft: Uteroverdin, the green pigment of the dog's placenta. Proc. Roy. Soc. London (B) **110**, 361 (1932).
164. — Über Dehydrobilirubin. Liebigs Ann. Chem. **499**, 25 (1932).
165. — u. G. Bader: Überführung der Rotalgenfarbstoffe in Mesobilirubin und Mesodehydrobilirubin. Naturwiss. **21**, 206 (1933).
166. — Die Phycobiline der Rotalgen, Überführung in Mesobilirubin und Dehydromesobilirubin. Liebigs Ann. Chem. **505**, 151 (1933).
167. — Bile Pigments. VI. Biliverdin, Uteroverdin and Oocyan. Biochemical J. **28**, 978 (1934).
168. — Urobilin and related pigments. J. Soc. chem. Ind. **53**, 179 (1934).
169. — On the Gmelin's Reaktion. J. Soc. chem. Ind. **53**, 1024 (1934).
170. — Urobilinogen. Nature (London) **134**, 422 (1934).
170a. — W. H. Lockwood. and R. A. Windham: Urobilins and Urobilinogens. Austral. J. Biol. **16**, 169 (1938).
171. — Transformation of Haemins into Bile-Pigments. Biochemical J. **29**, 1322 (1935).
172. — and R. A. Wyndham: Some observations on the occurrence of Bile-Pigment—Haemochromogenes in nature and on their formations from Haematin and Haemoglobin. J. Proc. Roy. Soc. New South Wales **70**, 343 (1937).
173. — The Disintegration of Haemoglobin in the Animal Body in Perspectives in Biochemistry. Cambridge: University Press, 1937.
174. — B. Cortis-Jones, and M. Norrie: Coupled oxydation of Ascorbic acid and Haemochromogenes. Nature (London) **139**, 1016 (1937).
175. — — — Chemical Mechanism of the Oxydation of Protohaematin to Verdohaematin. Biochemical J. **32**, 170 (1938); vgl. auch Nature (London) **140**, 65 (1937).
176. — J. W. Legge, and W. H. Lockwood: A Haemoglobin from Bile Pigment. Nature (London) **142**, 168 (1938).
177. — — — Coupled oxydation of Ascorbic acid and Haemoglobin. Biochemical J. **33**, 754 (1939).
178. le Nobel, C.: Über die Einwirkung von Reduktionsmitteln auf Hämatin und das Vorkommen der Reduktionsprodukte im pathologischen Harn. Pflügers Arch. ges. Physiol. **40**, 501 (1887).
179. Lepehne, G.: a) Münch. med. Wschr. **66**, 619 (1919). b) Gallenfarbstoff im Blutserum des Menschen. Dtsch. Arch. klin. Med. **132**, 96 (1920). c) Das Problem der Gallenfarbstoffbildung innerhalb und außerhalb der Leber. Fol. haemat. **39**, 277 (1930).
180. Libowitzky, H. u. H. Fischer: Über Iso-oxy-koproporphyrin-I-ester. Z. physiol. Chem. **255**, 209 (1938).
181. Liebermann, C.: Über die Färbungen der Vogeleierschalen. Ber. dtsch. chem. Ges. **11**, 606 (1878).
182. Loebisch, W. F. u. M. Fischler: Über einen neuen Farbstoff in der Rindergalle. Mh. Chem. **24**, 353 (1903).

183. LONDON, E. S. u. L. J. KRYZANOWSKAYA: Der Ort der Bilirubinbildung nach Versuchen an angiostomierten Hunden. Z. physiol. Chem. **227**, 229 (1934).
184. MALY, R.: Künstliche Umwandlung von Bilirubin in Harnfarbstoff. Liebigs Ann. Chem. **161**, 368 (1872).
185. — Untersuchungen über die Gallenfarbstoffe. Liebigs Ann. Chem. **163**, 77 (1872).
186. — Untersuchungen über die Gallenfarbstoffe. Liebigs Ann. Chem. **175**, 76 (1874).
187. MANN, F. C. u. T. B. MAGATH: Erg. Physiol. **23**, 212 (1930).
188. — The formation of bile pigment from hemoglobin. Amer. J. Physiol. **76**, 306 (1926).
189. — Studies on the physiology of the liver. Amer. J. Physiol. **77**, 219 (1926).
190. MARCHLEWSKI, L.: Über den Ursprung des Cholehämatins (Bilipurpurins). Z. physiol. Chem. **45**, 466 (1905).
191. — Über die Umwandlung des Phyllocyanins in Hämopyrrol und Urobilin. Ber. dtsch. chem. Ges. **34**, 1687 (1901).
192. MCMASTER, P. O. and R. ELMAN: Studies on urobilin physiology and pathology. III. J. exp. Medicine **41**, 719 (1925); IV. J. exp. Medicine **43**, 753 (1926).
193. MCNEE, J. W.: Gibt es einen echten hämatogenen Ikterus? Med. Klin. **9**, 1125 (1913).
194. — and B. PRUSIK: J. Path. a. Bacter. **27**, 95 (1924).
195. MELCHIOR, E., F. ROSENTHAL u. H. LICHT: Untersuchungen am leberlosen Säugetier. I. Die Bedeutung der Leber für die Gallenfarbstoffbildung beim Säugetier. Naunyn-Schmiedebergs Arch. exp. Pathol. Pharmakol. **107**, 238 (1925).
196. MELDOLESI, G., W. SIEDEL u. H. MÖLLER: Über Myobilin. Z. physiol. Chem. **259**, 137 (1939).
197. MEYER-BETZ, FR.: Die Lehre vom Urobilin. Erg. inn. Med. **12**, 733 (1913).
198. MINKOWSKI, O. u. B. NAUNYN: Über den Ikterus durch Polycholie und die Vorgänge in der Leber bei demselben. Naunyn-Schmiedebergs Arch. exp. Path. Pharmakol. **21**, 1, 41 (1886).
199. MÜLLER, A.: Chemische Studien am ikterischen Harn. I. Z. physiol. Chem. **251**, 1 (1938).
200. — Chemische Studien am ikterischen Harn. II. Klin. Wschr. **18**, 235 (1939).
201. — Chemische Studien am ikterischen Harn. III. Zur Natur der grünen Farbreaktion des Harnes mit p-Dimethylaminobenzaldehyd. Z. physiol. Chem. **256**, 95 (1938).
202. MÜLLER, FR. v.: Untersuchungen über Ikterus. Z. Klin. Med. **12**, 45 (1887).
203. — Über Ikterus. Jber. schles. Ges. vaterl. Kultur, Med. Sektion 1. Breslau, 1892.
204. NEUBAUER, O.: Über die Bedeutung der neuen EHRLICHschen Farbreaktion (Dimethylaminobenzaldehyd). Münch. med. Wschr. **42**, 1846 (1903).
205. NEUMANN, E.: Beiträge zur Kenntnis der pathologischen Pigmente. Virchows Arch. **111**, 25 (1888).
206. NIEMANN, G.: Der Absorptionskoeffizient des Mesobilirubinogens und des Koproporphyrins sowie über einige Spektralerscheinungen der Porphyrine. Z. physiol. Chem. **146**, 181 (1925).
207. NOTHHAAS, R.: Die Ableitung von Harnfarbstoff aus dem Hämoglobin. Klin. Wschr. **12**, 1438 (1933).
208. — u. F. WIDENBAUER: Beziehungen zwischen Blutfarbstoff und Harnfarbstoff. Z. exp. Med. **93**, 644 (1934).

209. ORNDORF, W. R. u. J. E. TEEPLE: Über Bilirubin, den roten Farbstoff der Galle. J. Amer. chem. Soc. **33**, 215 (1905); Chem. Zbl. **1905 I**, 1253.

210. OTTO, W. u. L. HEILMEYER: Klinische Farbmessungen. X. Der Einfluß von Phenylhydrazin und Aderlassen auf den Blutfarbstoffwechsel mit besonderer Berücksichtigung der Harnfarbstoffausscheidung. Z. ges. exp. Med. **77**, 144 (1931).

211. PASCHKIS, K.: Blutmauserung und Urobilinstoffwechsel. Erg. inn. Med. **45**, 682 (1933).

212. PEDERSEN, K. O. u. J. WALDENSTRÖM: Studien über das Bilirubin in Blut und Galle mit Hilfe von Elektrophorese und Ultrazentrifuge. Z. physiol. Chem. **245**, 152 (1937).

213. PILOTY, O. u. S. J. THANNHAUSER: Über die Konstitution des Blutfarbstoffs. Liebigs Ann. Chem. **390**, 191 (1912).

214. — — Dehydrobilinsäure, ein gefärbtes Oxydationsprodukt der Bilinsäure. Ber. dtsch. chem. Ges. **45**, 2393 (1912).

215. PRÖSCHER, F.: Über Acetophenonazobilirubin. Z. physiol. Chem. **29**, 411 (1900).

216. PRUCKNER, F. u. A. STERN: Über die Absorptionsspektren der Pyrrolfarbstoffe (Pyrromethene, Bilirubinoide). Z. physik. Chem. (A) **180**, 25 (1937).

217. RICH, A. R.: The formation of bile pigment. Physiol. Rev. **5**, 182 (1925), vgl. auch Bull. Hopkins Hosp., Baltim. **35**, 415 (1925).

218. — and J. H. BUMSTEAD: On the identity of haematoidin and bilirubin. Bull. Hopkins Hosp., Baltim. **36**, 225 (1925).

219. ROSENTHAL, F., H. LICHT u. E. MELCHIOR: Weitere Untersuchungen am leberlosen Säugetier. Naunyn-Schmiedebergs Arch. exp. Pathol. Pharmakol. **115**, 138 (1926).

220. ROYER, M.: Physiologie und Klinik des Urobilins. Klin. Wschr. **14**, 347 (1935).

221. — Resorption von Bilirubin aus der Galle durch die Gallenblase. C. R. Séances Soc. Biol. **127**, 697 (1938).

222. — Resorption des Urobilins aus der Galle durch die Gallenblase. C. R. Séances Soc. Biol. **127**, 701 (1938).

223. RUDERT, H. u. L. HEILMEYER: Über kristallisiertes Urobilin. Z. physiol. Chem. **228**, 33 (1934).

224. SACHS, P.: Ein Fall von akuter Porphyrie mit hochgradiger Muskelatrophie. Klin. Wschr. **10**, 1123 (1931).

225. SAILLET, M.: De l'urobiline dans les urines normales. Rev. Méd. **1897**, 109.

226. SALÉN, E. u. B ENOCKSON: Urobilinstudien II. Über die Bildungsstätte des Harnurobilins. Acta med. scand., Suppl. **62**, 521 (1925).

227. SATO, O.: Quantitative Bestimmung der Harnfarbstoffe mit dem PULFRICH-Photometer. Klin. Wschr. **17**, 1108 (1938).

228. SCHALLY, A.: Beitrag zur Ätiologie der kryptogenetischen paroxysmalen Hämoglobinurie. Z. Klin. Med. **127**, 697 (1935).

229. SCHEFF, G.: Quantitative Bestimmung des aus Menschenharn durch Behandlung mit p-Dimethylaminobenzaldehyd erzeugten roten Farbstoffes in der 24stündigen Harnmenge. Biochem. Z. **158**, 170 (1925).

230. SCHREUS, H. TH. u. C. CARRIÉ: Untersuchungen zum Gallenfarbstoffwechsel. I. bis IV. Mitteilung. Klin. Wschr. **13**, 1670 (1934).

231. SIEDEL, W. u. H. FISCHER: Über die Konstitution des Bilirubins, Synthesen der Neo- und der Iso-neoxanthobilirubinsäure. Z. physiol. Chem. **214**, 145 (1933).

232. — Neue Synthesen der Neo- und Iso-neoxanthobilirubinsäure. Vorarbeiten zur Synthese natürlicher Bilirubinoide. Z. physiol. Chem. **231**, 167 (1935).

233. SIEDEL, W.: Synthese des Glaukobilins sowie über Urobilin und Mesobiliviolin. Z. physiol. Chem. **237**, 8 (1935).

234. — u. E. MEIER: Synthese des Urobilins (Urobilin-IX,α) sowie der isomeren Urobiline-III, α und -XIII, α. Z. physiol. Chem. **242**, 101 (1936).

235. — Synthese des Mesobilirubins (= Mesobilirubin-IX, α). Z. physiol. Chem. **245**, 258 (1937).

236. — u. W. FRÖWIS: Angew. Chem. **52**, 37 (1939).

237. — u. H. MÖLLER: Über Mesobilifuscin, ein neues physiologisches Abbauprodukt des Häms bzw. Hämatins. Z. physiol. Chem. **259**, 113 (1939).

238. — u. G. PEINZE: Diss. G. PEINZE, Techn. Hochschule, München, 1939.

239. — u. H. MÖLLER: Diss. H. MÖLLER, Techn. Hochschule, München, 1939.

240. — u. E. GRAMS: unveröffentlicht.

241. SNAPPER, I. u. W. H. BENDIEN: Über den physikochemischen Zustand des Bilirubins im Blutserum und Harn. Acta med. scand. **98**, 77 (1938).

242. SORBY: Proc. zool. Soc., London **1875**, 351.

243. STÄDELER, G.: Über die Farbstoffe der Galle. Liebigs Ann. Chem. **132**, 325 (1864).

244. STERN, A. u. F. PRUCKNER: Über die Absorptionsspektren der Pyrrolfarbstoffe. II. Z. physik. Chem. (A) **182**, 117 (1938).

245. STOKVIS, B. J.: Die Identität des Choletelins und Urobilins. Zbl. med. Wiss. **1873**, 211, 449; Chem. Zbl. **1874**, 69; vgl. auch Chem. Zbl. **1872**, 615.

246. — Maandblad vor Naturwetenschappen **1870**, Nr. 5; **1871**, Nr. 2. Ber. dtsch. chem. Ges. **5**, 583 (1872).

247. SUMAYI, J. u. M. CSABA: Magyar orvosi Archivum **31**, 473 (1930).

248. TERWEN, A. J. L.: Die quantitative Bestimmung von Urobilin und Urobilinogen im Harn und Stuhl nebst einer Darstellung reinen Urobilins und einer Modifikation der Aldehydreaktion auf Urobilinogen im Harn. Chem. Zbl. **1925 II**, 752.

249. TIEDEMANN, F. u. L. GAUTIER: Die Verdauung nach Versuchen, Bd. I, S. 80. Leipzig-Heidelberg, 1826.

250. THUDICHUM, J. L. W.: Über einige Reaktionen des Biliverdins. J. chem. Soc. London **13**, 389 (1875); Chem. Zbl. **1876**, 536, 711.

251. — Beleuchtung der Untersuchungen über die Gallenfarbstoffe von R. MALY, Graz. Liebigs Ann. Chem. **181**, 242 (1876).

252. VAHLQUIST, Bo.: Die quantitative Bestimmung des Porphobilinogens im Harn von Kranken mit sogenannter akuter Porphyrie. Z. physiol. Chem. **259**, 213 (1939).

253. VAN LAIR, C. F. u. J. B. MASIUS: Über einen neuen Abkömmling des Gallenfarbstoffs im Darminhalt. Zbl. med. Wiss. **9**, 369 (1871); Chem. Zbl. **1871**, 470.

254. VIRCHOW, R.: Die pathologischen Pigmente. Virchows Arch. **1**, 379 (1847).

255. WALDENSTRÖM, J.: Studien über Porphyrie. Acta med. scand., Suppl. **82**, 3 (1937).

255a. — u. Bo VAHLQUIST: Studien über die Entstehung der roten Harnpigmente (Uroporphyrin und Porphobilin) bei der akuten Porphyrie aus ihrer farblosen Vorstufe (Porphobilinogen). Z. physiol. Chem. **260**, 189 (1939).

256. WATSON, C. J.: Über Stercobilin und Porphyrine aus Kot. Z. physiol. Chem. **204**, 57 (1932).

257. — Über Stercobilin Kopromesobiliviolin und Kopronigrin. Z. physiol. Chem. **208**, 101 (1932).

258. — Über kristallisiertes Harn-Urobilin sowie weiteres über Stercobilin und Kopromesobiliviolin. Z. physiol. Chem. **221**, 145 (1933).

259. — Über kristallisiertes Stercobilin bzw. Urobilin. Z. physiol. Chem. **233**, 39 (1935).

260. WATSON, C. J.: A crystalline iron chlorid molecular compound of urobilin and stercobilin. Proc. Soc. exp. Biol. Med. **32**, 534 (1934).
261. — A crystalline hydrobromide of urobilin (stercobilin). Proc. Soc. exp. Biol. Med. **32**, 1506 (1935).
262. — A comparison of natural crystalline urobilin (stercobilin) with a crystalline urobilin obtained in vitro from mesobilirubinogen. Proc. Soc. exp. Biol. Med. **32**, 1508 (1935).
263. — The origin of natural crystalline urobilin (stercobilin). J. biol. Chemistry **114**, 47 (1936).
264. — Studies of Urobilinogen. I. An improved method for the quantitative estimation of urobilinogen in feces and urine. Amer. J. clin. Path. **6**, 458 (1936).
265. WARBURG, O. u. E. NEGELEIN: Grünes Hämin aus Blut-Hämin. Ber. dtsch. chem. Ges. **63**, 1816 (1930).
266. WEINBERGER, E.: Über das Bilifuscin. Z. physiol. Chem. **238**, 124 (1936).
267. WEISS, M.: Die Harnfarbe und ihre spektrale Analyse. Dtsch. Arch. klin. Med. **166**, 331 (1930).
268. — Das Uroerythrin. Dtsch. Arch. klin. Med. **177**, 97 (1934).
269. WHIPPLE, G. H. and C. W. HOOPER: Haematogenous and obstructive icterus. J. exp. Medicine **17**, 593 (1913).
270. WINTERNITZ, M.: Zur Theorie der Urobilinogenentstehung nach Versuchen an paroxysmaler Hämoglobinurie. Wien. Arch. inn. Med. **7**, 201 (1923).
271. ZUMBUSCH, L. v.: Über das Bilifuscin. Z. physiol. Chem. **31**, 446 (1900/01).
272. PORSCHE, J. D., E. F. PIKE and L. GABBY: Prozeß der Darstellung von Bilirubin. Patentschrift Nr. 2166073 der Vereinigten Staaten (11. Juli 1939). [Nachtrag.]

*(Eingelaufen am 20. August 1939.)*

# The Chemistry of the Lipoids of the Tubercle Bacillus and certain other Microorganisms.

By **R. J. Anderson**, New Haven (Conn.).

## Introduction.

The lipoids of the tubercle bacillus and of other acid-fast bacilli represent very important fractions ranging from about 20% to 40% of the dry bacteria. The large percentage of lipoids early attracted the attention of chemists and of biologists after it was discovered that the bacterial lipoids possessed important cell stimulating properties. The discovery of the tubercle bacillus was reported by KOCH (*1*) in 1882 and the first chemical investigation of the organism was reported by HAMMERSCHLAG (*2*) in 1888 who found that some 28% of the dry bacilli were soluble in alcohol and ether. These early observations were followed by numerous investigations in which various strains of bacilli and sometimes mixtures of human and bovine types of bacilli grown on different media were used (*3*). Lack of uniformity of materials and methods naturally led to differences in results and it was difficult to evaluate or compare the work from different laboratories. The introduction of synthetic media, such as those of SAUTON (*4*) and LONG (*5*), however, made it possible to cultivate the bacilli under uniform and standard conditions.

In view of the importance of securing fundamental knowledge concerning the chemical constituents of the tubercle bacillus and their biological reactions a comprehensive cooperative investigation dealing with the subject was initiated several years ago by the Medical Research Committee of The National Tuberculosis Association. Dr. WILLIAM CHARLES WHITE has been the chairman of this committee and it is due to his leadership that notable and successful results have been obtained. Standard strains of bacilli were selected and cultivated under identical conditions on the LONG synthetic medium (*5*). Thanks to the collaboration of commercial biological laboratories it was possible to obtain bacteria in sufficiently large amounts to serve for both chemical and biological investigations. The human, avian, bovine, and leprosy bacilli were supplied by *H. K. Mulford and Company*, and *Sharp and Dohme*, Glenolden,

Pennsylvania. The timothy grass bacillus was supplied by *Parke, Davis and Company*, Detroit, Michigan.

The chemical work on the lipoid fractions has been carried out at Yale University while the biological reactions of the various fractions and their cleavage products have been studied by Dr. Sabin and collaborators at The Rockefeller Institute for Medical Research. The protein fractions isolated from the medium and from the bacillus have been studied by Doctors Long and Seibert at the University of Chicago, and at The Henry Phipps Institute, Philadelphia. Other studies on the bacillary polysaccharides and proteins have been conducted by Dr. Heidelberger at Columbia University, New York.

The chemical and biological investigations conducted under this cooperative plan, as indicated above, have been centered around the three chief constituents of the bacillus, namely, the lipoids, proteins, and carbohydrates. The work of Seibert (6) on the isolation and purification of the protein fractions resulted in the development of a purified protein derivative, the PPD, which is now finding extensive use in skin testing in place of the old OT tuberculin. The water soluble carbohydrates which can be extracted from partly defatted bacilli have been studied by Heidelberger and collaborators (7) and separated into specific and non-specific fractions.

The investigation of the lipoids which have been conducted in this Laboratory have revealed many new and previously unknown compounds. A series of new fatty acids has been discovered, also a number of higher alcohols, optically active hydroxy acids of high molecular weight and pigments. It has been found that the *acid-fast bacteria elaborate their lipoids on an entirely different pattern from analogous compounds of plant or animal origin.* The neutral fats are not glycerides but esters of fatty acids with the disaccharide trehalose. The phosphatides contain fatty acids combined with complex organic phosphoric acids and phosphorus containing glycosides which yield mannose and inosite on hydrolysis, but the nitrogen bases, choline and aminoethyl alcohol contained in ordinary lecithin and cephalin are absent. The so-called waxes are complex mixtures. The composition varies greatly and depends upon the type of bacillus. Certain of the waxes are compounds of phosphorus-containing polysaccharides with hydroxy acids of very high molecular weight. Other waxes are complex glycerides while others contain the disaccharide trehalose combined with hydroxy acids. Apparently each type of bacillus produces a wax peculiar to itself. However, certain similarities have been found to exist between the waxes of the avian and timothy bacillus, and between the bovine and human bacillus. The peculiar and characteristic fatty acids elaborated by the acid-fast bacteria have unusual chemical constitutions and they possess important biological properties.

The *literature* dealing with the chemistry of the tubercle bacillus is very extensive and several excellent reviews have been published. The older literature is mentioned in the book by CALMETTE (*8*) and the same subject has been reviewed by LONG (*9*), which includes results up to 1932. The paper by GORIS (*10*) gives a full bibliography of the earlier chemical investigations. The work done in this Laboratory up to 1932 was summarized by ANDERSON (*11*) and the same subject has been reviewed by LONG (*12*), HECHT (*13*), and by TYABJI (*14*). An excellent chapter by CHARGAFF (*15*) appeared in ABDERHALDEN's Handbuch der biologischen Arbeitsmethoden in which the newer methods applied in the study of bacterial chemistry are presented. The comprehensive monograph by ALBERT WEIL (*16*) contains an exhaustive study of the literature on the tubercle bacillus up to 1931. The seralogical reactions induced by the tubercle bacillus have been reviewed in the monograph by PINNER (*17*).

The *biological and cellular reactions* of the various lipoid fractions and their cleavage products which have been isolated in this Laboratory have been studied by SABIN and collaborators (*18*). The results of these extensive investigations have shown that all the lipoid fractions stimulate the formation of monocytes, epithelioid cells and giant cells resulting in typical tubercular tissue. The biological reactions of the lipoids are apparently due to the presence of phthioic acid which occurs in all of the lipoid fractions of the human tubercle bacillus.

Specific *antigenic properties* of certain lipoid constituents were reported by MEYER (*19*), by NÈGRE and BOQUET (*20*), and by DIENES and SCHOENHEIT (*21*). It was shown by PINNER (*22*) that the purified phosphatide which we prepared possesses antigenic properties and this observation was confirmed and extended by the experiments of DOAN (*23*) and DOAN and MOORE (*24*). More recently MACHEBOEUF and collaborators (*25*) have reported extensive studies on the preparation and purification of antigenic substances from the tubercle bacillus.

## Methods.

One of the chief objects of the cooperative investigation on the acid-fast bacteria was to secure compounds for biological studies. It was therefore necessary to use the mildest methods in the isolation and purification of the various fractions in the expectation that they would be as similar as possible to the condition in which they existed in the living cells. With this object in view only purified neutral solvents such as alcohol, ether, chloroform, acetone, etc., were used and the lipoids were extracted at room temperature. In order to prevent changes due to oxidation, air was displaced from all solvents and containers with carbon dioxide or nitrogen. The extracts were concentrated under reduced pressure at a low temperature.

For the first comparative study *five strains of acid-fast bacilli* were selected and cultivated under identical conditions. The following types of tubercle bacilli were used, the human strain H-37 (*26*), the avian strain 531 (*27*), the bovine strain 1698 (*28*), the timothy grass bacillus strain 02145 (*29*), and the leprosy bacillus strain 370 (*30*). The human and leprosy bacilli were grown for a period of 6 weeks, while the avian and timothy bacilli were grown for 4 weeks. The bovine bacillus was grown for 8 weeks. The cultures were all grown in 1-liter pyrex bottles at a temperature of 37,5° on the Long synthetic medium (5) and the number of cultures varied from 1600 to 3000.

The Long medium has the following composition: asparagin 5,0 g., ammonium citrate 5,0 g., monopotassium phosphate 3,0 g., sodium carbonate 3,0 g., sodium chloride 2,0 g., magnesium sulfate 1,0 g., iron ammonium citrate 0,05 g., glycerol 50,0 g., and water 1000,0 cc.

The use of a synthetic medium of uniform composition and containing only simple organic compounds of known constitution together with inorganic salts was regarded as of utmost importance. Only by use of such a medium can one be sure that all the complex lipoids, carbohydrates, proteins and other substances found in the bacilli have been synthesized by the living cells from very simple compounds. It is fortunate that the acid-fast bacteria grow luxuriantly on the Long medium and that it is possible to obtain relatively large quantities of pure bacteria in this manner. While only small quantities of material are needed for biological tests, it must be remembered that much larger amounts are necessary for chemical investigations. In fact, one reason why so many of the older investigations of the tubercle bacillus led to inconclusive results was due to the very small amounts of bacilli that were available.

After the cultures had attained maximum growth, the bacterial cells were collected on Buchner funnels and washed with water. The cells were immediately exhaustively extracted with a mixture of alcohol and ether and this was followed by exhaustive extraction with chloroform. After these extractions the cell residues yielded the merest traces of lipoids on further extraction with neutral solvents, but, after treatment with alcohol and ether containing 1% of hydrochloric acid, from 12 to 19% of additional lipoids, the firmly bound lipoids, could be obtained.

**Separation of the alcohol-ether soluble lipoids.** The alcohol-ether extracts were concentrated under reduced pressure to a small volume, after which the lipoids were extracted with ether. The ethereal extract was passed through a Chamberland filter under carbon dioxide pressure in order to remove bacterial cells. The perfectly clear filtrate was concentrated and mixed with an equal volume of acetone, whereupon the phosphatide mixed with a waxy material separated as a sticky mass on the bottom of the flask. The supernatant solution was decanted and the ether was removed by distillation, after which the solution was cooled in cracked ice and the white solid wax-like substance that separated was removed by filtration. The filtrate on concentration to dryness left a residue consisting of the acetone-soluble fat as a soft salve-like mass of deep reddish brown color and possessing the peculiar perfume-like odor of the bacterial cultures.

The crude phosphatide was purified by repeated precipitation from ethereal solution with acetone in order to remove the waxy material. For the final precipitation the ethereal solution was poured into ice-cold acetone, whereupon the phosphatide separated as a compact, nearly white granular powder.

The waxy material was recovered from the mother liquors by removing the ether with distillation and cooling the acetone solution in ice water. The wax was a nearly white powder which melted at about 50°.

The alcohol-ether extracts contained therefore mainly three types of compounds consisting of *phosphatide*, a *low-melting wax, and the acetone-soluble fat*. The latter consisted of neutral fat mixed with a large proportion of free fatty acids. It should be mentioned, however, that in addition to the lipoids, the alcohol-ether extracts always contained small amounts of *polysaccharides* and other water-soluble compounds. These substances were insoluble in both alcohol and ether but were brought into solution by the relatively large amounts of water which adhered to the moist bacteria.

Table 1. Fractions obtained from acid-fast bacilli.

| Type of organism | Human H-37 | | Avian # 531 | | Bovine # 1698 | | Timothy # 02145 | | Leprosy # 370 | |
|---|---|---|---|---|---|---|---|---|---|---|
| Number of cultures | 2000 | | 2000 | | 1700 | | 1600 | | 3000 | |
| | Grams | % | Grams | % | Grams | % | Grams | % | Grams | % |
| Phosphatide .... | 253,1 | 6,54 | 79,7 | 2,26 | 60,5 | 1,55 | 18,7 | 0,59 | 100,5 | 2,20 |
| Acetone-soluble fat...... | 240,0 | 6,20 | 77,3 | 2,19 | 131,7 | 3,34 | 87,4 | 2,75 | 289,5 | 6,47 |
| $CHCl_3$-soluble wax | 427,0 | 11,03 | 379,5 | 10,79 | 336,0 | 8,52 | 158,4 | 4,98 | 444,8 | 9,98 |
| Total Lipoids.. | 920,1 | 23,78 | 538,5 | 15,26 | 528,2 | 13,40 | 264,5 | 8,37 | 834,6 | 18,70 |
| Dry Bacterial Residue . | 2902,0 | 75,01 | 2942,7 | 83,71 | 3370,1 | 85,50 | 2783,1 | 87,70 | 3389,8 | 80,38 |
| Dry Bacterial Mass per Culture.. | 1,928 | | 1,757 | | 2,318 | | 1,982 | | 1,488 | |

The chloroform extracts were filtered through Chamberland filters and concentrated to dryness under reduced pressure. The residue consisting of crude wax was purified as will be mentioned in the section dealing with the wax fractions.

The isolation and purification of the firmly-bound lipoids will be described in another section.

The amount of bacterial products obtained from the five strains referred to above is shown in Table 1, p. 149.

The lipoid fractions were further purified and subjected to chemical analyses as will be described in subsequent sections. An attempt was made to carry out the analyses and the fractionation of the cleavage products on a quantitative basis.

## Properties and Composition of Acid-fast Bacterial Phosphatides.

The *physical properties* of the bacillary phosphatides are very similar. When prepared as described in a preceding section the phosphatides are obtained as amorphous powders or fine granular particles which, after being dried in vacuo, are slightly hygroscopic. The phosphatides are easily soluble in ether, chloroform, and benzene, practically insoluble in acetone, alcohol or in ethyl acetate. They are readily dispersed in water forming colloidal solutions which show an acid reaction to litmus. The concentrated aqueous solutions are opalescent but on sufficient dilution with water the solutions become perfectly clear. The concentrated solutions are coagulated by the addition of acids or salts. The aqueous solutions of the phosphatides form very stable emulsions when shaken with ether and practically all of the phosphatide remains in the aqueous phase. Even after the solutions have been coagulated by the addition of salts the phosphatide is only incompletely extracted with ether. The phosphatides dissolve easily to clear solutions in a mixture of water, alcohol and ether (*31*).

The *chemical composition* of the bacillary phosphatides differs entirely from the composition of the usual plant or animal phosphatides. The bacillary phosphatides contain very small amounts of nitrogen but so far the nature of the nitrogen has not been determined — although in the case of the phosphatide from the human tubercle bacillus, practically all of the nitrogen was present as ammonia (*32*). In no case could any base similar to choline or aminoethyl alcohol be isolated. The bacillary phosphatides contain from 33 to 47% of water soluble constituents including an organic phosphoric acid, probably glycerophosphoric acid and a characteristic phosphorus-containing polysaccharide which on acid hydrolysis yields inosite, mannose and some other hexose which gives a typical glucosazone. In spite of the difference in composition the name "phosphatide" has been retained to designate these compounds because of their resemblance to ordinary phosphatides in solubility.

The composition of several of the bacterial phosphatides (*33*) are shown in *Table 2*, together with the amounts of cleavage products obtained on hydrolysis.

Table 2. Composition of Bacterial Phosphatides.

| Type of organism | H-37 Human | Bovine | Avian | Timothy | Leprosy |
|---|---|---|---|---|---|
| Phosphorus . . . . . . . . . . . . % | 2,30 | 1,87 | 2,18 | 2,80 | 1,75 |
| Nitrogen. . . . . . . . . . . . . . . % | 0,36 | 1,00 | 0,48 | 0,22 | Trace |
| Melting point . . . . . . . . . . . . | 210° | 208° | 210° | 190° | 231° |
| Ether soluble . . . . . . . . . . % | 66–67 | 57–58 | 55–56 | 60 | 62,2 |
| Water soluble. . . . . . . . . . . % | 33–34 | 43–44 | 46–47 | 40 | 38,0 |

Since all the phosphatides were purified by precipitation from ethereal solution by addition of acetone and were obtained as amorphous powders it is self-evident that they cannot be considered as chemically pure substances. In fact, different preparations of the phosphatide from the same strain or from different strains do not show a constant composition. For example, five different strains of the human type of the tubercle bacillus grown on the LONG synthetic medium were extracted and the phosphatides were isolated and purified by identical methods (*34*). The results are shown in *Table 3*.

Table 3. Composition of the Phosphatides from five different strains of human tubercle bacilli.

| Strain of organism | H-37 | A-10 | A-12 | A-13 | A-14 |
|---|---|---|---|---|---|
| Phosphorus . . . . % | 2,95 | 3,44 | 3,30 | 3,76 | 3,33 |
| Nitrogen . . . . . . % | 0,44 | 0,33 | 0,21 | 0,56 | 0,53 |

The composition of the phosphatides from other acid-fast bacteria have been reported by CHARGAFF (*35*), who analyzed phosphatides prepared from the "BCG", the turtle bacillus and the Smegma bacillus (*5*). The results are given in *Table 4*.

Table 4. Composition of "BCG", turtle and Smegma bacilli phosphatides.

| Strain of organism | BCG | Turtle | Smegma |
|---|---|---|---|
| Phosphorus . . % | 1,58 | 3,16 | 2,36 |
| Nitrogen . . . . % | 0,40 | 0,39 | 0,39 |

It is evident from the data given in the Tables 2—4 that the phosphatides derived from tubercle bacilli and other acid-fast bacilli contain *much less nitrogen than ordinary phosphatides and that the phosphorus content is also less.*

**Cleavage Products of the Phosphatides on Acid hydrolysis.**

When the phosphatides are hydrolyzed by refluxing with 5% sulfuric acid, the cleavage products which are formed consist of a mixture of fatty acids and water soluble compounds as shown in Table 2. The fatty acids consist of solid saturated acids mainly *palmitic acid*, liquid unsaturated acid, mainly *oleic acid*, and liquid saturated acids of high molecular weight. The mixture of fatty acids were first separated into solid and liquid acids by means of the well known lead salt-ether procedure. The liquid acids thus obtained from the ether soluble lead salts had very low iodine numbers, indicating the presence of a large proportion of liquid saturated acids. The separation of such a mixture of unsaturated and saturated liquid acids presented certain difficulties at first but was finally accomplished by reducing the unsaturated acid with hydrogen and platinum oxide (*36*). On repeating the lead soap-ether separation the reduced solid acid could be removed because its lead salt was insoluble in ether. The free acid was isolated by decomposing the lead salt in ethereal suspension with dilute hydrochloric acid. After purification by crystallization the top fractions of the reduced acids were identified as *stearic acid* in every case but the presence of some lower acid such as palmitic acid in the mother liquors was indicated in some cases. The reduced acids obtained from leprosy bacillus phosphatide (*37*) were actually separated into *stearic* and *palmitic acids*. The principal unsaturated acid was undoubtedly *oleic acid* but *palmitoleic* was also present.

The liquid saturated fatty acid was obtained from the ethereal solution of the ether-soluble lead salts after removing the lead with dilute hydrochloric acid. The acid was an oily liquid at room temperature which solidified on cooling in ice water. The acid obtained from the phosphatide isolated from the human tubercle bacillus was optically active $[\alpha]_D = + 1{,}66°$ and the molecular weight determined by titration ranged from 309 to 313. This acid received the name *phthioic acid* (*38*). The acids obtained from the other acid-fast bacterial phosphatides were all optically inactive.

The water-soluble constituents resulting from the hydrolysis with dilute sulfuric acid consisted of a small amount of inorganic phosphoric acid, an organic phosphoric acid which we call glycerophosphoric acid and a mixture of carbohydrates. *Mannose* and *inosite* could be isolated in every case and in addition a hexose sugar was present which gave a typical glucosazone. However, no glucosazone could be isolated from the hydrolysis products of the bovine tubercle bacillus phosphatide (*39*).

The cleavage products isolated after hydrolysis of the phosphatides are summarized in *Table 5*.

Table 5. Cleavage products of the Phosphatides.

| | Human | Avian | Bovine | Timothy | Leprosy |
|---|---|---|---|---|---|
| Total ether soluble.............% | 66,6 | 60,0 | 58,0 | 60,0 | 66,0 |
| Solid saturated acids ..........% | 30,5 | 16,7 | 26,7 | 20,0 | 24,8 |
| Liquid acids...................% | 36,1 | 34,4 | 25,7 | 23,6 | 29,2 |
| Iodine No. of liquid acids ......... | 31,0 | 36,8 | 12,1 | 26,2 | 55,0 |
| Solid reduced acids ............% | 12,8 | 17,7 | 6,6 | 5,6 | 17,6 |
| Liquid saturated acids ..........% | 20,9 | 16,7 | 15,5 | 18,0 | 10,8 |
| Mol. weight of liquid saturated acids | 313 | 303 | 306 | 380 | 295 |
| Higher wax-like acids ..........% | None | 8,3 | 6,5 | 6,0 | 11,2 |
| Water-soluble constituents .......% | 34,0 | 43,0 | 44,0 | 40,0 | 39,2 |
| Organic phosphoric acid .........% | 5,4 | 6,1 | 9,9 | 10,0 | 6,0 |
| Mannose .......................% | 9,2 | 13,3 | 6,7 | 9,0 | 10,8 |
| Inosite .........................% | 8,9 | 3,0 | 3,5 | 2,0 | 4,7 |
| Other sugars ..................... | present | present | none | present | present |

The phosphatides from the human, avian, and timothy bacilli were hydrolyzed completely on refluxing with aqueous 5% *sulfuric acid* but the phosphatides from the bovine and leprosy bacilli were too stable to be hydrolyzed in this manner. The phosphatide from the bovine tubercle bacillus was hydrolyzed by refluxing with alcohol containing 2% of hydrochloric acid. This phosphatide contained some gum-like or mucilaginous material which interfered with the separation of the water-soluble constituents. The leprosy bacillus phosphatide could not be hydrolyzed with dilute aqueous sulfuric acid, hence this preparation was saponified with alcoholic potassium hydroxide which liberated the fatty acids but left the polysaccharide component as an insoluble mass in the alcoholic solution. The polysaccharide in this case was isolated directly and purified by treatment with lead acetate, after which it was hydrolyzed by refluxing with dilute sulfuric acid.

The organic phosphoric acids obtained in the analyses of the phosphatides and designated provisionally as "glycerophosphoric acid" were isolated as the barium salts but it is probable that they were not pure barium glycerophosphates in every case. The analytical values obtained did not agree very closely with the calculated composition of barium glycerophosphate and it is probable that further investigations will show that the organic phosphoric acids are in reality different from glycerophosphoric acid and may represent a diphosphoric acid ester of a hexose-glycerol compound.

Studies on the *alkaline saponification* of the phosphatide of the human tubercle bacillus have revealed some interesting results. ANDERSON and ROBERTS (*40*) showed that the phosphatide, when refluxed with alcoholic potassium hydroxide, was split into fatty acids, an organic phosphoric acid, and a neutral polysaccharide which contained phosphorus. The organic phosphoric acid which was isolated as the barium salt was not barium glycerophosphate. The relation of carbon, phosphorus and barium was approximately as 9 : 2 : 2. The free acid gave no reduction with FEHLING's solution until after it had been refluxed for some time with dilute acid. The composition of the barium salt corresponded approximately to the formula $C_9H_{16}O_{14}P_2Ba_2$.

The neutral polysaccharide when hydrolyzed with dilute sulfuric acid gave phosphoric acid together with mannose and inosite in the proportion of about 2 : 1. The polysaccharide which apparently consisted only of mannose and inosite was named *manninositose*.

A more detailed study of the action of dilute alkali on the phosphatide was reported by ANDERSON, LOTHROP and CREIGHTON (*41*), and in this case very mild alkali treatment was used. The phosphatide was dissolved in benzene and the solution was mixed with an excess of alcoholic potassium hydroxide at room temperature. The solution which was perfectly clear at first gradually turned cloudy and a precipitate separated. The precipitate which was water-soluble, consisted of an organic phosphoric acid and a phosphorus containing polysaccharide while the potassium salts of the fatty acids remained in solution. The hydrolysis, in so far as the fatty acids were concerned, was complete because the latter did not contain a trace of phosphorus and the polysaccharide did not contain any fatty acids.

The water-soluble cleavage products mentioned above, consisting of the organic phosphoric acid and polysaccharide, could be separated by means of lead acetate. The organic phosphoric acid gave a water-insoluble lead salt while the polysaccharide remained in solution. The lead salt of the organic phosphoric acid was decomposed with hydrogen sulfide and the free acid was converted into the barium salt. The composition of the barium salt corresponded to the formula $C_9H_{16}O_{14}P_2Ba_2$. After the barium salt had been hydrolyzed with dilute sulfuric acid a reducing sugar was liberated and the sugar was identified as *mannose*. It is probable therefore that the organic phosphoric acid was a *mannose-glycerol diphosphoric acid* but the complete identification of the acid has not yet been accomplished.

The *polysaccharide* isolated from the filtrate after precipitating the lead salt of the organic phosphoric acid was found to contain phosphorus. It was very soluble in water but insoluble in alcohol and it could not be obtained in crystalline form. This substance was designated *manninositose phosphoric acid*. The phosphorus could be split off by heating the substance in a sealed tube with 14% ammonium hydroxide to 170° for 8,5 hours. The crude manninositose isolated from the reaction mixture was free from phosphorus. It was easily soluble in water, insoluble in alcohol and it did not crystallize. For purification it was acetylated in pyridine solution with acetic anhydride. The acetyl derivative was insoluble in water but very soluble in organic solvents and it could not be crystallized. The product was obtained as a white amorphous powder by precipitating its concentrated alcoholic solution with water. The substance melted unsharply at 112°. $[\alpha]_D$ in methyl alcohol = +48,7°; mol. wt. (RAST) 907–983, and on saponification it was found to contain 67,7% of acetic acid. Following saponification with barium hydroxide the free *manninositose* was isolated as a white amorphous powder which had no definite melting point but decomposed with effervescence at about 250°; $[\alpha]_D$ in $H_2O$ = +74,1°; it showed no mutarotation. On hydrolysis with 5% sulfuric acid the maximum reduction was attained in 2,5 hours and amounted to 63% calculated as glucose. The cleavage products isolated after hydrolysis were *mannose* and *inosite* in the proportion of 2 : 1.

A polysaccharide or glycoside very similar to and probably identical with manninositose was isolated from the crude polysaccharide fraction obtained from the avian tubercle bacillus by DU MONT and ANDERSON (*42*). This substance gave an acetyl derivative which was very similar in properties to manninositose acetate and on hydrolysis mannose and inosite were obtained. It is an interesting fact that the glycoside from the avian tubercle bacillus was present in the free state and not combined with phosphorus.

The results of the investigations mentioned above show that the phosphatide of the human tubercle bacillus is a very complex compound and that it contains in its molecule a *new type of glycoside composed of mannose and inosite combined with phosphorus*. In addition, an organic phosphoric acid is present which corresponds to the formula $C_9H_{20}O_{14}P_2$. On hydrolysis this acid yields phosphoric acid, a reducing sugar which has been identified as mannose, and probably glycerol or glycerolphosphoric acid.

The significant fact that manninositose has only been found in the phosphatide indicates that it is an integral part of the molecule and not an adventitious adsorption complex because the acetone-soluble fat and the wax fractions isolated from the same bacillus contain entirely different carbohydrates. The phosphatide and the acetone-soluble fat represent the chief components that are extracted from the tubercle bacillus by a mixture of equal parts of alcohol and ether and these substances are separated by means of acetone. The material soluble in cold acetone, that is the acetone-soluble fat, contains *trehalose* as the only carbohydrate. On the other hand, the wax fractions contain a polysaccharide which on hydrolysis yields a mixture of reducing sugars composed of *d-arabinose*, *mannose*, and *galactose*.

The three principal lipoid fractions of the tubercle bacillus contain, therefore, three separate and distinctly different carbohydrates. If the carbohydrates were merely adsorption complexes, one might expect that mixtures of all the carbohydrates would be present in various proportions in all of the lipoid fractions. However, this is not the case, for every lipoid fraction contains a distinct and characteristic carbohydrate. This fact would indicate that the bacterial lipoids represent more or less homogeneous chemical compounds and that they are esters of fatty acids with different carbohydrates.

It has been suggested by BLOCH (*43*) that the phosphatide is essentially the magnesium salt of a phosphatidic acid and that the carbohydrate is present as an adsorption complex. The results obtained in this laboratory are not in agreement with this hypothesis. In fact, we searched in vain for phosphatidic acid among the cleavage products after mild alkaline saponification.

## The acetone-soluble fats of the acid-fast bacteria.

The alcohol-ether soluble lipoids extracted from the acid-fast bacteria by the procedure followed in this laboratory consist of a mixture of phosphatide, wax of low melting point, neutral fat, and free fatty acids. The phosphatide and wax are removed by treating the ethereal solution of the mixed lipoids with acetone. The phosphatides are freed of accompanying wax and fat by repeated precipitation from ether with acetone at room temperature. The ether contained in the mother liquors is removed by distillation and the remaining acetone solution is cooled in ice. The white solid wax-like product which separates is removed by filtration and washed with cold acetone. The final acetone solution, on concentration to dryness, yields the acetone-soluble fat.

The fats isolated in this manner form partly liquid or salve-like masses of deep reddish-brown color and they possess the peculiar perfume-like odor which is characteristic of the fresh growing culture of the bacilli. The fats are free from sulfur, phosphorus, and nitrogen, thus indicating that all the phosphatide has been removed. The acetone-soluble fats contain a large proportion of free fatty acids.

The substance possessing the perfume-like odor was examined by KASUYA (*44*) who found that the substance was *aldol*. Aldol was isolated from the culture medium as well as from the acetone-soluble fat of the human tubercle bacillus. The dimedone condensation product of the substance from the tubercle bacillus was identical in melting point and in composition with the aldomedone prepared from aldol (*45*). The same author reported that the substance isolated from the tubercle bacillus elicited a definite skin test of the tuberculin type in the human skin on intradermal injection of 0,001 mg.

The results obtained in this laboratory in the analyses of the acetone-soluble fats are not comparable with results reported by earlier investigators, because their analyses were made on mixtures containing varying proportions of phosphatide, fat, and wax. GORIS (*10*) was the first investigator who attempted to separate the mixed lipoids into wax, phosphatide, and fat. It is evident, however, that the separation of the wax had been incomplete since the acetone-soluble fat which he analyzed contained a large amount of solid unsaponifiable matter which was similar in properties to the so-called mykol.

The unsaponifiable matters that we have obtained in the analyses of the acetone-soluble fat are highly unsaturated thick oils. Only in the case of the unsaponifiable matter from the leprosy bacillus was it possible to isolate any solid or crystalline substance, namely *α*- and *β-leprosol*. The nature and composition of the unsaponifiable matter from the acetone-soluble fats is at present unknown.

The earlier investigators referred to the neutral fat of the tubercle bacillus as glycerides, but glycerol was never isolated and identified. The possible presence of glycerol in the fat as indicated by a positive acrolein reaction was only reported by BULLOCH and MACLEOD (*46*), AGULHON and FROUIN (*47*), and by KOGANEI (*48*). In the analyses of the acetone-soluble fats of the human tubercle bacillus by ANDERSON and CHARGAFF (*49*), of the bovine tubercle bacillus by BURT and ANDERSON (*50*), and of the timothy grass bacillus by PANGBORN, CHARGAFF, and ANDERSON (*51*), *no glycerol* could be isolated. A water-soluble compound was obtained after the fats had been saponified which was different from glycerol but it could not be identified, hence these authors expressed the opinion that the fats were not glycerides but esters of fatty acids with some higher polyhydric alcohol. However, shortly afterwards ANDERSON and NEWMAN (*52*) succeeded in isolating the water-soluble component of the acetone-soluble fat of the human tubercle bacillus and identified the substance as the crystalline disaccharide *trehalose*. The acetone-soluble fat of *B. leprae*, according to ANDERSON, REEVES, and CROWDER (*53*), contains no glycerol but trehalose was the only water-soluble compound that could be found.

From all present evidence it appears, therefore, that the *neutral acetone-soluble fats of the acid-fast bacteria are not glycerides but esters of fatty acids with trehalose.* It is rather remarkable that the acid-fast bacteria which have been cultivated on a glycerol containing medium synthesize a disaccharide with which they esterify the fatty acids to form neutral fat. This fact is another striking example of the unusual metabolic activity of this form of bacteria.

The nature of even the ordinary common *fatty acids* occurring in the tubercle bacillus had not been accurately determined until the past few years.

HAMMERSCHLAG (*2*) regarded the bacillary fat as a mixture of tripalmetin and tristearin with little triolein. DE SCHWEINITZ and DORSET (*54*) believed that the fat contained lauric, palmitic and arachidic acids but BAUDRAN (*55*) refers only to stearic and oleic acids. BULLOCH and MACLEOD (*45*) on very slim evidence mention lauric, myristic, isocetic, and oleic acids as components of the fat but none of these acids was actually identified. GORIS (*10*) examined the lipoids extracted from a large amount of mixed human and bovine bacilli, residues from the preparation of tuberculin, and made a more careful study of the fatty acids. The mixed acids were separated by means of the lead salt-ether procedure into solid and liquid acids. The solid acids appeared to be a mixture of palmitic, stearic, and arachidic acids although not definitely identified. The liquid acids had an iodine number of 41, thus indicating the presence of a large proportion of liquid saturated acids. After oxidation of the liquid acids with permanganate *dihydroxystearic acid*, m. p. 134°, was obtained. This fact established the presence of *oleic acid* as one of the components of the liquid acids, and at the same time proved for the first time that oleic acid was one of the higher acids occurring in the tubercle bacillus fat. The presence of *butyric* and *caproic acids* was also indicated but there remained a considerable proportion of a liquid saturated acid that was not further studied. This fraction undoubtedly represented a mixture of the higher liquid saturated acids which were later studied in this laboratory and found to consist of tuberculostearic acid, phthioic acid and a levorotatory acid.

It is quite evident from the data published prior to the investigations in this laboratory that very little definite information existed concerning the fat and component fatty acids elaborated by the tubercle bacillus and other acid-fast bacteria. The results of our own investigations are summarized briefly below.

The constants of the acetone-soluble fats of the different types of bacteria were determined and are given in *Table 6*.

Table 6. Constants of Acetone-Soluble Fats.

| | Human H-37 | Bovine | Avian[1] | Timothy | Neutral fat Leprosy |
|---|---|---|---|---|---|
| Melting point | 33° | 38° | 25° | liquid | 19–20° |
| Iodine no. | 52,6 | 48,4 | 63,7 | 72,3 | 47,9 |
| Acid no. | 60,3 | 117,5 | 44,5 | 62,7 | |
| Saponification no. | 203,6 | 171,2 | 180,1 | 231,8 | |
| Ester no. | 143,3 | 53,7 | 135,6 | 169,1 | |
| REICHERT-MEISEL no. | 3,9 | 4,1 | 10,9 | Trace | 5,2 |
| Unsaponifiable matter ...% | 10,3 | 9,7 | 20,1 | 22,1 | 22,1 |

[1] Previously unpublished data.

## Saponification of the fats and separation of the cleavage products.

The fats were saponified with alcoholic potassium hydroxide and the products of saponification were separated by the usual method into unsaponifiable matter, fatty acids and water-soluble constituents. The nature of the water-soluble product has been referred to above. The unsaponifiable fractions were thick, dark colored oils having high iodine numbers and were very unpromising in appearance. Except for tests for sterols very little work has been done on these fractions.

## The Fatty Acids. The Solid Saturated Acids.

The mixed fatty acids obtained after saponification were separated into solid and liquid acids by means of the lead salt-ether procedure. The solid acids were converted into methyl esters and the latter were fractionated under reduced pressure until apparently pure fractions were obtained as shown by melting point and refractive index. The pure esters were saponified and the free acids were isolated and purified by crystallization. The purity of the acids was controlled by melting point, mixed melting point, molecular weight by titration, and by analysis for carbon and hydrogen.

All of the acetone-soluble fats contained very small amounts of steam volatile acids. These acids had an odor resembling butyric acid but in no case was a sufficient quantity obtained to permit of definite identification.

The principal saturated solid acid present in all of the fats was *palmitic acid*. The fat from the human tubercle bacillus (*49*) contained in addition to palmitic acid small amounts of *stearic* and *hexacosanoic acids* while the fat from the bovine bacillus contained palmitic and hexacosanoic acids (*50*).

**The Liquid Fatty Acids.** The liquid acids isolated from the ether-soluble lead salts had low iodine numbers which indicated the presence of liquid saturated fatty acids. Since no ordinary method was available for the separation of such mixtures of unsaturated acids and previously unknown saturated liquid acids, recourse was made to catalytic hydrogenation with hydrogen and platinum oxide prepared according to VOORHEES and ADAMS (*36*). It was found in nearly every case that the crude liquid acids contained some substance which poisoned the catalyst. It was generally necessary, therefore, to purify the crude acids by converting them into methyl esters and to distill the esters. This operation involved considerable loss of material since a portion of the esters did not distill even at a high temperature, but after this process of purification the reduction went smoothly to completion.

**The reduced acids.** The mixture of acids obtained after hydrogenation was fully saturated as shown by the fact that the iodine number was zero. The reduced acids were removed by repeating the lead salt-ether procedure. The unsaturated acids were accordingly determined indirectly as solid reduced acids and the latter consisted almost wholly of *stearic acid*. It is evident from a consideration of the iodine number and the yield of reduced acid that the unsaturated acids consisted largely of *linoleic acid* with possibly some *linolenic acid*.

## The liquid saturated fatty acids.

It has been shown by ANDERSON and collaborators (*11*) that all of the acid-fast bacteria which they have examined contain ***a series of new and previously unknown fatty acids***. These acids have high molecular weights and they give lead salts which are very soluble in ether. The free acids are either oily liquids or low melting solids. The lower members of this series of acids are optically and biologically inactive while the higher members are optically active and possess important biological properties.

The liquid saturated fatty acids are of particular interest and importance because they are specific and characteristic metabolic products of the acid-fast bacteria and have not been found in any other living organisms. According to the investigations of SABIN and collaborators (*18*) the optically active phthioic acid is the causative agent of the peculiar ***cellular reactions*** of the bacillary lipoids, reactions which are identical with those of the living tubercle bacilli. Injection of phthioic acid into normal animals stimulates the formation of monocytes, epithelioid cells and giant cells resulting in the formation of typical tubercular tissue.

The isolation of the liquid saturated fatty acids was made possible by the fortunate but accidental selection of the original GUSSEROW-VARRENTRAPP (*56*) lead salt-ether method for the separation of the solid and liquid acids and for the separation of the reduced acids. Had the more convenient TWITCHELL (*57*) lead salt method been used, the results would have been quite different because the lead salts of the liquid saturated acids are nearly insoluble in alcohol and accordingly they would have been precipitated along with the lead salts of the solid saturated acids. The separation of such a mixture of liquid and solid saturated acids would have been very difficult, if not impossible, except by treating the mixed lead salts with ether.

The first liquid saturated fatty acid was isolated from the mixed fatty acids obtained on hydrolyzing the phosphatide of the human tubercle bacillus and since it possessed important biological properties it was named *phthioic acid* (*38*).

It was shown later by ANDERSON and CHARGAFF (*58*) that the acetone-soluble fat of the human tubercle bacillus contained a large proportion of similar acids which could be separated by fractional distillation of the methyl esters into two principal fractions that differed by some 50° in boiling point. The low boiling fraction was optically and biologically inactive and since it appeared to be an isomer of stearic acid it was named *tuberculostearic acid*. The higher boiling fraction was optically and biologically active and contained the *phthioic acid*. The acid melted at 28°, the specific rotation was +7,9° and the composition corresponded to the formula $C_{26}H_{52}O_2$.

Later work by ANDERSON (*59*) showed by careful fractionation of the methyl ester of phthioic acid that it could be separated into a dextro and a levorotatory fraction. The dextrorotatory phthioic acid corresponded to the formula first advanced, $C_{26}H_{52}O_2$, but the melting point was lower and the rotation was higher, namely +11,9°. Further purification of phthioic acid was reported by SPIELMAN and ANDERSON (*60*) who continued the fractionation of the methyl ester until the constant rotation of +12,2° was obtained. The acid obtained on saponification of the pure ester melted at 20–21°; $[\alpha]_D = +12{,}5°$, and it had the composition of a saturated *hexacosanoic acid*, $C_{26}H_{52}O_2$.

The levorotatory acid melted at 48–50° and the highest rotation observed was – 6,1°. The molecular weight and composition was in agreement with the formula $C_{30}H_{60}O_2$. A levorotatory acid was isolated by WIEGHARD and ANDERSON (*61*) from a wax fraction of the human tubercle bacillus which melted at 37–38°; $[\alpha]_D = -7°$ to –10°, and the molecular weight and composition agreed with the formula $C_{31}H_{62}O_2$. The formulae suggested are only tentative since the purification of the levorotatory acid is even more difficult than of phthioic acid, hence the actual composition and rotation of the acid cannot be regarded as definitely established.

The *tuberculostearic acid* was regarded at first as an isomer of stearic acid and the formula $C_{18}H_{36}O_2$ was assigned to it. Liquid saturated fatty acids apparently identical with tuberculostearic acid were isolated from the phosphatides of the avian (*33*) and bovine tubercle bacilli (*33*) and from the leprosy bacillus (*33*). The composition of the acid from the leprosy bacillus, however, was in close agreement with the formula $C_{19}H_{38}O_2$.

The tuberculostearic acid obtained from the acetone-soluble fat of the human tubercle bacillus was carefully purified and studied by SPIELMAN (*62*). Analyses of the acid, a number of derivatives and salts established the empirical formula as $C_{19}H_{38}O_2$. The purified acid melted at 10–11° and it showed no optical activity. On *oxidation* with chromic acid methyl n-octyl ketone and azelaic acid were obtained in small yield.

These oxidation products indicated that the constitution of tuberculostearic acid was *10-methyl-stearic acid:*

$$CH_3 \cdot (CH_2)_7 \cdot \underset{\displaystyle CH_3}{\underset{|}{CH}} \cdot (CH_2)_8 \cdot COOH$$

The dl-10-methyl-stearic acid was synthesized and its properties were found to be very similar to those of tuberculostearic acid and it gave a lead salt which was easily soluble in ether. However, the two acids were not identical. The synthetic acid melted 10° higher but the derivatives melted at the same temperature. The difference in melting point of the free acids may depend upon the presence of an asymmetric carbon atom in tuberculostearic acid. The fact that tuberculostearic acid shows no optical activity is no proof that it is a racemic compound.

The acetone-soluble fats of the avian, bovine, and timothy bacilli all yielded liquid saturated fatty acids but these acids were optically inactive and have not been studied thoroughly. In the case of the leprosy bacillus, the acetone-soluble fat (*53*) was found to contain several liquid saturated fatty acids giving ether-soluble lead salts. These acids were all dextrorotatory and belonged apparently to the $C_{16}$, $C_{19}$, and $C_{22}$ series.

Further studies of the liquid saturated fatty acid fraction of the human tubercle bacillus will undoubtedly lead to the isolation of other new acids. In the distillation of the mixed liquid saturated fatty acid esters obtained from the acetone-soluble fat, comparatively large amounts, nearly one-third, of semi-solid esters remain as a residue which is not volatile in a high vacuum at a temperature of about 350°. The nature of this material has not been determined but it is evident that it must contain acids of very high molecular weight.

WAGNER-JAUREGG (*63*) examined some liquid saturated fatty obtained from the acetone-soluble fat of certain bacterial residues from the preparation of tuberculin. The type of bacilli employed in his work was not given but since the liquid saturated acids were optically inactive it would seem likely that some strain of bovine rather than human tubercle bacilli had been used. From the mixture of acids the above author isolated a small amount of a crystalline tribromoanilid, m. p. 66–68°, and which corresponded in composition to the formula $C_{35}H_{60}NOBr_3$ representing an acid of the formula $C_{29}H_{58}O_2$. The acid, designated by the name "Tuberkelsäure", was not isolated in the free state nor were its properties determined.

The acetone-soluble fat of the leprosy bacillus (*53*) yielded a more complex mixture of fatty acids than any of the other acid-fast bacteria. The ordinary saturated acids were represented by *caproic*, *myristic*, *palmitic*, *stearic*, *arachidic*, *behenic*, and *tetracosanoic acids*, together with several new optically active acids of high molecular weight. The unsaturated acids after catalytic reduction were represented by acids of the $C_{14}$, $C_{16}$, $C_{18}$, $C_{20}$, $C_{21}$, $C_{22}$, and $C_{25}$ series.

The percentage composition of the acetone-soluble fats of the acid-fast bacteria after separation of the principal products of saponification, is shown in *Table 7*.

Table 7. Percentage Composition of the Acetone-Soluble Fats.

| | Human % | Avian % | Bovine % | Timothy % | Leprosy % |
|---|---|---|---|---|---|
| Water-soluble compounds .. | 6,6 | 11,7 | 9,3 | 4,8 | [1] |
| Total fatty acids .......... | 83,3 | 59,1 | 83,9 | 74,0 | 75,6 |
| Unsaponifiable matter ..... | 10,3 | 20,1 | 13,1 | 22,1 | 22,0 |
| Solid fatty acids .......... | 30,3 | 8,6 | 32,4 | 15,9 | 38,0 |
| Liquid fatty acids ......... | 50,6 | 33,2 | 45,0 | 44,6 | 35,0 |
| Iodine no. of liquid acids .. | 53,8 | 35,0 | 65,6 | 65,0 | 63,8 |
| Reduced solid acids ....... | 12,5 | 16,9 | 10,6 | 12,0 | 25,8 |
| Liquid saturated acids ..... | 38,0 | 7,2 | 18,6 | 19,2 | 7,5 |

## Acid-fast bacterial waxes.

The so-called bacterial waxes represent the chief ether-soluble constituents of the bacteria and as may be seen from the data in Table 1 (p. 149) amount to from 5 to 11% of the total bacterial mass. As has already been mentioned the waxes were obtained by extraction with chloroform of the bacterial residues which remained after exhaustive extraction with a mixture of equal parts of alcohol and ether. The chloroform extracts on evaporation to dryness gave the crude wax fractions. These fractions were purified by precipitation from ether or chloroform solutions with acetone or methyl alcohol until white powders were obtained.

The properties and cleavage products of the purified wax fractions are shown in *Table 8*.

Table 8. Properties and Cleavage products of the purified wax fractions of acid-fast bacteria.

| | Human | Avian | Timothy | Bovine | Leprosy |
|---|---|---|---|---|---|
| Melting point ............. | 200–205° | 54–55° | 45° | 47–54° | 50–51° |
| $[\alpha]_D$ in $CHCl_3$ ........... | — | + 38,6° | + 15,1° | + 15,6° | + 4,0° |
| Phosphorus ............. % | 0,41 | Trace | 0,29 | 0,30 | None |
| Nitrogen ................ % | 0,77 | None | 0,41 | 0,16 | None |
| Ether-soluble } Cleavage products } % | 70,0 | 93,0 | 81,0 | 85,8 | 100,0 |
| Water-soluble } Cleavage products } % | 40,0 | 11,0 | 7,6 | 10,3 | 7,0 |

[1] A portion of the water-soluble material was lost but crystalline trehalose was isolated from the portion that was saved.

A closer study of the cleavage products of the waxes which are liberated on saponification has shown that we are not dealing with true waxes in the ordinary sense since waxes of plant or animal origin are defined as esters of higher fatty acids with higher alcohols. The wax-like fractions isolated from acid fast bacteria yield on saponification higher fatty acids, mainly optically active hydroxy acids of very high molecular weight, certain higher alcohols together with carbohydrates and in some cases glycerol. It is evident, therefore, that the *bacterial waxes represent mixtures of glycerides, true waxes, and fatty acid esters of carbohydrates*. These compounds are so similar in solubility that they cannot be separated by the usual methods.

**The wax from the human tubercle bacillus.**

The crude chloroform soluble wax (*64*) was separated by precipitation from ethereal solution with methyl alcohol and from solution in toluene with methyl alcohol. The purified wax thus obtained represented about 78% of the original material and it was a white powder, m. p. 200–205° with decomposition. The mother liquors on concentration to dryness left a soft yellowish salve-like mass which was designated "soft wax".

The purified wax on saponification gave about 70% of ether-soluble material and 40% of water soluble carbohydrate. The ether-soluble components were found to contain only a small amount of fatty acids, apparently a mixture of *palmitic*, *stearic* and *hexacosanoic acids*, together with *oleic acid* and a liquid saturated fatty acid whose lead salt was soluble in ether. This latter acid had a levorotation of –1,6°, and the neutral equivalent was 381.

The chief ether-soluble constituent was an hydroxy acid of very high molecular weight which was designated by the term "*unsaponifiable wax*" (*65*). This substance amounted to about 56% of the purified wax and it possessed very interesting properties. The substance was a snow white powder composed of fine globular particles and it melted at 57–58°. It was a saturated compound because it did not decolorize bromine in chloroform, but on prolonged contact with an excess of bromine a small amount of bromine was absorbed, apparently by substitution because hydrobromic acid was liberated. That the substance was an acid was shown by the fact that it formed salts and it also acted as an alcohol because it formed a monoacetyl derivative when acetylated with acetic anhydride in pyridine solution.

The potassium and silver salts were prepared and analyzed. The potassium salt was soluble in ether, chloroform, and benzene, and the silver salt dissolved easily in benzene and chloroform, but it was only slightly soluble in ether.

Analytical results of the free acid corresponded to the formula $C_{94}H_{188}O_4$. The equivalent weight determined by titration, as well as the analyses of the potassium and silver salts also agreed with this formula. It was shown that the acid liberated a volatile iodide when heated with hydriodic acid according to the ZEISEL method. The volatile iodide if calculated as isopropyl iodide corresponded to 4% of glycerol and if calculated as methyl iodide it was equivalent to 1,34% of methoxyl. When the acid was heated under reduced pressure to a temperature of 250–300° it cracked and a crystalline acid distilled off leaving a non-volatile nearly colorless unsaturated residue. The acid obtained by distillation crystallized in thin colorless plates, m. p. 88–89°, mol. wt. 399, and was identified as normal *hexacosanoic acid* $C_{26}H_{52}O_2$ (*66*).

The substance called "unsaponifiable wax" is of particular interest because it is the only compound which we have isolated from the tubercle bacillus that possesses the property of *acid-fastness*. The property of acid-fastness of the acid-fast bacteria has been attributed to the fatty or waxy material contained in these organisms. This subject has been reviewed by LONG (*9*). ARONSON (*67*), who first called attention to the wax of the tubercle bacillus, reported that it was acid-fast. Similar observations have been reported by BULLOCH and MACLEOD (*46*), and TAMURA (*3*) found that mykol was acid-fast. The "unsaponifiable wax" that we have described must therefore be identical with the higher alcohols mentioned by earlier investigators.

More recent investigations in this laboratory have shown that the "unsaponifiable wax" had not been completely saponified (*68*). Prolonged refluxing of the "unsaponifiable wax" in a mixture of benzene and methyl alcoholic potassium hydroxide was continued until no further cleavage products could be detected. This treatment resulted in the liberation of 3,4% of fatty acids and 1,8% of the alcohol *phthiocerol*. The material after this purification resembled the original "unsaponifiable wax" in properties but the molecular weight determined by titration was somewhat lower. The purified substance was given the name *mycolic acid* (*68*). Mycolic acid does not decolorize a chloroform solution of bromine, hence it is a saturated compound. According to analysis it contains one OH group and one $OCH_3$ group. The simplest formula calculated from the composition, C 81,76, H 13,34, and allowing for one carboxyl, one hydroxyl, and one methoxyl is $C_{88}H_{172}O_4$. The hydrogen value was slightly low for a saturated compound but mycolic acid absorbed neither iodine nor bromine. It cannot be determined from the present data whether the simplest formula of mycolic acid is $C_{88}H_{172}O_4$ or $C_{88}H_{176}O_4$. Mycolic acid melts at 54–56°; $[\alpha]_D = +1,8°$, and the average molecular weight determined by titration of seven different preparations was 1284.

Mycolic acid when tested by the ZEISEL method gave 1,4% of methoxyl and in this case the volatile iodide was identified as methyl iodide. Iodomycolic acid, which was obtained from the residue after the ZEISEL determination, contained varying amounts, from 7,19 to 19.3%. of iodine, depending upon the strength of the hydriodic acid and the length of time of heating.

When mycolic acid was heated under reduced pressure to a temperature of 280–350° it behaved exactly as did the "unsaponifiable wax" (*69*) under the same condition. A colorless crystalline distillate was obtained in a yield of 23,6% which was identified as normal hexacosanic acid.

The non-volatile residue was a nearly colorless wax-like mass which was unsaturated and it could be separated into several fractions by precipitation from ethereal solution. The various fractions, although differing in melting points, had practically the same composition. They showed a low levorotation, contained a small percentage of methoxyl and the iodine numbers varied from 24 to 28.

The alcohol phthiocerol having the formula $C_{35}H_{72}O_3$ or $C_{36}H_{74}O_3$ which is one of the constant cleavage products encountered in the analysis of the wax fractions of the human tubercle bacillus will be considered in the section dealing with the higher alcohols.

The ***carbohydrate*** which is obtained on aponification of the purified wax (*70*) is a complex polysaccharide which gives a ***precipitin reaction*** with immune serum. It contains phosphorus and nitrogen and on hydrolysis it yields reducing sugars. The phosphorus-containing substance is an organic phosphoric acid which has not been identified. Among the mixture of reducing sugars it was possible to identify ***d-mannose, d-arabinose,*** and ***d-galactose***. In addition small amounts of ***glucosamine hydrochloride*** and ***inosite*** were isolated.

The occurrence of d-arabinose among the cleavage products of the polysaccharide is a matter of some interest because d-arabinose is very seldom found in nature but it is apparently a large and constant component of the polysaccharides of the tubercle bacillus. HEIDELBERGER and MENZEL (*71*) isolated d-arabinose from the cleavage products of the specific polysaccharide of the tubercle bacillus, and we have encountered d-arabinose in the hydrolysis products of several polysaccharides of the lipid fractions of the human tubercle bacillus.

### The Timothy bacillus wax.

The chloroform soluble wax of the timothy grass bacillus was purified by repeated precipitation from ethereal solutions with acetone until a white amorphous powder was obtained (*72*). The purified wax was easily soluble in ether, chloroform, and benzene, but almost completely insoluble in alcohol or acetone. The substance gave no sterol color reactions.

The chief constituents obtained on saponification of the wax were optically active, unsaturated, hydroxy fatty acids of unknown constitution and of very high molecular weight. None of the ordinary fatty acids were present. Only one of the higher acids could be obtained in a state approaching purity. The composition of this acid, C 78,30, H 12,78, would correspond to the formula $C_{70}H_{138}O_6$. It was apparently a dibasic acid and it contained 1 hydroxyl group but no methoxyl. The acid melted at 56–57°; $[\alpha]_D$ in $CHCl_3 = + 6{,}1°$, Iodine number 15,2, molecular weight by titration 518 and by the RAST method 1000.

The wax contained 13% of unsaponifiable matter from which two new and previously unknown alcohols were isolated, namely, *d-eicosanol-2*, $CH_3(CH_2)_{17}CHOH \cdot CH_3$, and *d-octadecanol-2*, $CH_3(CH_2)_{15}CHOH \cdot CH_3$. These alcohols are described in more detail in the section dealing with higher alcohols.

The water-soluble cleavage products of the wax consisted of 3% of glycerol, which was identified by means of the crystalline tribenzoyl derivative, and 4,6% of a carbohydrate. The carbohydrate was identified as the disaccharide *trehalose* by means of the crystalline octaacetate.

Judging by the cleavage products obtained the timothy bacillus wax is a complex mixture of solid glycerides, esters of fatty acids with trehalose, and fatty acid esters of the two higher alcohols.

### The wax from the avian tubercle bacillus.

The chloroform soluble wax isolated from the avian tubercle bacillus by ANDERSON and ROBERTS (27) was purified and analyzed by REEVES and ANDERSON (73). The crude wax was a slightly yellowish powder, m. p. 53–54°, $[\alpha]_D$ in $CHCl_3 = + 25{,}6°$, iodine number 7,8, saponification number 77. A trace of phosphorus was present but nitrogen, sulfur and halogen were absent. The substance was purified by precipitation from solution in ether or chloroform by adding methyl alcohol and was thus separated into two principal fractions. The purified wax fractions were obtained as white powders and had the constants given in *Table 9*.

Table 9. Constants of the avian tubercle bacillus wax.

| | Fraction I | Fraction II |
|---|---|---|
| Purified wax, g. | 69,6 | 62,2 |
| Melting point | 54–55° | 53–55° |
| Iodine number | 4,5 | 8,7 |
| $[\alpha]_D$ in $CHCl_3$ | + 38,6° | + 17,7° |

Table 10. Cleavage products of avian tubercle bacillus wax.

| | Fraction I | Fraction II |
|---|---|---|
| Carbohydrate % | 12,3 | 5,6 |
| Higher hydroxy acids % | 81,0 | 84,8 |
| Lower fatty acids % | 2,4 | 6,8 |
| Unsaponifiable matter % | 9,9 | 9,0 |

Except for a lower optical rotation and a somewhat greater solubility Fraction II was very similar to Fraction I. The cleavage products obtained after saponification of the two products were also similar as shown in *Table 10*.

The lower optical rotation observed in the case of Fraction II was no doubt due to the lower percentage of carbohydrate.

The only water soluble cleavage product found was the carbohydrate. No glycerol could be detected. The carbohydrate was identified as the disaccharide *trehalose*.

The unsaponifiable matter consisted of the two new alcohols first isolated from the timothy bacillus wax, namely *d-eicosanol-2* and *d-octadecanol-2* of which d-eicosanol-2 was present in the larger amount.

The ether-soluble components consisted mainly of higher hydroxy acids Very small amounts of lower fatty acids were present and no ordinary fatty acid could be found.

The higher hydroxy acids formed potassium salts that were practically insoluble in alcohol. The potassium salts were easily soluble in ligroin and it was possible to effect a separation of the potassium salts into two fractions by extracting the ligroin solution with methyl alcohol. A portion of the potassium salt designated Fraction $B_I$ passed into the methyl alcohol while the potassium salt which remained in the ligroin was designated Fraction $B_{II}$. The free acids isolated after this separation were found to be distinctly different in composition as shown in *Table 11*.

Table 11. Properties of avian wax acids.

| | Fraction $B_I$ avian-α-mycolic acid | Fraction $B_{II}$ avian-β-mycolic acid |
|---|---|---|
| Free acid, m. p. | 69–70° | 60–61° |
| $[\alpha]_D$ in $CHCl_3$ | + 5,6° | + 5,5° |
| Analysis | C 78,99, H 12,78 | C 82,46, H 13,49 |
| Mol. weight by titration | 501–520 | 1280–1300 |
| Approximate formula | $C_{38}H_{74}O_3$ | $C_{88}H_{174}O_3$ |
| Acetyl derivative, m. p. | 54–55° | 48–57° |
| Methyl ester, m. p. | 54–55° | 49–50° |
| Bromo derivative | Br 22,4% | Br 22,9% |
| Iodine number | 6,5 | 5,5 |

The avian wax acids, like all the other wax acids that we have analyzed, were non-crystalline. The acids separated from solution in the form of fine colorless granular particles.

The avian wax acid, Fraction $B_{II}$ the potassium salt of which remained in the ligroin solution on extraction with methyl alcohol resembled the mycolic acid (*68*) obtained from the human tubercle bacillus, the chief difference being that it did not contain any methoxyl group. A characteristic property of mycolic acid on pyrolysis at 250–300° under reduced pressure is that it splits or cracks, yielding normal hexacosanoic acid which distills off and a non-volatile unsaturated residue. It appeared of interest, therefore, to subject the avian wax acid to pyrolysis under the same conditions (*74*).

When the avian acid Fraction $B_{II}$ was heated in a distilling flask under reduced pressure to 250–300° a crystalline acid distilled off in a yield of about 21% and a non-volatile unsaturated neutral residue remained in the flask. In this case, however, the volatile acid was not hexacosanoic acid but it was found to be *n-tetracosanoic* acid $C_{24}H_{48}O_2$. The avian wax acid by reason of its similarity to mycolic acid has been named ***avian β-mycolic acid.***

Avian wax acid, Fraction $B_I$ which has been named ***avian α-mycolic acid*** was also subjected to pyrolysis. In this case a crystalline acid distilled off in a yield of about 25% leaving a non-volatile residue. The acid obtained on pyrolysis in this experiment was different from all of the other volatile acids which we have obtained and it corresponded in molecular weight and composition to a pentacosanoic acid, $C_{25}H_{50}O_2$. The acid melted at 78–79° and crystallized in feathery forms instead of in thin plates in which form the higher normal fatty acids crystallize. The low melting point and peculiar crystal form of this acid would indicate that it is not a normal straight chain acid but that it probably possesses a branched chain structure.

It is evident from the results of the pyrolysis experiment that avian α-mycolic acid cannot have the formula $C_{38}H_{74}O_3$ as suggested in Table 11 (p. 151), but twice this value or $C_{76}H_{148}O_6$. The composition of the acid and of its bromo derivative are in agreement with this formula.

## The wax of the bovine tubercle bacillus.

The chloroform soluble wax of the bovine tubercle bacillus isolated by Anderson and Roberts (*28*) amounted to 63,6% of the total lipoids and to 8,5% of the dried bacteria. An analysis of this wax was reported by Cason and Anderson (*75*). The results obtained indicate that the bovine bacillus wax is similar in composition to the wax found in the alcohol-ether extract of the human tubercle bacillus and which was analyzed by Wieghard and Anderson (*61*).

The crude wax was purified by precipitation from ether solution with methyl alcohol. The purified wax was a nearly white powder which melted at 47–54°, $[\alpha]_D$ in benzene $= +15{,}5°$. It contained 0,30% of phosphorus and a trace of nitrogen, and the iodine number, 3,2, indicated that the substance contained a very small amount of unsaturated compounds.

Saponification of the purified wax yielded the products shown in *Table 12* (p. 170).

Table 12. Cleavage products of the bovine bacillus wax.

| | | |
|---|---|---|
| Glycerol | % | 1,33 |
| Carbohydrate | % | 9,02 |
| Wax acids (crude bovine mycolic acid) | % | 61,03 |
| Fatty acids | % | 19,40 |
| Unsaponifiable matter | % | 5,38 |

The glycerol was identified by means of the tribenzoyl derivative. The carbohydrate gave no reduction with FEHLING's solution until after it had been hydrolyzed with acids. It gave no pentose or ketose color reactions and it contained 2,2% of phosphorus and a trace of nitrogen. In aqueous solution $[\alpha]_D^{25} = +67,5°$. The substance contained some free organic phosphoric acids which were removed as water-insoluble lead salts. These acids consisted of glycerophosphoric acid and a more complex acid. The polysaccharide after removal of the organic phosphoric acid was isolated and purified but it could not be obtained in crystalline form. It contained 0,72% of phosphorus and 0,18% of nitrogen. The purified polysaccharide was hydrolyzed and the cleavage products were examined. A portion of the solution was tested for glucosamine by the method of PALMER, SMYTH, and MEYER (*76*) but the reaction indicated only a trace of glucosamine. The nature of the nitrogen compound could not be determined. An organic phosphoric acid was isolated which appeared to be slightly impure inosite monophosphoric acid. The balance of the hydrolyzed solution yielded mannose which was isolated as the phenylhydrazone and a small amount of crystalline inosite.

The wax acids strongly resembled the "unsaponifiable wax" or mycolic acid (*68*) isolated from the human tubercle bacillus wax, both in properties and in composition, and like the latter it was extremely stable. The "unsaponifiable wax" isolated after the first saponification was refluxed for 72 hours in benzene-alcoholic potassium hydroxide which resulted in the liberation of 7,5% of fatty acids and 1,5% of neutral material. The principal product corresponded in properties to mycolic acid and accordingly was named *bovine mycolic acid.* Bovine mycolic acid melted at 56–58°, $[\alpha]_D$ in $CHCl_3 = +2,7°$, mol. wt. by titration 1219. The acid contained 1 hydroxyl and 1 methoxyl and on combustion gave C 82,10, H 13,60. When bovine mycolic acid was heated in a distilling flask under reduced pressure to 250–300° a crystalline acid distilled off which was identified as *normal hexacosanoic acid*, m. p. 87–88°, mol. wt. by titration 399.

The lower fatty acids contained some interesting new acids. The mixed acids were separated by means of the lead salt-ether procedure into solid and liquid acids. The solid acids were separated by distillation of their methyl esters into two principal fractions. Fraction I, m. p. 27–28° was *methyl palmitate*, which on saponification gave pure palmitic acid, m. p. 62–63°. The second pure ester fraction gave on saponification an acid which crystallized from acetone in diamond-shaped crystals and from methyl alcohol in boat-shaped needles. The acid melted at 76–77° mol. wt. by titration 368, and the composition agreed with the theoretical values for a *tetracosanoic acid*, $C_{24}H_{48}O_2$. The low melting point and unusual crystal form would indicate that the acid possessed a branching structure.

The acids isolated from the ether-soluble lead salts formed a semi-solid mass with an iodine number of 5. After catalytic reduction and repetition of the lead salt-ether separation a small amount of solid reduced acids were obtained from which no pure acid could be isolated. The acids recovered from the ether soluble lead salts were separated by fractional distillation of their methyl esters.

Fraction I. The ester was a colorless oil which melted at 0° and it was optically inactive, $n_D^{25} = 1{,}4436$, $d_4^{25} = 0{,}8620$, and the saponification value corresponded to a molecular weight of 301. The free acid isolated after saponification was a colorless crystalline mass, m. p. 29–30°, mol. wt. by titration 284,5. The composition was in close agreement with the theoretical values for a saturated acid of the formula $C_{18}H_{36}O_2$. The 2,4,6-tribromoanilide (77) was prepared and recrystallized until the melting point was constant at 96–96,5°. The crystals, snow white needles, gave values on analysis which agreed closely with the formula $C_{24}H_{38}ONBr_3$.

It is evident from the properties and composition of this acid that it is an analog of tuberculostearic acid, $C_{19}H_{38}O_2$ (*62*), and that it is an *isomer of stearic acid*, $C_{18}H_{36}O_2$. The properties of the acid indicate that it possesses a branched chain structure but the constitution of the acid has not been determined.

Fraction II. The ester distilled at 172–175° at 0,003 mm. pressure. The ester melted at 22–24°, $[\alpha]_D^{20} = -5{,}3°$, $n_D^{25} = 1{,}4519$, $d_4^{25} = 0{,}8562$. The ester was saponified and the free acid was obtained as a wax-like non-crystalline mass, m. p. 33–34°, $[\alpha]_D^{20} = -3{,}98°$, mol. wt. by titration 430. The properties of this acid resemble those of the levorotatory acid isolated from the human tubercle bacillus (*61*) but the acid was apparently a mixture as it did not yield a pure tribromoanilide.

## The unsaponifiable matter or neutral material.

The neutral or unsaponifiable matter obtained gave no sterol color reactions. This fraction consisted mainly of the dihydroxy monomethoxy alcohol *phthiocerol* (*78*) which was first isolated from the wax fractions of the human tubercle bacillus. The alcohol isolated from the bovine tubercle bacillus wax was identical in properties and composition with phthiocerol. The substance melted at 73–74°, $[\alpha]_D$ in $CHCl_3 = -4{,}06°$, and it contained 2 hydroxyl groups and 1 methoxyl group.

In general it may be stated that the wax from the bovine tubercle bacillus is *similar in composition* to the wax found in the alcohol-ether extract of the human tubercle bacillus. Both waxes contain polysaccharides which give inosite and mannose on hydrolysis. The principal ether-soluble constituents, namely mycolic acid and bovine mycolic acid, are practically identical in properties and composition. It appears to be significant that the waxes of the bovine and human tubercle bacilli contain the alcohol phthiocerol which has not been found in the waxes of the other acid-fast bacteria. The similarity in the chemical composition of the waxes of the two types of bacilli apparently indicate a close relationship of these organisms, a relationship which is also shown in their pathogenicity.

*Composition of leprosin.*

In the purification of the phosphatide from the leprosy bacillus a considerable amount of a wax-like substance could be recovered from the mother liquors and this substance was given the name leprosin. The analysis of leprosin was reported by ANDERSON, CROWDER, NEWMAN, and STODOLA (79). The purified product was a white amorphous powder, m. p. 50–51°, $[\alpha]_D$ in $CHCl_3 = +4$ , iodine number 5, and it was free from phosphorus, nitrogen, sulfur, and ash. After saponification leprosin gave about 6% of glycerol as the only water-soluble constituent, 30% of ordinary fatty acids, 63% of leprosinic acid and other higher fatty acids, and 7% of neutral unsaponifiable matter. The ordinary fatty acids consisted of a mixture of myristic, palmitic, stearic, possibly a tricosanoic acid, and tetracosanoic acid.

The principal ether soluble component of leprosin was an hydroxy acid of high molecular weight analogous to mycolic acid, to which the name *leprosinic acid* was given. Leprosinic acid represented about 20% of leprosin. It melted at 62–63°, $[\alpha]_D$ in $CHCl_3 = +4{,}0°$, iodine number 6, and it was acid fast. The exact formula and molecular weight of leprosinic acid could not be determined but its composition corresponded to the formula $C_{44}H_{88}O_3$, it is, however, probable that this formula should be multiplied by 2.

The unsaponifiable matter gave no sterol color reactions. It was possible to isolate from this fraction two higher secondary alcohols, namely *d-eicosanol-2* and *d-octadecanol-2* which were identical with the same alcohols obtained from timothy bacillus wax and from the avian tubercle bacillus wax.

The soft wax which was obtained from the mother liquors in the preparation of the "purified wax" from the human tubercle bacillus was analyzed by ANDERSON (*80*). The cleavage products obtained on saponification consisted of 5,48% of glycerol, no carbohydrate was present, 13,59% of unsaponifiable matter, 12,28% of "unsaponifiable wax", that is crude mycolic acid, and 69,51% of fatty acids. The unsaponifiable matter contained the alcohol phthiocerol (*87*). It is evident that this wax fraction consisted mainly of glycerides together with a small amount of true wax.

## The wax found in the alcohol-ether extract of the human tubercle bacillus.

The lipoids extracted from the human tubercle bacillus with a mixture of equal parts of alcohol and ether consist mainly of acetone soluble fat and phosphatide, but a small amount of wax-like material is also present. The greater portion of this wax is obtained from the mother liquors in the purification of the phosphatide. This wax-like material has been analyzed by WIEGHARD and ANDERSON (*61*). The crude wax was purified by precipitation from ethyl acetate and from ether solution by addition of acetone and thus separated into three fractions which had the following constants as shown in *Table 13*.

Table 13. Constants of wax fractions.

| Fraction number: | I | II | III |
|---|---|---|---|
| Weight, g. | 32,0 | 27,5 | 27,0 |
| Melting point | 45–46° | 36–38° | 26–28° |
| $[\alpha]_D$ in $CHCl_3$ | — 0,8° | + 19,0° | + 27,4° |
| Ash % | 0,78 | 0,75 | 0,73 |
| Nitrogen % | 0 | 0,14 | 0,24 |
| Phosphorus % | 0,32 | 0,19 | 0,13 |
| Iodine number | 0 | 9,1 | 19,6 |
| Saponification number | 46 | 122 | 136 |

The following cleavage products were obtained after complete saponification of Fraction I. The water-soluble compounds consisted of a small amount of *glycerol* which was identified by means of the tribenzoyl derivative and a small amount of carbohydrate which yielded *inosite* and *mannose*.

The ether-soluble components consisted mainly of *mycolic acid* together with notable quantities of n-*hexacosanoic acid*, *tuberculostearic acid*, a levorotatory acid and the alcohol *phthiocerol*. The levorotatory acid gave a lead salt which was easily soluble in ether. The free acid melted at 37–38°, $[\alpha]_D$ in ether −7 to −10°, mol. wt. by titration 466. The composition and molecular weight data are in agreement with the formula $C_{31}H_{62}O_2$.

Wax fractions II and III gave, on saponification, small amounts of glycerol and carbohydrate, and a mixture of fatty acids, but no mycolic acid was found. The alcohol phthiocerol was present in both fractions. The fatty acids was a complex mixture of solid saturated acids, liquid unsaturated acids, and liquid saturated fatty acids. The solid saturated fatty acids was a mixture containing palmitic, stearic, and hexacosanoic acids. The unsaturated acids on catalytic reduction gave hexacosanoic acid and some lower acid which was not identified. The liquid saturated acids consisted mainly of phthioic acid. Certain higher optically active acids were also present but could not be identified.

The results of the analyses of these wax fractions indicate they were all *mixtures of glycerides, esters of fatty acids with carbohydrates and esters of fatty acids with the alcohol phthiocerol.*

## Higher alcohols in acid-fast bacteria.

The occurrence of higher alcohols in the unsaponifiable fractions derived from the lipoids of the tubercle bacillus has been suggested by many of the earlier investigators, namely by KRESLING (*3*), BULLOCH and MACLEOD (*46*), DORSET and EMERY (*81*), AUCLAIR and PARIS (*3*), FONTES (*82*), PANZER (*83*), and by KOZNIEWSKI (*3*), but neither the properties nor composition of the supposed alcohols had been determined. A higher alcohol called "mykol" was isolated by TAMURA (*3*) from *Mycobacterium lacticola perrugosum.* Mykol was described as a monohydric alcohol of the formula $C_{29}H_{56}O$, m. p. 66°. It was stated to be acid-fast and on bromination it gave a monobromide $C_{29}H_{55}BrO$. The benzoyl derivative was prepared and its composition agreed with the theoretical. The same author isolated a substance from the unsaponifiable matter of the tubercle bacillus whose physical properties were stated to be identical with those of mykol, but in this case no analyses were reported nor were any derivatives described.

The work reported by TAMURA has received general acceptance until mykol is described in monographs and text books as a characteristic constituent of the unsaponifiable fraction of the tubercle bacillus lipoids. GORIS (*10*) in his work states that he isolated mykol from various tubercle bacillus lipoid fractions but neither GORIS nor anyone else has taken the trouble to analyze mykol obtained from the tubercle bacillus. In every case the substance has been identified by its physical properties and melting point.

In our experiments we have searched in vain for mykol. We have encountered large quantities of substances with properties similar to those of mykol, but these substances have been found to be hydroxy acids of high molecular weight. We have named these acids *mycolic acids.* It may be possible that the mykol described by TAMURA (*3*) is a constituent of ***Mycobacterium lacticola perrugosum*** but all the evidence from our work would indicate that mykol does not occur in the tubercle bacillus. Accordingly, we would suggest that the term "mykol" be deleted from the literature dealing with the tubercle bacillus lipoids.

BÜRGER (*84*) described two alcohols isolated from the unsaponifiable matter of the tubercle bacillus. These substances were non-crystalline and not thoroughly studied or purified. Nevertheless BÜRGER assigned to these substances the tentative formulae $C_{19}H_{36}O$ and $C_{15}H_{28}O$. No one else has reported finding these alcohols and in all probability they do not exist.

The first higher alcohols to be isolated and definitely identified as constituents of the unsaponifiable matter of an acid-fast bacterium were described by PANGBORN and ANDERSON (*72*), who found ***d-eicosanol-2*** and ***d-octadecanol-2*** in the neutral or unsaponifiable matter of the wax of the timothy bacillus. Although neither of these alcohols had been described previously it was possible to isolate them in pure form and to determine their composition and chemical constitution. It was found that the alcohols were dextrorotatory monohydric alcohols and on oxidation with chromic acid the corresponding ketones were obtained in practically quantitative yield. Both the alcohols and the ketones were beautifully crystalline substances.

The ketones prepared by oxidation were identified as 2-eicosanone, $CH_3(CH_2)_{17}CO \cdot CH_3$ and 2-octadecanone, $CH_3(CH_2)_{15}CO \cdot CH_3$. The constitutions of the corresponding alcohols were accordingly as follows: d-eicosanol-2, $CH_3(CH_2)_{17}CHOH \cdot CH_3$ and d-octadecanol-2, $CH_3(CH_2)_{15} \cdot CHOH \cdot CH_3$.

The properties of the above mentioned alcohols and ketones are given in *Table 14*.

Table 14. Properties of the $C_{20}$ and $C_{18}$ alcohols and ketones.

| | m. p. | $[\alpha]_D$ in $CHCl_3$ | | m. p. |
|---|---|---|---|---|
| d-Eicosanol-2 | 62–63° | + 4,2° | 2-Eicosanone | 58–59° |
| Acetyl derivative | 35–37° | + 1,5° | Semicarbazone | 128° |
| Benzoyl derivative | 39–40° | — | Oxime | 73–74° |
| Phenylurethane | 78–78,5° | | | |
| d-Octadecanol-2 | 56° | + 5,7° | 2-Octadecanone | 52° |
| Phenylurethane | 72–73° | + 7,9° | Semicarbazone | 127,5° |

The alcohols d-eicosanol-2 and d-octadecanol-2 were next identified as constituents of the unsaponifiable matter of leprosin by ANDERSON, CROWDER, NEWMAN, and STODOLA (*79*). Leprosin is a wax-like substance obtained from the mother liquor in the purification of the phosphatide of *Bacillus leprae*.

Reeves and Anderson (*73*) in analyzing the chloroform soluble wax of the avian tubercle bacillus also found that the unsaponifiable matter contained *d-eicosanol-2* and *d-octadecanol-2*. In view of the fact that these two higher alcohols have been isolated in crystalline form from three different types of acid-fast bacteria and identified by analyses, melting points, optical rotation and characteristic derivatives, the occurrence of these alcohols can be regarded as definitely established.

Crowder, Stodola, and Anderson (*85*) isolated two interesting higher alcohols possessing phenolic properties from the unsaponifiable matter of the acetone-soluble fat of *B. leprae* which were designated by the names α- and *β-leprosol*. Both alcohols were identical in reactions and in composition and corresponded to the formula $C_{26}H_{46}O_2$ or possibly $C_{25}H_{44}O_2$. The only difference observed was in solubility and melting points. The less soluble of the two compounds was called α-leprosol, m. p. 100–101° while the more soluble β-leprosol melts at 84–85°.

The chemical constitutions of the leprosols have not been elucidated completely but it was found that 1 oxygen atom is present in the form of hydroxyl while the other oxygen is present as a methoxyl group. Both compounds are readily brominated forming monobromo derivatives and both give monoacetyl derivatives. The acetyl derivatives, on the other hand, are completely indifferent to bromine. The leprosols do not react with diazomethane but they are readily methylated in alkaline alcoholic solution with dimethyl sulfate forming dimethyl ethers. In the Zeisel reaction both leprosols are demethylated and yield crystalline dihydroxy compounds. The dihydroxy compounds form diacetates but they do not react either with diazomethane or with dimethylsulfate. The leprosols exhibit weakly acidic properties while phenolic properties are indicated by color reactions. The leprosols form slightly soluble addition compounds with digitonin but they give no color reactions for sterols.

The composition and reactions of the leprosols suggest that they are *phenolic compounds* containing a benzene nucleus and that the hydroxyl and methyl groups are in the ring and that there are one or more side chains.

In 1934 Stendal (*86*) announced the isolation from the cleavage products of the wax of the tubercle bacillus of a crystalline dihydric alcohol to which the name *phthoglycol* was given. The formula $C_{26}H_{54}O_2$ was assigned to this compound and it melted at 73° and had a levorotation of −4,2°.

In 1936 Stodola and Anderson (*87*) reported the results of an investigation of the higher alcohols occurring in the chloroform soluble wax of the human tubercle bacillus strain H-37. The only alcohol found was a substance to which the name *phthiocerol* was given. Phthiocerol crystallizes from ethyl acetate in rosettes of prismatic needles, m. p. 73–74°, $[\alpha]_D$ in chloroform = – 4.8°. The analytical values for phthiocerol, C 77.78, H 13,44, the average of three closely agreeing analyses, agree best with the formula $C_{35}H_{72}O_3$ but the formula $C_{36}H_{74}O_3$ can not be excluded. It was shown that phthiocerol contained 2 hydroxyl groups and 1 methoxyl group. After treatment with hydriodic acid and reduction of the resulting iodide a hydrocarbon was obtained which corresponded to the formula $C_{34}H_{70}$ and which melted at 58,5–59,5°. The constitution of phthiocerol has not yet been established but from the low melting point of the hydrocarbon it would appear probable that the substance possesses a branched chain.

The melting point and optical rotation of phthiocerol are identical with those reported by STENDAL for phytoglycol. It is very likely, therefore, that the two substances are identical, although the analyses and molecular weight determinations given for phytoglycol differ from the values found for phthiocerol.

Phthiocerol is apparently a constant and characteristic constituent of the wax of the human tubercle bacillus. It was shown, for instance, by REEVES and ANDERSON (*88*) that phthiocerol was present in the wax from four different strains of the tubercle bacillus, strains which had been recently isolated from cases of human tuberculosis. It was also shown by WIEGHARD and ANDERSON (*61*) that phthiocerol was a component of the wax that is contained in the alcohol-ether extract of the tubercle bacillus and which is obtained from the mother liquors in the purification of the tubercle bacillus phosphatide.

Phthiocerol is, however, not peculiar to the human type of the tubercle bacillus because it was shown by CASON and ANDERSON (*89*) that phthiocerol was one of the cleavage products of the chloroform soluble wax of the bovine tubercle bacillus. This observation would indicate that the bovine bacillus is more closely related to the human type of the tubercle bacillus than to the timothy grass, avian, and leprosy bacilli – an observation which is in agreement with the differences in pathogenicity of those organisms.

## Pigments in Tubercle Bacilli.

### Phthiocol.

The first pigment to be isolated in pure form from the human tubercle bacillus was *phthiocol*. ANDERSON and NEWMAN (*90*) obtained this pigment in the form of yellow prismatic crystals which melted at 173–174° and its composition corresponded to the formula $C_{11}H_8O_3$. The same authors (*91*) showed that on acetylation a monoacetyl derivative was obtained as light yellow crystals, m. p. 101–102° indicating the presence of one hydroxyl group in the compound. When the monoacetyl derivative was refluxed with zinc dust in glacial acetic acid and acetic anhydride it was converted into a colorless triacetyl derivative. The pigment was accordingly a quinone and the three atoms of oxygen were accounted for, one as a hydroxyl group and the other two as a quinone. On oxidation in alkaline solution with hydrogen peroxide phthalic acid was obtained. Judging by its composition, derivatives, and oxidation products, it was concluded that the pigment must be 2-methyl-3-hydroxy-1,4-naphthoquinone.

O

$-CH_3$

$-OH$

O

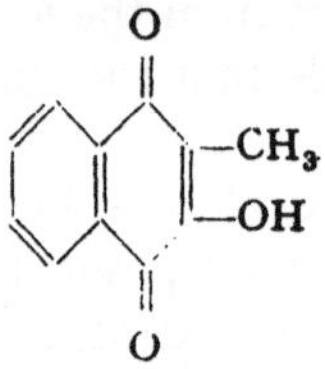

Phthiocol.

Although a large number of naphthoquinones have been prepared and described the above compound had never been prepared or described before our isolation of the substance from the tubercle bacillus.

ANDERSON and NEWMAN (92) succeeded in synthesizing phthiocol, 2-methyl-3-hydroxy-1,4-naphthoquinone, from 2-methyl naphthalene. The 2-methyl naphthalene was oxidized to the quinone and the latter compound was converted to the diacetyl derivative by reductive acetylation. The diacetyl derivative on saponification with alcoholic potassium hydroxide was at the same time partly oxidized to the desired 2-methyl-3-hydroxy-1,4-naphthoquinone in a yield of about 12 %.

Subsequently a new method of synthesis of phthiocol was published by NEWMAN, CROWDER, and ANDERSON (93). The new method consists in decarboxylating 3-hydroxy-1,4-naphthoquinone-2-acetic acid by heating the latter substance dissolved in diphenyl ether, with copper-barium-chromite catalyst. This synthesis involves a good many steps and is therefore more expensive and more time-consuming, but the yields were higher than by the first method.

The oxidation-reduction potential of phthiocol was studied by BALL (94) who determined values for $E_0'$ at $p_H$ ranging from 1,1 to 12,6. Phthiocol is the oxident of a reversible oxidation-reduction system whose potential is among the lowest reported for systems of biological origin. The same author reported that phthiocol is suitable for use as an oxidation-reduction indicator at $p_H$ values more alkaline than 6,0. A two-step oxidation-reduction of phthiocol was reported by HILL (95). Solutions of phthiocol were titrated reductively over a range of $p_H$ from 7,53 to 14,3 and it was found from an analysis of the titration curves that the separation of the two steps begins at about $p_H$ 9 and is more distinct at greater $p_H$'s. BALL (96) extended his studies of the oxidation-reduction potential of phthiocol in alkaline solutions and his results were in general agreement with those reported by HILL. Other studies of the oxidation-reduction potential of phthiocol and other quinones have been reported by LUGG, MACBETH and WINZOR (*97*).

DHÉRÉ (*98*) examined the fluorescence spectrum and found that phthiocol solutions showed none but that reduced phthiocol solutions exhibited fluorescence. CROWE (*99*) studied the ultraviolet absorption spectrum curve of phthiocol and observed in 95% alcoholic solutions selective absorption in the region of $\lambda$ 3850, 3340, 2780 and 2500 Å. The observed values would indicate that the same absorbing mechanism which is present in the naphthoquinones may be responsible for the selective absorption but modified to some extent by the methyl and hydroxyl groups present in phthiocol.

An extensive study of the pharmacological action of phthiocol has been reported by SUPNIEWSKI, HANO and TASCHNER (*100*).

## The occurrence of riboflavin in tubercle bacilli.

It is a common observation that liquid culture media upon which tubercle bacilli have been grown exhibit a yellowish green *fluorescence* in ordinary light and the same phenomenon may be observed in aqueous or dilute alcoholic extracts prepared from tubercle bacilli. Under the ultraviolet light such solutions exhibit an intense and beautiful bluish green fluorescence. The fluorescent pigment is readily adsorbed by Fuller's earth and it can be eluted by a mixture of pyridine-methyl alcohol-water. The fluorescent pigment can not be extracted from aqueous solutions by solvents, but after the solutions have been made alkaline and irradiated by exposure to strong light and then acidified, extraction with chloroform removes a greenish yellow fluorescent pigment which possesses all the properties of *lumiflavin*. The properties and fluorescence of the pigment indicate the presence of *riboflavin*. In addition to riboflavin tubercle bacilli contain another pigment which exhibits a beautiful blue fluorescence in ultraviolet light.

The identification of riboflavin in culture media upon which tubercle bacilli had been grown was first demonstrated by BOISSEVAIN, DREA and SCHULTZ (*101*). These investigators cultivated two human and two bovine strains of the tubercle bacillus on the SAUTON's medium (*4*) and determined the concentration of riboflavin spectrographically. They reported the following values of riboflavin per cc. of culture medium: Human H-37: 0,50 $\gamma$, Human $R_1$: 2,86 $\gamma$, Bovine N. J.: 0,85 $\gamma$, and BCG.: 1,07 $\gamma$.

The presence of riboflavin in tubercle bacilli was also reported by ROHNER and ROULET (*102*) who examined two bovine strains and one human strain of tubercle bacilli grown on the LOCKEMANN medium. The bacterial cells were first extracted with alcohol-ether for removal of lipoids after which the cells were extracted with water. After concentration of the flavin by adsorption on Floridin XS followed by elution the solution was made alkaline and irradiated, acidified, and extracted with chloroform. The lumiflavin contained in the chloroform extract was determined according to the method of KUHN, WAGNER-JAUREGG and KALTSCHMITT (*103*) by means of the PULFRICH Stufenphotometer. From the values obtained the authors estimate that 45 gm. of dry extracted bovine tubercle bacilli contained 0,74 mg. of flavin. Another strain of bovine tubercle bacilli examined by the same method yielded no flavin. A strain of the human tubercle bacillus grown under the same conditions and examined by the same procedure was found to contain 1,25 mg. of flavin per 45 gm. of dry cells.

Unpublished experiments performed in the authors laboratory by R. E. REEVES and H. R. STREET in 1936 showed that the human strains A-12 and A-14 and the avian strain of tubercle bacilli grown on the LONG synthetic medium (5) contained riboflavin. In these experiments the bacilli had been extracted with alcohol-ether and with chloroform in order to remove lipoids soluble in neutral solvents, after which the bacillary residue was extracted with 25% alcohol. The flavin contained in the latter extract was adsorbed on Fuller's earth, eluted with pyridine-methyl alcohol-water and determined as lumiflavin according to the methods of WARBURG and CHRISTIAN (*104*) and KUHN, WAGNER-JAUREGG and KALTSCHMITT (*103*). From the values obtained the flavin content of the dry bacilli was estimated to be as follows: Strain A-12, 13,0 mg., Strain A-14, 36,6 mg. and avian strain 19,3 mg. per kilogram. Concentrates of the flavin were prepared and fed to young rats. The addition of this concentrate to the food deficient in flavin caused the rats to grow as rapidly as those rats which received a corresponding quantity of crystalline riboflavin. It is evident from results mentioned above that *the tubercle bacillus cultivated on synthetic media is capable of synthesizing all the essential compounds required for its existence, including riboflavin.*

## Carotinoid pigments in acid-fast bacteria.

Whether carotinoid pigments are synthesized by the tubercle bacillus when cultivated on synthetic media is as yet unknown, at least no direct identification of such pigments has been described. Other acid-fast bacteria, however, apparently contain carotinoids.

The timothy grass bacillus grown on the LONG synthetic medium is highly pigmented. The acetone-soluble fat obtained from the bacillus is dark red in color while the chloroform-soluble wax is reddish-yellow. The pigment was examined by CHARGAFF (*105*) in the author's laboratory some years ago. Chromatographic adsorption analysis on a calcium carbonate column indicated the presence of three pigments, one of which was apparently *carotene* $C_{40}H_{56}$ and the possible presence of *xanthophyll* $C_{40}H_{56}O_2$ was also indicated.

Certain strains of the so-called leprae bacillus are highly chromogenic and their lipoid extracts are bright red in color. The isolation of a new carotene called *leprotin* from an unnamed strain of the leprosy bacillus was reported by GRUNDMANN and TAKEDA (*106*). Leprotin was studied more closely by TAKEDA and OHTA (*107*). The substance crystallized in thin copper-colored needles from benzene-methyl alcohol, melted in vacuo at 197°, and showed provitamin A activity and in composition corresponded to the formula $C_{40}H_{54}$.

## Firmly Bound Lipoids of Tubercle Bacilli.

It has been recognized for a long time that it is impossible to extract all of the lipoids or waxes from tubercle bacilli or other acid-fast bacteria by neutral solvents. A portion of the lipoids is apparently firmly combined in the cellular structure either with protein or carbohydrates and it is necessary to treat the bacterial cells with acids or alkali before all of the lipoids can be removed by neutral solvents. ARONSON (*67*) used a mixture of alcohol and ether containing 1% of hydrochloric acid for the complete extraction of lipoid material and this procedure has been employed by other investigators, namely BULLOCH and MACLEOD (*46*) and these investigations were extended by LONG (*108*) who reported that from 4 to 8% of additional lipoids could be extracted with petroleum ether from partly defatted bacilli after they had been treated with normal hydrochloric acid.

Other investigators, AGULHON and FROUIN (*47*), TERROINE and LOBSTEIN (*3*), and MODEL (*109*) have recommended the use of alkali for the liberation of the total lipoids.

Disintegration of the bacterial cells by strong alkali would naturally cause either complete or partial saponification of the fats, phosphatides, and waxes with the liberation of free fatty acids. In cases where this method is used very little information could be obtained concerning the composition of individual lipoid compounds. For this reason the milder treatment of the extracted bacteria with a mixture of alcohol and ether containing 1% of hydrochloric acid is to be recommended in cases where it is desired to study the composition of the lipoid material.

COGHILL and BIRD (*110*) reported a decided increase in the extractable lipoids of the timothy grass bacillus after treatment with acids or alkali and UYEI and ANDERSON (*30*) found that partly defatted leprosy bacilli gave about 17% of lipoids after the cells had been treated with alcohol-ether containing 1% of hydrochloric acid. The five strains of the human tubercle bacillus studied by CROWDER, STODOLA, PANGBORN and ANDER-

SON (*34*) yielded from 11 to 17% of additional ether-soluble compounds after the partly defatted cells had been treated with alcohol-ether containing 1% of hydrochloric acid. UMEZU and WAGNER-JAUREGG (*111*) report ether-soluble bound wax to the extent of 12,7% after defatted bacterial cells were treated with alkali. A review of this subject up to 1932 is given by LONG (*9*).

Although the presence of firmly bound lipoids had been observed in tubercle bacilli for about 40 years, no attempt had been made to examine this material by chemical methods. It was generally regarded, as stated in the review by LONG (*9*), that the material was similar to the wax which made up the bulk of the bacterial lipoids and it was known that it was acid-fast.

In 1937 an investigation of the firmly bound lipoids of two strains, A-10 and A-12, of the human tubercle bacillus was reported by ANDERSON, REEVES, and STODOLA (*112*). Both strains of bacilli had been exhaustively extracted with a mixture of alcohol and ether and with chloroform (*34*). In the case of strain A-10 the partly defatted cells were next extracted with 25% alcohol for the removal of polysaccharide, inorganic salts, nitrogen compounds, riboflavin, etc. Following this extraction the cell residue was treated with equal parts of alcohol and ether containing 1% of hydrochloric acid, the mixture being warmed to 50° under a reflux for 5 hours. The solvent was filtered off and the cells were exhaustively extracted with alcohol-ether, with ether, and with a mixture of ether and chloroform. The total lipoid material amounted to 12,2% of the bacteria. The material possessed very interesting properties and an unusual composition.

It was found, for instance, in attempting to filter a chloroform solution of the firmly bound lipoids that only a portion of the material would pass through a Chamberland filter. The unfiltrable portion was easily soluble in ether but in passing the ethereal solution through a Chamberland filter it was found that the filtrate consisted of nearly pure ether and that it contained a very small amount of lipoid. It was possible, therefore, to separate the firmly bound lipoids into a *filtrable* and *unfiltrable fraction*. Both fractions were obtained as snow white amorphous powders by precipitation from ether solutions with alcohol. Both fractions were easily soluble in ether, chloroform and benzene but they were practically insoluble in alcohol or in acetone.

The unfiltrable lipoid melted with decomposition at 200°. It contained phosphorus 0,2, nitrogen 0,4, carbon 64,2, hydrogen 10,2% and on saponification it gave about equal parts of ether-soluble and water-soluble constituents. The ether-soluble fraction consisted mainly of an hydroxy acid, m. p. 55–56°, $[\alpha]_D$ in $CHCl_3 = +1{,}7°$; C 81,66, H 12,80; mol. wt. by titration 1208. The properties and composition of this substance are identical with those of ***mycolic acid*** which is the characteristic constituent of all of the wax fractions of the human tubercle bacillus. Besides mycolic acid the ether-soluble fraction contained only 4% of lower fatty acids. No unsaponifiable matter was present.

The water-soluble fraction was a complex polysaccharide. No glycerol could be found. The purified polysaccharide was a white amorphous powder which gave no reduction with FEHLING's solution until after it had been hydrolyzed with dilute acids. It contained phosphorus 0,38, and nitrogen 0,95%. The substance was optically active $[\alpha]_D = + 30{,}0°$, and it gave a ***precipitin reaction*** with immune serum in dilutions up to 1 : 1000000. The maximum reduction on hydrolysis with 5% sulfuric acid was obtained in $2^1/_4$ hours and amounted to 57% calculated as glucose. The reducing sugars liberated on hydrolysis were found to consist of 6,66% of ***mannose***, 38,7% of ***d-arabinose***, and 12,2% of ***galactose***. The nature of the nitrogen component could not be determined but tests for glucosamine indicated that only traces could be present. The balance of the hydrolysis products which amounted to over 40% contained no reducing sugars. A trace of ***inosite*** was the only substance that could be isolated. The nature and composition of the balance of the products of hydrolysis is unknown but it is probable that higher polyhydric alcohols are present. The material can be acetylated and the acetyl derivative is insoluble in water but very soluble in organic solvents and it could not be crystallized.

The filtrable lipoid fraction melted with decomposition between 180–200° and on saponification it gave 25,5% of polysaccharide, 76,9% of ether-soluble material and 2,0% of glycerol. The polysaccharide was apparently identical with the corresponding fraction from the unfiltrable lipoid and like the latter gave a ***precipitin reaction*** with immune serum in dilutions up to 1 : 1000000. The ether-soluble material consisted of about equal parts of ***mycolic acid*** and a mixture of fatty acids of lower molecular weight. The solid saturated acids separated by means of the lead salt-ether procedure apparently was a eutectic mixture of ***palmitic*** and ***stearic*** acids. The liquid fatty acids, iodine number 29,4, were hydrogenated and separated into solid reduced acids and liquid saturated acids. The reduced acids contained stearic acid and probably palmitic acid. The liquid saturated fatty acid was identical in properties with ***tuberculostearic acid***. No phthioic acid could be found. The characteristic alcohol phthiocerol was also absent in the unsaponifiable fraction.

The dried cell residues of strain A-12 of the human tubercle bacillus after exhaustive extraction with alcohol-ether and with chloroform was further extracted with acidified alcohol-ether and with ether and chloroform and gave 15,3% of additional lipoids. This material when dissolved in chloroform passed through a Chamberland filter without leaving any unfiltrable residue. On precipitation from ethereal solution with methyl alcohol a white amorphous powder was obtained which melted at 47–48°. On saponification the substance gave 11,5% of polysaccharide and 85% of ether-soluble material. The ether-soluble fraction consisted almost entirely of *mycolic acid*, m. p. 54–55°, mol. wt. by titration 1216. The cleavage products obtained were identical with those from the unfiltrable lipoid of strain A-10 but the percentage of polysaccharide was very much less.

In another experiment a portion of the same lot of extracted bacterial residues of strain A-12 was first extracted with 25% of alcohol after which the material was exhaustively extracted with acidified alcohol-ether, ether and chloroform. The total lipoid material obtained amounted to 15,2%, essentially the same as obtained in the first experiment. However, a chloroform solution of the lipoid did not pass completely through a Chamberland filter. The unfiltrable lipoid in this case amounted to 14,4% of the total lipoid. The substance on precipitation from ethereal solution with methyl alcohol was a white amorphous powder which melted with decomposition at 196–200°.

The firmly bound lipoids that can be extracted from partly defatted tubercle bacilli after treatment with dilute acid are apparently esters of higher fatty acids with a specific polysaccharide. Mycolic acid is the principal ether-soluble constituent that is liberated on saponification. In view of the fact that the polysaccharide component may vary from 11 to 50% it is impossible to regard the bound lipoids as a definite chemical compound. At the same time the fatty acids are undoubtedly in chemical combination with the polysaccharide because it is impossible to remove any carbohydrate giving a MOLISCH reaction from the bound lipoids either by trituration with water or by extracting a petroleum ether solution of the lipoids with acid or with alkali.

## Firmly Bound Lipoids in the Avian Tubercle Bacillus.

The avian tubercle bacillus after exhaustive extraction with alcohol-ether and chloroform contains firmly bound lipoids which can be extracted with ether and chloroform after the bacterial residue has been treated with acidified alcohol-ether. The firmly bound lipoids amounted to 10,8% of the bacterial residue and when a chloroform solution of the material was passed through a Chamberland filter it could be separated into a filtrable and unfiltrable fraction. The unfiltrable amounted to 2,68% and the filtrable fraction to 8,16% of the bacteria.

The unfiltrable fraction of the bound lipoids gave on saponification about equal parts of polysaccharide and ether-soluble material.

The polysaccharide contained 2% of ash, 1,04% of phosphorus and 1,84% of nitrogen and on hydrolysis with 5% sulfuric acid the maximum reduction was attained in about 3 hours and amounted to 50,1% calculated as glucose. The substance gave a ***precipitin reaction*** with immune serum in dilutions up to 1 : 500000. The polysaccharide gave the usual pentose color reactions with orcinol and phloroglucinol and when tested by the PALMER, SMYTH and MEYER (*76*) method for ***glucosamine*** a value of 1,34% was obtained.

The reducing sugars which were liberated on hydrolysis of the polysaccharide consisted of 27,3% of ***mannose***, about 20% of d-arabinose and a small amount of ***galactose***. Besides the reducing sugars the hydrolysis products contained a small amount of free ***inosite*** and a complex organic phosphoric acid which corresponded in composition to the formula $C_9H_{20}O_{14}P_2$. This acid gave a strongly positive SCHERER reaction and hence must have contained inosite. It is possible that the substance represented a combination of glycerophosphoric acid and inosite monophosphoric acid.

### The Ether-soluble Constituents of the Avian Bound Lipoids.

The ether-soluble fraction consisted mainly of a mixture of optically active hydroxy acids of high molecular weight. The purest acid had the approximate formula $C_{71}H_{142}O_3$. It melted at 60–61°, $[\alpha]_D$ in $CHCl_3 = = +2{,}3°$, mol. wt. by titration 965. There was present also a small amount of unidentified lower fatty acids. The unsaponifiable matter amounted to 14% and consisted mainly of ***d-eicosanol-2***, $CH_3(CH_2)_{17} \cdot CHOH \cdot CH_3$, m. p. 62–63°, $[\alpha]_D$ in ether $= +7{,}1°$.

The composition of the firmly bound lipoids of the avian tubercle bacillus is therefore quite different from that of the chloroform-soluble wax isolated from this organism and which is discussed in another section of this review. The chloroform soluble wax consists principally of esters of the ***avian α- and β-mycolic acids*** with the disaccharide ***trehalose***. The polysaccharide which is present in the firmly bound lipoids gives on hydrolysis, mannose, d-arabinose, and galactose and in this respect resembles the polysaccharide which is combined in the wax and in the firmly bound lipoids of the human tubercle bacillus. The secondary alcohol, d-eicosanol-2, which is a characteristic component of the avian bacillus wax is also present in the firmly bound lipoids.

### The Firmly Bound Lipoids of the Leprosy Bacillus.

The leprosy bacillus after exhaustive extraction with a mixture of alcohol and ether followed by extraction with chloroform according to UYEI and ANDERSON (*30*) yielded, after treatment with acidified alcohol-ether and subsequent extraction with ether and with chloroform 19,5% of firmly bound lipoids. A chloroform solution of this material passed completely through a Chamberland filter without leaving any unfiltrable lipoid. The crude lipoids were fractionated into three principal fractions by precipitation from ethereal solution with alcohol and with acetone. The least soluble fraction m. p. 175–185° amounted to 31% of the total lipoids. A more soluble fraction, amounting to 21% of the total, recovered from the mother liquors melted at 50–53° and resembled leprosin (79). The most soluble fraction, about 48% of the total lipoids, was a semi-solid fatty material.

That portion of the firmly bound lipoids which melted at 175–185° was a white amorphous powder. The substance was free from phosphorus and contained a mere trace of nitrogen. It was easily soluble in ether, chloroform and benzene, but insoluble in alcohol and acetone. On saponification this fraction gave 66,4% of ether-soluble compounds and 40,5% of carbohydrate. No glycerol was present.

The ether-soluble compounds were separated into 84,8% of optically active hydroxy acids of very high molecular weight, m. p. 64°, $[\alpha]_D$ in $CHCl_3 = + 5{,}4°$, 6,5% of lower fatty acids and 8,2% of neutral or unsaponifiable matter. The neutral material consisted of a mixture of *d-eicosanol-2*, $CH_3(CH_2)_{17}CHOH \cdot CH_3$, and *d-octadecanol-2*, $CH_3(CH_2)_{15} \cdot CHOH \cdot CH_3$.

The carbohydrate was purified by precipitation from water solution with alcohol and was a nearly white powder. It contained no phosphorus and only a trace of nitrogen and it gave no reduction with FEHLING's solution. The substance gave a *precipitin reaction* with immune serum in dilutions up to 1 : 2000000 and it gave pentose color reactions with orcinol and phloroglucinol but the naphthoresorcinol test was negative.

On hydrolysis with 5% sulfuric acid the maximum reduction was attained in $2^1/_2$ hours and amounted to 50,5% calculated as glucose. In the quantitative determination of pentose by distillation with 12% hydrochloric acid the amount of phloroglucide corresponded to 48,3% of pentose. The phloroglucide was insoluble in alcohol indicating absence of methyl pentose.

The reducing sugars liberated on hydrolysis consisted of *d-arabinose*, some other pentose and *d-galactose*. Mannose and inosite were absent. By means of benzylphenylhydrazine it was possible to isolate d-arabinose in a yield of 41,4% and 2,0% of d-galactose. After these sugars had been removed the balance of the hydrolysis solution gave pentose color reactions and reduced FEHLING's solution. However, the pentose could not be identified. It gave no insoluble hydrazone and the BERTRAND test for xylose was negative.

The composition of the firmly bound lipoids of the leprosy bacillus differs decidedly from the corresponding fractions of the human and avian tubercle bacilli. The difference is particularly striking in the nature of the polysaccharides. The polysaccharides contained in the bound lipoids of the human and avian tubercle bacilli are very similar and on hydrolysis yield mannose, d-arabinose, and galactose together with small amounts of inosite, whereas the polysaccharide from the bound lipoids of the leprosy bacillus gives on hydrolysis mainly d-arabinose, some unidentified pentose and a small amount of galactose.

The firmly bound lipoids of the acid-fast bacteria so far as they have been studied show certain similarities in properties. They are substances containing optically active hydroxy acids of very high molecular weight combined with specific polysaccharides. It is rather significant that the bound lipoids of the avian tubercle bacillus and the leprosy bacillus contain the alcohols, *d-eicosanol-2* and *d-octadecanol-2*, which are characteristic constituents of the wax fractions of these two organisms, but which are absent from the human tubercle bacillus.

The data on the firmly bound lipoids of the avian tubercle bacillus and the leprosy bacillus referred to in this section will be published from this laboratory in the near future. The results are mentioned here for the sake of completeness.

## Are Sterols Metabolic Products of Acid-fast Bacteria?

Sterols are always present in the lipoids derived from all animals and higher plants as well as from various moulds and yeast cells. In view of the wide and universal distribution of sterols in all living organisms it is surprizing that many bacteria including the acid-fast group form an exception. The preponderance of evidence indicates that the ***acid-fast bacteria do not contain sterols.*** HAMMERSCHLAG (*2*) in the first recorded chemical investigation of the tubercle bacillus could not detect any sterols. Similar results were later reported by ARONSON (*67*), KRESLING (*3*), AGULHON and FROUIN (*47*), and by PANZER (*83*). TAMURA (*3*) could not detect any sterols in *Mycobacterium lacticola*, in tubercle bacilli or in the diphtheria bacillus. GORIS (*10*) examined a large quantity of lipoids from the tubercle bacillus but could not find any sterols. Similar negative results were reported by ANDERSON and his collaborators (*113*). CHARGAFF (*35*) likewise was unable to find any sterols in "BCG", in other strains of acid-fast bacteria or in the diphtheria bacillus. v. BEHRING (*114*) in a special investigation for sterols in *B Coli* and in the diphtheria bacillus found no substance that gave any sterol color reaction.

Some of the earlier investigators, namely BAUDRAN (*55*), AUCLAIR and PARIS (*3*), and TERROINE and LOBSTEIN (*3*), have reported that sterols were present in the lipoids of tubercle bacilli. More recently it has been reported by HECHT (*115*) that the human types of tubercle bacilli, "BCG", and timothy grass bacillus as well as *B. Coli* contain sterols. In this case the sterols were precipitated as digitonides and identified by means of color reactions but no quantitative data were given.

In view of the discordant results mentioned above a careful search for sterols in the lipoids obtained from five different strains of tubercle bacilli was reported by ANDERSON, SCHOENHEIMER, CROWDER and STODOLA (*116*). The bacilli were all of the human type, the old strain H-37 together with four strains recently isolated from human cases of tuberculosis. All five strains had been grown under identical conditions on the LONG (5) synthetic medium. From the unsaponifiable matter of the acetone-soluble fats and of the wax fractions traces of insoluble digitonides were obtained which gave typical LIEBERMANN-BURCHARD reactions. The amount of digitonide obtained from the acetone soluble fat corresponded to one part sterol in 624000 parts of dry bacteria, while from the wax the proportion was one part sterol in 870000 parts of dry bacteria. The above mentioned investigators concluded, in view of the minimal traces of sterol-like substances that they isolated, that ***sterols were not metabolic products of tubercle bacilli***. They regarded it as more likely that such traces as they had found were due to accidental impurities derived either from corks or rubber stoppers used in concentrating the extracts, or from the hands in handling filter paper, etc.

While sterols may be regarded as absent from tubercle bacilli, other acid-fast bacteria, diphtheria bacillus and *B. Coli*, other types of bacteria may exist which do product sterols when grown on synthetic media which are free from sterols. In an examination of the acetone-soluble fat extracted from *azotobacter* SIFFERD and ANDERSON (*117*) found that the unsaponifiable matter gave an insoluble digitonide from which a *sterol* was isolated in an amount corresponding to 0,1% of the fat, a quantity much too large to be regarded as an accidental impurity. The bacteria in question had been grown in pure culture on a synthetic medium in which crystalline dextrose was the only source of carbon. Examination of this sugar showed that it was entirely free of sterols.

In future investigations dealing with the presence of sterols in bacteria it should be borne in mind that extreme precautions are necessary. The culture must be pure and not contaminated with sterol producing moulds or fungi. Synthetic media must be employed containing only compounds of known purity. The media must not contain any infusions of animal or plant materials because small amounts of sterols are always present in such infusions and may become adsorbed on the bacterial cells. Corks or rubber stoppers can not be used during the concentration of the lipoid extracts. If a pure redistilled solvent such as alcohol or chloroform, etc., is refluxed for a couple of hours in a clean glass flask carrying a condenser with a new cork stopper and the solvent is then evaporated to dryness a residue will be obtained which gives a strong LIEBERMANN-BURCHARD reaction. In fact, perfectly clean all-glass apparatus must be used for this purpose. Soap must not be used for cleaning flasks or other apparatus employed in the investigation.

## The Lipoids of Phytomonas Tumefaciens.

Although *Phytomonas tumefaciens* was recognized as the causative agent of crown galls in plants by SMITH and TOWNSEND (*118*) in 1907, very few chemical studies of this pathogenic organism have been reported. BOIVIN et al. (*119*) isolated a substance which they called glucolipid and more recently CHARGAFF and LEVINE (*120*) have studied the lipoids of this organism. The total lipoids amounted to 7–8% and consisted of phosphatide, acetone-soluble fat and a small amount of chloroform-soluble wax. The acetone-soluble fat was analyzed by these authors (*121*). The fat, a yellowish red oil, had the following constants: Iodine No. 108,5, saponification no. 201,2, acid no. 53,2, ester no. 148,0, unsaponifiable matter 7,1%. The only water-soluble compound found after the fat had been saponified was *glycerol*. The fatty acids consisted of *palmitic acid, oleic acid* and a liquid-saturated fatty acid. The latter acid was optically inactive. It gave a lead salt soluble in ether and corresponded approximately to the formula $C_{21}H_{42}O_2$. The unsaponifiable matter was separated into a crystalline sterol m. p. 134–136° by means of digitonin and a non-sterol fraction which was a reddish oil. The bacteria analyzed by the above mentioned authors had been grown on a bean-broth medium and it is possible, therefore, that the sterol came from the medium.

Investigations on the chemical composition of *Phytomonas tumefaciens* are under way in this Laboratory in collaboration with Dr. A. J. RIKER of the University of Wisconsin and The International Cancer Research Foundation. The bacteria used in our work have been grown on two synthetic media at the Biological Laboratories, *Sharp and Dohme*, Glenolden, Pennsylvania, through the cooperation of Dr. JOHN REICHEL. The first medium used contained inorganic salts and water, and glycerol was the main source of carbon, but the growth of the bacteria was very poor. The second medium supported a more luxuriant growth and contained sucrose and glutamic acid in addition to inorganic salts. The two media had the following composition:

| *Medium 1.* | | *Medium 2.* | |
|---|---|---|---|
| $MgSO_4 . 7\,H_2O$ | 0,2 | $MgSO_4 . 7\,H_2O$ | 0,2 |
| NaCl | 0,3 | NaCl | 0,2 |
| $CaCl_2$ | 0,1 | $CaCl_2$ | 0,1 |
| $K_2HPO_4$ | 0,3 | $K_2HPO_4$ | 1,0 |
| $KNO_3$ | 5,0 | $(NH_4)_2SO_4$ | 7,5 |
| Ferric ammon. citrate | 0,1 | Glutamic acid | 2,5 |
| Glycerol | 20,0 | Sucrose | 10,0 |
| Water | 1000,0 | Water | 1000,0 |

The bacteria grown on Medium No. 1 gave 2,0% of total lipoids of which 44% was phosphatide while the bacteria grown on Medium No. 2 gave 6% total lipoids of which 64% was phosphatide. The lipoids were extracted and fractionated by the methods used in our studies on the acid-fast bacteria. Every precaution was taken to prevent changes due to oxidation of unsaturated compounds by displacing the air during the various operations with carbon dioxide or nitrogen. The lipoids were separated into phosphatide, acetone-soluble fat and a small amount of a chloroform-soluble wax-like substance.

The phosphatides isolated from the bacteria grown on the two media were analyzed by Geiger and Anderson (*122*). The chemical composition of the phosphatides isolated by Chargaff and Levine (*121*) differed considerably from those prepared by Geiger and Anderson (*122*) as shown in *Table 15*.

Table 15. Composition of phosphatides from Phytomonas tumefaciens.

| | Found by Geiger and Anderson | | Found by Chargaff and Levine |
|---|---|---|---|
| | Med. No. 1 | Med. No. 2 | |
| Phosphorus .....% | 3,48 | 4,07 | 3,2 |
| Nitrogen .......% | 1,38 | 1,61 | 2,3 |

Judging by the cleavage products obtained on hydrolysis, both preparations represented typical mixtures of *lecithin* and *cephalin* since the only water-soluble constituents were glycerophosphoric acid, choline and aminoethyl alcohol. However, the fatty acids in the two preparations differed decidedly in composition and in the degree of unsaturation. The variation in composition of the fatty acids is indicated in *Table 16*.

Table 16. Fatty Acids of the Phytomonas tumefaciens Phosphatides.

| | Medium 1 | Medium 2 |
|---|---|---|
| Total fatty acids .........% | 63,8 | 63,2 |
| Solid fatty acids..........% | 5,1 | 2,7 |
| Liquid fatty acids ........% | 54,5 | 59,7 |
| Iodine no. of liquid acids .... | 34,0 | 76,0 |
| Reduced solid acids.......% | 10,2 | 42,5 |
| Liquid saturated acids ....% | 36,6 | 4,8 |

It is evident that both phosphatides contain liquid saturated fatty acids that give lead salts that are easily soluble in ether, but the proportion of these acids varies greatly. The composition of the acids could not be determined very accurately owing to the small amounts that were available. Judging by the molecular weight the acid from the organism grown on Medium No. 1 corresponded to the formula $C_{23}H_{46}O_2$ and it showed a low dextrorotation. The acid from the bacteria grown on

Medium No. 2 was optically inactive and the molecular weight indicated that it was an isomer of stearic acid, $C_{18}H_{36}O_2$.

The occurrence of *liquid saturated fatty acids* in the lipoid fractions of *Phytomonas tumefaciens* is a matter of considerable interest since acids of this kind are so rare, having previously only been found in the lipoids of the acid-fast bacteria. It is hoped that larger quantities of the liquid-saturated fatty acids from *Phytomonas tumefaciens* will become available in order that they can be studied more accurately.

## The Lipoids of Lactobacillus Acidophilus.

*Lactobacillus acidophilus* has been used rather extensively during the past several years for the production of acidophilus milk and for implantation in the human intestinal tract for the relief of various intestinal disorders. The use of lactobacillus acidophilus for these purposes was due largely to the investigations of RETTGER and his students (*123*). A bibliography dealing with the bacteriology and therapeutic application of the bacillus was published by FROST and HANKINSON (*124*).

A study of the lipoids of *Lactobacillus acidophilus* was reported by CROWDER and ANDERSON (*125*). The bacteria which they examined was a commercial product provided by *Sharp and Dohme*, Philadelphia, Pennsylvania, and had been grown on a medium consisting of trypsin-digested skim milk, peptone, dextrose, dextrin, and tomato juice. In view of the composition of the medium it is very probable that certain of its constituents, such as fat and sterols, were adsorbed on the bacterial cells.

The lipoids were extracted and fractionated by the methods described under acid-fast bacteria. The total lipoids amounted to 7,0% of the bacteria and were separated into 28,0% of free fatty acids, 35,2% of neutral fat and 32% of phosphatide.

**Dihydroxystearic acid.** The crude lipoids extracted with alcohol and ether were found to contain a notable quantity of free dihydroxystearic acid equivalent to 3,4% of the total lipoids (*126*). The acid being insoluble in ether was obtained as an amorphous powder when the crude lipoids were dissolved in ether. On crystallization from dilute alcohol the acid was obtained as colorless needles which melted at 106–107°. The acid was optically active but it was very easily racemized. The highest rotation observed was + 7,7°. The composition of the purified acid was in agreement with the formula $C_{18}H_{36}O_4$ and on reduction with hydroiodic acid it gave pure stearic acid in quantitative yield.

The occurrence of a free optically active dihydroxystearic acid in the lipoids of Lactobacillus is a matter worthy of note because dihydroxystearic acid occurs very rarely in fats. It was shown by JUILLARD (*127*) that the mixed fatty acids obtained in the saponification of castor oil contain about 1% of dihydroxystearic acid. The investigations of SCHREINER and SHOREY (*128*) and SCHREINER and LOTHROP (*129*) showed that a dihydroxystearic acid melting at 98–99° was widely distributed in soils where it was present to the extent of about 50 parts per million.

The neutral fat had the following constants:

| | |
|---|---|
| Saponification no. ......... | 209,4 |
| Iodine no. (HANUS) ....... | 35,9 |
| REICHERT-MEISSL no. ...... | 25,2 |
| POLENSKE no. ............ | 6,1 |
| Unsaponifiable matter ..... | 6,7 |

The fat on saponification with alcoholic potassium hydroxide gave 81,5% of fatty acids, 6,7% of unsaponifiable matter and 12,5% of *glycerol*. The glycerol was identified by means of the crystalline tribenzoyl derivative which melted at 75–76°. The unsaponifiable matter consisted largely of *cholesterol* which on purification by crystallization from alcohol was obtained as colorless plates, m. p. 149–150°, $[\alpha]_D$ in $CHCl_3 = -39{,}4°$. The cholesterol was in all probability derived from the skim milk which was a part of the medium.

The fatty acids on separation by means of the lead salt-ether method gave 57,7% of solid acids and 36,9% of liquid acids. The solid acids were converted into methyl esters and the esters were fractionated by distillation in a high vacuum. The pure ester fractions were saponified and the free acids were isolated and crystallized. The purity of the acids was controlled by melting point and mixed melting point and by analyses. It was estimated that the solid acids were composed of about 5% of lauric, 10% of myristic, 45% of palmitic and 40% of stearic acids.

The liquid acids had an iodine number of 75,6. On catalytic reduction followed by the lead salt-ether separation there was obtained a small amount of liquid acids from the ether soluble lead salts. This acid had a low iodine number and was not further investigated. About 90% of the liquid acids after reduction was a solid reduced acid which was pure stearic acid. From the iodine number of the liquid acids and the quantity of stearic acid which was obtained it may be concluded that *oleic acid* was the only unsaturated acid present.

It is evident from the results obtained in the analysis of the neutral fat that its composition and component acids represent nothing of an unusual character. The high REICHERT-MEISSL number indicated the presence of lower acids such as butyric acid. Indeed, the crude fatty acids possessed a decided odor resembling that of butyric acid but apparently the acid was lost during the separation of the mixed acid. The nature of the small amount of liquid acid isolated after catalytic hydrogenation of the crude liquid acids would deserve further study. These points should be kept in mind when a new investigation of the fat is made.

The question whether the cholesterol found in the unsaponifiable matter was derived from the medium or whether it was a metabolic product of the bacteria can only be decided after an examination has been made of the lipoids of lactobacillus grown on a sterol-free medium.

## The phosphatide of Lactobacillus acidophilus.

The properties and composition of the phosphatide (*130*) differed decidedly from those of ordinary phosphatides. The phosphatide separated as a light brownish amorphous powder when its ethereal solution was stirred into cold acetone. The substance contained 1,42% of phosphorus and 1,21% of nitrogen and on hydrolysis with dilute sulfuric acid 54,9% of fatty acids were obtained. The water-soluble compounds consisted of glycerophosphoric acid, choline, and reducing sugars equivalent to 21% calculated as glucose.

The fatty acids on separation by the lead salt-ether method gave 33% of solid acids and 58% of liquid acids. The solid fatty acids were separated by fractional distillation of the methyl esters into three principal fractions which consisted of *palmitic, stearic* and *tetracosanoic acids.*

The liquid acids, iodine number 72,5, were hydrogenated and subjected to the lead salt-ether separation. The principal reduced solid acid consisted of stearic acid but a small amount of palmitic acid was also identified. It is evident, therefore, that the unsaturated acids belonged to the $C_{18}$ and $C_{16}$ series.

The reducing sugars present in the water-soluble fraction gave no pentose color reaction with orcinol but a red color was obtained with phloroglucinol and the ketose reaction was positive. No insoluble phenylhydrazone separated but when the solution was heated with phenylhydrazine hydrochloride and sodium acetate an excellent yield of glucosazone, m. p. with decomposition 208°, was obtained. The reactions indicated, therefore, the absence of pentose and mannose while the presence of galactose, glucose and a ketose was suggested.

The presence of *galactose* was confirmed by the isolation of the sugar in crystalline form, m. p. 164–167°; $[\alpha]_D = +82,3°$. The α-methyl phenylhydrazone was prepared as colorless prismatic needles, m. p. with decomposition 192° and a mixed melting point gave no depression. The isolation of mucic acid after oxidation with nitric acid was an additional confirmation of galactose.

On saponification of the phosphatide with alcoholic potassium hydroxide the polysaccharide separated as an insoluble mass. The crude polysaccharide was dissolved in water and the solution was mixed with an excess of lead acetate. The precipitate which formed was removed and discarded. The polysaccharide contained in the filtrate was isolated by means of basic lead acetate and ammonia. The lead salt was decomposed with hydrogen sulfide and the filtrate from the lead sulfide was concentrated in vacuo to a thick syrup which on trituration with absolute alcohol gave a nearly white amorphous powder in a yield of 16,8%. The substance was strongly acid in reaction and contained phosphorus but it gave no reduction with FEHLING's solution until it had been boiled for several minutes with dilute acid.

The barium salt was prepared by neutralizing an aqueous solution of the substance with barium hydroxide. The salt was easily soluble in water but separated as a white amorphous powder on addition of alcohol. On analysis the salt was found to contain Ba 31,37 and P 6,6%. The ash-free polysaccharide should, therefore, contain 9,56% of phosphorus which corresponds very closely to the calculated value for a diphosphoric acid of a trisaccharide $C_{18}H_{28}O_{16}(PO_3H_2)_2$.

The phosphorus containing polysaccharide was dephosphorylated by heating in a sealed tube with 10% ammonia to 150–155° for 6 hours. After removing the phosphoric acid by means of barium hydroxide, the ammonia by concentration in vacuo, and the excess barium with sulfuric acid, the solution was concentrated to a syrup. By the careful addition of alcohol to the syrup colorless prismatic crystals were obtained, When heated in a capillary tube the crystals fused gradually between 160–170°, effervesced slightly at 188° but showed no further decomposition on heating to 250°. The substance was optically active and showed mutarotation. The immediate rotation was + 69°, after 15 minutes + 60°, and after 40 minutes a constant value of + 72° was obtained. On drying in vacuo the crystals lost 3,75% in weight which corresponds to 1 molecule of water of crystallization of a trisaccharide. On hydrolysis with 5% sulfuric acid the maximum reduction was attained in 2 hours and amounted to 90% calculated as glucose.

The *polysaccharide* associated with the Lactobacillus phosphatide is the most interesting material found in the lipoids of this organism. The properties of the polysaccharide do not agree with any known trisaccharide but the cleavage products would indicate that it is an isomer of raffinose.

## The Lipoids of Yeast.

In view of the commercial and biological importance of yeast it is surprising that the literature contains only few reports on the composition of the lipoids. In fact no exhaustive study on this subject has been published. The presence of various saturated fatty acids such as butyric, lauric, palmitic, stearic, arachidic and tetracosanoic acids together with unsaturated $C_{16}$ and $C_{18}$ acids have been indicated in earlier investigations by NAEGELI and LOEW (*131*), GERARD and DAREXY (*132*), HINSBERG and ROOS (*133*), NEVILLE (*134*), and MACLEAN and THOMAS (*135*). The occurrence of an optically active valeric acid in the fat has been claimed by WEICHHERZ and MERLANDER (*136*), and by WEISS (*137*).

In connection with the studies on the lipoids of the acid-fast group and other bacteria it appeared of interest to examine by the same methods the lipoids of another unicellular organism such as yeast. NEWMAN and ANDERSON (*138*) studied the composition of the acetone-soluble fat of commercial yeast, *Saccharomyces cerevisiae*, provided by *The Fleischmann Laboratories*, New York. Extraction of the yeast with alcohol and ether gave 6,02% of total lipoids. The mixture was separated into acetone-soluble fat, acetone-insoluble fat, and phosphatide.

The acetone-soluble fat gave on saponification 45,6% of unsaponifiable matter, 47,4% of fatty acids and 5,9% of glycerol. The unsaponifiable matter contained a small amount of sterols but the principal portion was a mixture of hydrocarbons which apparently had been introduced accidentally during the aeration of the yeast culture. The crude glycerol was purified by distillation in vacuo and identified by means of the tribenzoylderivative. The fatty acids after separation by means of the lead salt-ether method were found to consist of 18% of solid acids and 78% of liquid acids.

The solid acids were converted into methyl esters and the esters were fractionated in a high vacuum until apparently pure fractions were obtained. The forerun was a small amount of low boiling ester, m. p. 19–20°, which on saponification gave an acid, m. p. 53,5–54,5°, mol. wt. by titration 236. A mixed melting point with myristic acid gave a depression of 3,5°. This fraction was possibly a mixture of lauric and palmitic acids but the amount of acid was too small to permit of definite identification. The principal saturated acids were identified as *palmitic* and *stearic acids*. It was estimated that palmitic acid was present to the extent of 75% with 25% of stearic acid. No acid higher than stearic acid could be found.

The liquid acids had an iodine number of 119 and after catalytic reduction the mixture was put through the lead salt-ether separation. The ether-soluble lead salts gave a small amount of a liquid acid with an iodine number of 52 and which could not be further reduced. No saturated liquid fatty acids similar to tuberculostearic acid or phthioic acid could be found.

The reduced solid acids consisted of about 25% palmitic acid and 75% of stearic acid. It is evident from the iodine number of the liquid acids that some of the unsaturated acids had more than 1 double bond.

**The yeast phosphatides.** The presence in yeast of a substance similar to lecithin was indicated by the work of HOPPE-SEYLER (*139*) who was able to isolate glycerophosphoric acid and choline from yeast lipoids. That cephalin was a part of the yeast phosphatide was indicated by the work of KOCH (*140*), and by AUSTIN (*141*). The fatty acids of the yeast phosphatide were investigated by SEDLMAYER (*142*) and by DAUBNEY and MACLEAN (*143*) and it was found that palmitic and oleic acids represented the component fatty acids.

The phosphatide isolated and analyzed by NEWMAN and ANDERSON (*144*) had the following composition: phosphorus 4,22 and nitrogen 1,78%. The ratio of amino nitrogen to total nitrogen indicated that the phosphatide contained 1 part of cephalin to 4 parts of lecithin. On hydrolysis 66% of fatty acids were obtained. The water-soluble compounds, after being isolated and purified, were found to consist of glycerophosphoric acid, choline and aminoethyl alcohol, that is, typical cleavage products of lecithin and cephalin.

The fatty acids were separated by the lead salt-ether method and gave 14% of solid acids and 84% of liquid acids. The solid acids on fractional distillation of their methyl esters were found to consist of about equal parts of palmitic acid and stearic acid. The liquid acids, iodine number 84,9, were reduced with hydrogen and platinum oxide, after which the lead salt-ether separation was repeated but no liquid saturated acids were found. The reduced solid acids on fractionation of the methyl esters were found to consist of a small amount of lauric acid together with about 60% of palmitic acid and 40% of stearic acid.

The yeast phosphatide was further investigated by SALISBURY and ANDERSON (*145*). The yeast, *Saccharomyces cerevisiae*, used in this work was supplied by *The Fleischmann Laboratories*, New York, and had been grown under carefully controlled conditions and did not contain any extraneous impurities. Extraction with alcohol-ether gave 2,87% of total lipoids and the mixed phosphatides amounted to 58% of the total lipoids. The mixed phosphatides were separated into lecithin and cephalin according to the method of LEVENE and ROLF (*146*).

The purified lecithin was a plastic mass of light yellow color. It contained phosphorus 4,47 and nitrogen 2,06% and it was practically free from amino nitrogen. The iodine number was 37,5 and $[\alpha]_D$ in $CHCl_3$ was $+6,3°$. On hydrolysis it gave 64% of fatty acids of which 14% were solid and 84% were liquid acids. The solid acids contained approximately 43% of palmitic acid and 57% of stearic acid. The liquid acids, iodine number 84,3, on catalytic reduction, were found to contain about 63% of palmitic acid and 37% of stearic acid together with a trace of some acid higher than stearic acid. No liquid saturated acids were found.

The water-soluble cleavage products consisted of *glycerophosphoric acid*, a small amount of phosphoric acid and *choline*. The glycerophosphoric acid was isolated and purified as the barium salt. The barium glycerophosphate showed a slight levorotation, $[\alpha]_D = -1,31°$, and by the method of KARRER and SALOMON (*147*) was found to contain 18% of $\beta$-glycerophosphoric acid. The choline was isolated as choline chloroplatinate in a yield of 92% and on analysis was found to possess the correct composition.

The purified cephalin was a light brown colored hygroscopic powder. It contained phosphorus 3,81%, total nitrogen 1,46 and amino nitrogen 1,50%. The iodine number was 39,4 and $[\alpha]_D$ in $CHCl_3$ was $+3{,}6°$. On hydrolysis it gave 64% of fatty acids of which 16% were solid and 84% were liquid acids. The solid acids were composed of 56% of stearic acid and 44% of palmitic acids. The liquid acids, iodine number 77,6, on catalytic reduction gave a mixture of solid reduced acids composed of 42% of palmitic acid and 58% of stearic acid. A trace of some acid lower than palmitic acid was indicated. No liquid saturated fatty acids were found.

The water soluble cleavage products contained *glycerophosphoric acid, phosphoric acid* and *aminoethyl alcohol*. The barium glycerophosphate showed no optical activity but the KARRER and SALOMON (*147*) test indicated that 9% of β-glycerophosphoric acid was present. The aminoethyl alcohol was isolated as the picrolonate, yellow prismatic crystals, m. p. 223–225°.

It is evident from the results obtained in our investigations that the yeast lipoids which we isolated from fresh living yeast cells consist of *free fatty acids, neutral glycerides* together with *lecithin* and *cephalin*. The importance of the phosphatides in the life and metabolism of yeast as in other unicellular organisms is reflected in the high percentage of those compounds, representing more than one-half of the total ether-soluble compounds. The fatty acids contain a small amount of saturated acids which are composed of palmitic and stearic acids and a large amount of unsaturated $C_{16}$ and $C_{18}$ acids. The yeast cells produce, therefore, a very simple mixture of fatty acids.

## References.


*1.* KOCH, R.: Berl. klin. Wschr. **19**, 221 (1882).

*2.* HAMMERSCHLAG, A.: S.-B. Akad. Wiss. Wien, 13. Dezember 1888; Mh. Chem. **10**, 9 (1889).

*3.* DE SCHWEINITZ, E. A. and M. DORSET: J. Amer. chem. Soc. **17**, 605 (1895); **25**, 354 (1903). — KLEBS, E.: Zbl. Bakteriol. **20**, 488 (1896). — RUPPEL, W. G.: Z. physiol. Chem. **26**, 218 (1898/99). — ARONSON, H.: Berl. klin. Wschr. **35**, 484 (1898). — LEVENE, P. A.: J. med. Res. **6**, 135 (1901). — KRESLING, K.: Zbl. Bakteriol. 1. Abt. **30**, 897 (1901). — BULLOCH, W. and J. J. R. MACLEOD: J. Hyg. **4**, 1 (1904). — BAUDRAN, G.: C. R. Acad. Sciences **142**, 657 (1906). — AUCLAIR, J. et L. PARIS: Arch. méd. expér. et anat. Path. **19**, 129 (1907); **20**, 737 (1908). — TAMURA, S.: Z. physiol. Chem. **87**, 85 (1913). — AGULHON, H. et A. FROUIN: Bull. Soc. Chim. biol. **1**, 176 (1919). — KOZNIEWSKI, T.: Bull. internat. Acad. Sci. Cracovie, Sér. A **1912**, 942. — FROUIN, A.: C. R. Acad. Sciences **170**, 1471 (1920); C. R. Séances Soc. Biol. **84**, 606 (1921). — ARONSON, H.: Berl. klin. Wschr. **47**, 1617 (1910). — TERROINE, E. F. et J. E. LOBSTEIN: Bull. Soc. Chim. biol. **5**, 182 (1923). — LONG, E. R. and L. K. CAMPBELL: Amer. Rev. Tbc. **6**, 636 (1922).

4. SAUTON, B.: C. R. Acad. Sciences **155**, 860 (1912).
5. LONG, E. R. and F. B. SEIBERT: Amer. Rev. Tbc. **13**, 393 (1926).
6. SEIBERT, F. B. and M. T. HANKE: J. biol. Chemistry **76**, 535 (1928). — SEIBERT, F. B.: J. biol. Chemistry **78**, 345 (1928); Amer. Rev. Tbc. **17**, 394, 402 (1928). — SEIBERT, F. B. and B. MUNDAY: Amer. Rev. Tbc. **23**, 23 (1931). — SEIBERT, F. B.: J. infect. Dis. **51**, 383 (1932). — SEIBERT, F. B. and N. MORELEY: J. Immunol. **24**, 149 (1933). — MUNDAY, B. and F. B. SEIBERT: J. biol. Chemistry **100**, 277 (1933). — SEIBERT, F. B. and B. MUNDAY: J. biol. Chemistry **101**, 763 (1933). — SEIBERT, F. B., J. D. ARONSON, J. REICHEL, L. T. CLARK, and E. R. LONG: Amer. Rev. Tbc., Suppl. **30**, 707 (1934). — SPIEGEL-ADOLPH, M. and F. B. SEIBERT: J. biol. Chemistry **106**, 373 (1934). — SEIBERT, F. B.: J. Bacter. **29**, 31 (1935). — NELSON, W. E., F. B. SEIBERT, and E. R. LONG: J. amer. med. Assoc. **108**, 2179 (1937). — SEIBERT, F. B.: Amer. chem. Soc. **59**, 958 (1937). — LONG, E. R. and F. B. SEIBERT: Amer. Rev. Tbc. **35**, 281 (1937). — SEIBERT, F. B., K. O. PEDERSON, and A. TISELIUS: J. exper. Med. **68**, 413 (1938); Amer. Rev. Tbc. **38**, 399 (1938).
7. HEIDELBERGER, M. and A. E. O. MENZEL: Science (New York) **77**, 24 (1933); J. biol. Chemistry **104**, 655 (1934); **118**, 79 (1937). — MENZEL, A. E. O. and M. HEIDELBERGER: J. biol. Chemistry **124**, 89, 301 (1938).
8. CALMETTE, A.: Tubercle bacillus infection and tuberculosis in man and animals. Authorized translation by W. B. SOPER and G. H. SMITH, p. 61. Baltimore, 1923.
9. WELLS, H. G. and E. R. LONG: The chemistry of Tuberculosis, 2nd edition. Baltimore, 1932.
10. GORIS, A.: Ann. Inst. Pasteur, Par. **34**, 497 (1920).
11. ANDERSON, R. J.: Physiol. Rev. **12**, 166 (1932).
12. LONG, E. R.: Z. Tbk. **64**, 78 (1932).
13. HECHT, E.: Z. Tbk. **74**, 28 (1935).
14. TYABJI, A.: Zbl. Bakteriol., 1. Abt. **118**, 241 (1935).
15. CHARGAFF, E.: Handbuch der biologischen Arbeitsmethoden von E. ABDERHALDEN, Abt. 12, Teil 2, S. 79: 1933.
16. ALBERT-WEIL, J.: Les poisons du bacille tuberculeux et les reactions cellulaires et humorales dans la tuberculose. Paris, 1931.
17. PINNER, M.: Die Serodiagnose der Tuberkulose. Tuberkulose-Bibliothek, Nr. 28, Beih. Z. Tbk., 1927.
18. SABIN, F. R. and C. A. DOAN: Proc. Nat. Acad. Sci. USA. **13**, 552 (1927). — SABIN, F. R., C. A. DOAN, and C. E. FORKNER: J. exper. Med. **52**, Suppl. 3, 1, 3 (1930). — DOAN, C. A., F. R. SABIN, and C. E. FORKNER: J. exper. Med. **52**, Suppl. 3, 73 (1930). — SABIN, F. R., F. R. MILLER, C. A. DOAN, and B. K. WISEMAN: J. exper. Med. **53**, 51 (1931). — SMITHBURN, K. C. and F. R. SABIN: J. exper. Med. **56**, 867 (1932). — SABIN, F. R.: Physiol. Rev. **12**, 141 (1932). — SMITHBURN, K. C., F. R. SABIN, and J. T. GEIGER: Amer. Rev. Tbc. **29**, 562 (1934). — SABIN, F. R., K. C. SMITHBURN, and R. M. THOMAS: J. exper. Med. **62**, 751, 771 (1935). — SMITHBURN, K. C. and F. R. SABIN: J. exper. Med. **61**, 771 (1935). — SABIN, F. R., A. L. JOYNER, and K. C. SMITHBURN: J. exper. Med. **68**, 563 (1938). — SMITHBURN, K. C. and F. R. SABIN: J. exper. Med. **68**, 641 (1938). — SABIN, F. R.: J. exper. Med. **68**, 837 (1938). — SABIN, F. R. and A. L. JOYNER: J. exper. Med. **68**, 853 (1938). — SABIN, F. R.: J. exper. Med. **70**, 67 (1939).
19. MEYER, K.: Z. Immunitätsforschg. exp. Therap. **14**, 355, 359 (1912); **15**, 245 (1912); **21**, 654 (1914).
20. NÈGRE, L. et A. BOQUET: Antigènothérapie de la Tuberculose. Paris: Masson et Cie., 1927.

21. DIENES, L. and E. W. SCHOENHEIT: J. Immunol. **10**, 631 (1925).
22. PINNER, M.: Amer. Rev. Tbc. **18**, 497 (1928).
23. DOAN, C. A.: Proc. Soc. exp. Biol. Med. **26**, 672 (1929).
24. — and D. M. MOORE: Amer. Rev. Tbc. **23**, 409 (1931).
25. MACHEBOEUF, M., G. LÉVY, N. FETHKE, J. DIERYCK et A. BONNEFOI: Ann. Inst. Pasteur, Par. **52**, 277 (1934). — MACHEBOEUF, M., G. LÉVY et M. CHAMBAZ: Ann. Inst. Pasteur, Par. **53**, 591 (1934). — MACHEBOEUF, M., J. DIERYCK et R. STOOP: Ann. Inst. Pasteur, Par. **54**, 71 (1935). — MACHEBOEUF, M., G. LÉVY, N. FETHKE, J. DIERYCK et A. BONNEFOI: Bull. Soc. Chim. biol. **16**, 355 (1934). — MACHEBOEUF, M. et J. DIERYCK: C. R. Séances Soc. Biol. **119**, 917 (1935). — MACHEBOEUF, M., G. LÉVY et M. FAURE: C. R. Acad. Sciences **200**, 1547 (1935). — MACHEBOEUF, M. et J. DIERYCK: C. R. Acad. Sciences **202**, 164 (1936). — MACHEBOEUF, M., G. LÉVY, et M. FAURE: C. R. Acad. Sciences **204**, 1843 (1937). — MACHEBOEUF, M.: C. R. Trav. Lab. Carlsberg, Sér. Chim. **22**, 342 (1938). — MACHEBOEUF, M., G. LÉVY et M. CHAMBAZ: Bull. Soc. Chim. biol. **17**, 1194 (1935). — MACHEBOEUF, M. et A. BONNEFOI: Bull. Soc. Chim. biol. **17**, 1201 (1935). — MACHEBOEUF, M., G. LÉVY, et M. FAURE: Bull. Soc. Chim. biol. **17**, 1210 (1935).
26. ANDERSON, R. J.: J. biol. Chemistry **74**, 525 (1927).
27. — and E. G. ROBERTS: J. biol. Chemistry **85**, 509 (1930).
28. — — J. biol. Chemistry **85**, 529 (1930).
29. CHARGAFF, E., M. C. PANGBORN, and R. J. ANDERSON: J. biol. Chemistry **90**, 45 (1931).
30. UYEI, N. and R. J. ANDERSON: J. biol. Chemistry **94**, 653 (1932).
31. BOISSEVAIN, C. H. and C. T. RYDER: Amer. Rev. Tbc. **24**, 751 (1931).
32. ANDERSON, R. J.: J. biol. Chemistry **74**, 537 (1927).
33. — J. biol. Chemistry **74**, 537 (1927). — ANDERSON, R. J. and E. G. ROBERTS: J. biol. Chemistry **85**, 519 (1930); **89**, 599 (1930). — ANDERSON, R. J., E. G. ROBERTS, and A. G. RENFREW: Proc. Soc. exp. Biol. Med. **27**, 387 (1930). — ANDERSON, R. J. and A. G. RENFREW: J. Amer. chem. Soc. **52**, 1252 1930). — ANDERSON, R. J.: J. Amer. chem. Soc. **52**, 1607 (1930). — PANGBORN, M. C. and R. J. ANDERSON: J. biol. Chemistry **94**, 465 (1931). — ANDERSON, R. J. and N. UYEI: J. biol. Chemistry **97**, 617 (1932).
34. CROWDER, J. A., F. H. STODOLA, M. C. PANGBORN, and R. J. ANDERSON: J. Amer. chem. Soc. **58**, 636 (1936).
35. CHARGAFF, E.: Z. physiol. Chem. **217**, 115 (1933).
36. VOORHEES, V. and R. ADAMS: J. Amer. chem. Soc. **44**, 1397 (1922).
37. ANDERSON, R. J. and N. UYEI: J. biol. Chemistry **97**, 617 (1932).
38. — J. biol. Chemistry **83**, 169 (1929).
39. — and E. G. ROBERTS: J. biol. Chemistry **89**, 599 (1930).
40. — — J. Amer. chem. Soc. **52**, 5023 (1930).
41. — W. C. LOTHROP, and M. M. CREIGHTON: J. biol. Chemistry **125**, 299 (1938).
42. DU MONT, H. u. R. J. ANDERSON: Z. physiol. Chem. **211**, 97 (1932).
43. BLOCH, K.: Z. physiol. Chem. **244**, 1 (1936).
44. KASUYA, I.: J. Biochemistry (Jap.) **27**, 283 (1938).
45. — J. Amer. chem. Soc. **59**, 2742 (1937).
46. BULLOCH, W. and J. J. R. MACLEOD: J. Hyg. **4**, 1 (1904).
47. AGULHON, H. et A. FROUIN: Bull. Soc. Chim. biol. **1**, 176 (1919).
48. KOGANEI, R.: J. Biochemistry (Jap.) **1**, 353 (1922).
49. ANDERSON, R. J. and E. CHARGAFF: J. biol. Chemistry **84**, 703 (1929).
50. BURT, M. L. and R. J. ANDERSON: J. biol. Chemistry **94**, 451 (1931).

51. PANGBORN, M. C., E. CHARGAFF, and R. J. ANDERSON: J. biol. Chemistry **98**, 43 (1932).
52. ANDERSON, R. J. and M. S. NEWMAN: J. biol. Chemistry **101**, 499 (1933).
53. — R. E. REEVES, and J. A. CROWDER: J. biol. Chemistry **121**, 669 (1937).
54. DE SCHWEINITZ, E. A. and M. DORSET: J. Amer. chem. Soc. **17**, 605 (1895); **18**, 449 (1896).
55. BAUDRAN, G.: C. R. Acad. Sciences **142**, 657 (1906).
56. VARRENTRAPP, F.: Liebigs Ann. Chem. **35**, 196 (1840).
57. TWITCHELL, E.: Ind. Engng. Chem. **13**, 807 (1921).
58. ANDERSON, R. J. and E. CHARGAFF: J. biol. Chemistry **85**, 77 (1929).
59. — J. biol. Chemistry **97**, 639 (1932).
60. SPIELMAN, M. A. and R. J. ANDERSON: J. biol. Chemistry **112**, 759 (1936).
61. WIEGHARD, C. W. and R. J. ANDERSON: J. biol. Chemistry **126**, 515 (1938).
62. SPIELMAN, M. A.: J. biol. Chemistry **106**, 87 (1934).
63. WAGNER-JAUREGG, TH.: Z. physiol. Chem. **247**, 135 (1937).
64. ANDERSON, R. J.: J. biol. Chemistry **83**, 505 (1929).
65. — J. biol. Chemistry **85**, 339 (1929).
66. — J. biol. Chemistry **85**, 351 (1929).
67. ARONSON, H.: Berl. klin. Wschr. **35**, 484 (1898).
68. STODOLA, F. H., A. LESUK, and R. J. ANDERSON: J. biol. Chemistry **126**, 505 (1938).
69. ANDERSON, R. J.: J. biol. Chemistry **85**, 351 (1929).
70. ROBERTS, E. G. and R. J. ANDERSON: J. biol. Chemistry **90**, 33 (1931).
71. HEIDELBERGER, M. and A. E. O. MENZEL: J. biol. Chemistry **118**, 79 (1937).
72. PANGBORN, M. C. and R. J. ANDERSON: J. Amer. chem. Soc. **58**, 10 (1936).
73. REEVES, R. E. and R. J. ANDERSON: J. Amer. chem. Soc. **59**, 858 (1937).
74. ANDERSON, R. J. and M. M. CREIGHTON: J. biol. Chemistry **129**, 57 (1939).
75. CASON, J. and R. J. ANDERSON: J. biol. Chemistry **126**, 527 (1938).
76. PALMER, J. W., E. M. SMYTH, and K. MEYER: J. biol. Chemistry **119**, 491 (1937).
77. ROBERTSON, P. W.: J. chem. Soc. London **115**, 1210 (1919).
78. CASON, J. and R. J. ANDERSON: J. biol. Chemistry **119**, 549 (1937).
79. ANDERSON, R. J., J. A. CROWDER, M. S. NEWMAN, and F. H. STODOLA: J. biol. Chemistry **113**, 637 (1936).
80. — J. biol. Chemistry **85**, 327 (1929).
81. DORSET, M. u. J. A. EMERY: Zbl. Bakteriol., 1. Abt., Ref. **37**, 363 (1906).
82. FONTES, A.: Zbl. Bakteriol., 1. Abt., Orig. **49**, 317 (1909).
83. PANZER, T.: Z. physiol. Chem. **78**, 414 (1912).
84. BÜRGER, M.: Biochem. Z. **78**, 155 (1916).
85. CROWDER, J. A., F. H. STODOLA, and R. J. ANDERSON: J. biol. Chemistry **114**, 431 (1936).
86. STENDAL, N.: C. R. Acad. Sciences **198**, 1549 (1934).
87. STODOLA, F. H. and R. J. ANDERSON: J. biol. Chemistry **114**, 467 (1936).
88. REEVES, R. E. and R. J. ANDERSON: J. biol. Chemistry **119**, 535 (1937).
89. CASON, J. and R. J. ANDERSON: J. biol. Chemistry **119**, 549 (1937).
90. ANDERSON, R. J. and M. S. NEWMAN: J. biol. Chemistry **101**, 773 (1933).
91. — — J. biol. Chemistry **103**, 197 (1933).
92. — — J. biol. Chemistry **103**, 405 (1933).
93. NEWMAN, M. S., J. A. CROWDER, and R. J. ANDERSON: J. biol. Chemistry **105**, 279 (1934).
94. BALL, E. G.: J. biol. Chemistry **106**, 515 (1934).
95. HILL, E. S.: Proc. Soc. exp. Biol. Med. **35**, 363 (1936).

96. **Ball**, E. G.: J. Amer. chem. Soc. **59**, 2071 (1937).
97. **Lugg**, J. W. H., A. K. **Macbeth**, and F. L. **Winzor**: J. chem. Soc. London **1936**, 1457.
98. **Dhéré**, Ch.: C. R. Séances Soc. Biol. **119**, 780 (1935).
99. **Crowe**, M. O'L.: J. biol. Chemistry **115**, 479 (1936).
100. **Supniewski**, J. W., J. **Hano** et E. **Taschner**: Bull. internat. Acad. pol. Sci., Cracovie, Cl. Méd. **1936**, 33.
101. **Boissevain**, C. H., W. F. **Drea**, and H. W. **Schultz**: Proc. Soc. exp. Biol. Med. **39**, 481 (1938).
102. **Rohner**, F. u. F. **Roulet**: Biochem. Z. **300**, 148 (1939).
103. **Kuhn**, R., Th. **Wagner-Jauregg** u. H. **Kaltschmitt**: Ber. dtsch. chem. Ges. **67**, 1452 (1934).
104. **Warburg**, O. u. W. **Christian**: Biochem. Z. **266**, 377 (1933).
105. **Chargaff**, E.: Zbl. Bakteriol., 1. Abt., Orig. **119**, 121 (1930).
106. **Grundmann**, C. u. Y. **Takeda**: Naturwiss. **25**, 27 (1937).
107. **Takeda**, Y. u. T. **Ohta**. Z. physiol. Chem. **258**, 6 (1939).
108. **Long**, E. R.: Amer. Rev. Tbc. **6**, 642 (1922).
109. **Model**, L.: J. microbiol. Path. gén. Mal. infect. (Russ.) **5**, 274 (1928).
110. **Coghill**, R. D. and O. D. **Bird**: J. biol. Chemistry **81**, 115 (1929).
111. **Umezu**, M. u. Th. **Wagner-Jauregg**: Biochem. Z. **298**, 115 (1938).
112. **Anderson**, R. J., R. E. **Reeves**, and F. H. **Stodola**: J. biol. Chemistry **121**, 649 (1937).
113. — and E. **Chargaff**: J. biol. Chemistry **84**, 703 (1929). — **Anderson**, R. J.: J. biol. Chemistry **83**, 505 (1929). — **Burt**, M. L. and R. J. **Anderson**: J. biol. Chemistry **94**, 451 (1931). — **Pangborn**, M. C., E. **Chargaff**, and R. J. **Anderson**: J. biol. Chemistry **98**, 43 (1932).
114. **Behring**, H. v.: Z. physiol. Chem. **192**, 112 (1930).
115. **Hecht**, E.: Z. physiol. Chem. **231**, 29, 297 (1935).
116. **Anderson**, R. J., R. **Schoenheimer**, J. A. **Crowder** u. F. H. **Stodola**: Z. physiol. Chem. **237**, 40 (1935).
117. **Sifferd**, R. H. u. R. J. **Anderson**: Z. physiol. Chem. **239**, 269 (1936).
118. **Smith**, E. F. and C. O. **Townsend**: Science (New York) **25**, 671 (1907).
119. **Boivin**, A., M. **Marbe**, L. **Mesrobeanu**, et P. **Juster**: C. R. Acad. Sciences **201**, 984 (1935); Arch. roum. Path. expér. **10**, 67 (1937).
120. **Chargaff**, E. and M. **Levine**: Proc. Soc. exp. Biol. Med. **34**, 675 (1936).
121. — — J. biol. Chemistry **124**, 195 (1938).
122. **Geiger**, W. B. jr. and R. J. **Anderson**: J. biol. Chemistry **129**, 519 (1939).
123. **Rettger**, L. F. and H. A. **Cheplin**: A treatise on the transformation of the intestinal flora with special reference to the implantation of bacillus acidophilus. New Haven, 1921.
124. **Frost**, W. D. and H. **Hankinson**: Lactobacillus acidophilus. An annotated bibliography to 1931. Wisconsin: Milton, 1931.
125. **Crowder**, J. A. and R. J. **Anderson**: J. biol. Chemistry **104**, 399 (1934).
126. — — J. biol. Chemistry **97**, 393 (1932).
127. **Juillard**, P.: Bull. Soc. chim. France **13**, 238 (1895).
128. **Schreiner**, O. and E. C. **Shorey**: J. Amer. chem. Soc. **30**, 1599 (1908).
129. — and E. C. **Lothrop**: J. Amer. chem. Soc. **33**, 1412 (1911).
130. **Crowder**, J. A. and R. J. **Anderson**: J. biol. Chemistry **104**, 487 (1934).
131. **Naegeli**, C. u. O. **Loew**: J. prakt. Chem. **17**, 403 (1878).
132. **Gerard**, E. et P. **Darexy**: J. Pharmac. Chim. **5—6**, 275 (1897).
133. **Hinsberg**, O. u. E. **Roos**: Z. physiol. Chem. **38**, 1 (1903); **42**, 189 (1904).
134. **Neville**, A.: Biochemical J. **7**, 341 (1913).

135. MACLEAN, I. S. and E. M. THOMAS: Biochemical J. **14**, 483 (1920).
136. WEICHHERZ, J. u. R. MERLANDER: Biochem. Z. **239**, 21 (1931).
137. WEISS, G.: Biochem. Z. **243**, 269 (1932).
138. NEWMAN, M. S. and R. J. ANDERSON: J. biol. Chemistry **102**, 219 (1933).
139. HOPPE-SEYLER, F.: Medizinisch-chemische Untersuchungen, Bd. 1, S. 142. Berlin, 1866; Z. physiol. Chem. **3**, 574 (1879).
140. KOCH, W.: Z. physiol. Chem. **37**, 161 (1902).
141. AUSTIN, W. C.: Reprint from University of Chicago abstract of thesis. 1924.
142. SEDLMAYER, T.: Z. ges. Brauwes. **26**, 381 (1903).
143. DAUBNEY, C. G. and I. S. MACLEAN: Biochemical J. **21**, 373 (1927).
144. NEWMAN, M. S. and R. J. ANDERSON: J. biol. Chemistry **102**, 229 (1933).
145. SALISBURY, L. F. and R. J. ANDERSON: J. biol. Chemistry **112**, 541 (1936).
146. LEVENE, P. A. and I. P. ROLF: J. biol. Chemistry **72**, 587 (1927).
147. KARRER, P. u. H. SALOMON: Helv. chim. Acta **9**, 3 (1926).

*(Received, August 26, 1939.)*

# Recent Work on the Configuration and Electronic Structure of Molecules; with some Applications to Natural Products.

By **Linus Pauling**, Pasadena.

(With 10 figures.)

## Introduction.

In the first volume of the „Fortschritte" there appeared an article by KRATKY and MARK (*75 a*) entitled „Anwendung physikalischer Methoden zur Erforschung von Naturstoffen: Form und Größe dispergierter Moleküle. Röntgenographie." Among other subjects, the authors discussed in detail the results of x-ray investigations of cellulose and proteins and other naturally-occurring substances.

In addition to their direct application, physical methods of investigation may be of indirect value in the study of natural products, in that structural information about simple substances may be used to develop a structural theory applicable to more complex substances. The present paper consists in the main of a review of recent work on the configuration of simple molecules, with an accompanying discussion of the electronic theory of valence; only brief reference is made to the application of the methods and results to natural products.

It is now twenty-six years since the first crystal structure determinations were carried out, by W. H. BRAGG and W. L. BRAGG (*19, 20, 21*), following the discovery by LAUE (*50*) of the phenomenon of the *diffraction of x-rays* by crystals. During this period the experimental techniques and methods of interpretation have been extensively developed, until it is now possible to carry out the complete determination of the atomic arrangement in crystals of considerable complexity, such as organic substances containing a dozen atoms in the molecule, for example, anthracene [ROBERTSON (*110*)], diketopiperazine [COREY (*29*)], azobenzene [ROBERTSON *et al* (*78*)], or even in very favorable cases as many as two score atoms (phthalocyanine [ROBERTSON and WOODWARD (*113*)]). Despite vigorous attack by many investigators, however, the problem of determining the exact atomic arrangement for a substance as complex as a protein by x-ray methods has not yet been solved.

Subsequent to the discovery of the wave properties of the electron (*27, 126, 33, 138*) there was developed by WIERL (*139*) about ten years ago the technique of the *diffraction of electrons* as a method of determining the structure of molecules of gases and vapors. This method of structure determination has been greatly improved during the past few years (*96, 97, 23, 34, 121, 40*), and can now be applied to any substance which can be obtained in the vapor phase in concentration corresponding to a partial pressure of a few millimeters of mercury. The method has been tested by comparison with accurate spectroscopic values of interatomic distances for diatomic molecules, and the electron-diffraction values have been found to be reliable to within about 0,005 Å for these molecules (*96, 125*). In more complex molecules the values of interatomic distances determined by this method are estimated to be reliable to within 0,01 or 0,02 Å in favorable cases.

In addition to these two principal methods of determining the configurations of molecules and crystals, other methods have been used to some extent. Interatomic distances in many diatomic molecules have been evaluated from the rotational fine structure of *molecular spectra* with great accuracy to within 0,001 Å or better. Spectroscopic methods have been applied successfully in a similar way to a few polyatomic molecules also, such as methane (*43, 55*), acetylene (*62*), ethylene (*48, 135*), allene (*48*), and methyl acetylene (*13, 63*), but the extension of the spectroscopic method to more complex molecules involves many difficulties, which have as yet not been overcome. The diffraction of x-rays by gases and vapors has also been used to a limited extent (*46, 35–39, 58, 72, 18, 47, 107, 108*); however, this technique is at present inferior in accuracy and applicability to the electron-diffraction method. Spectroscopic values of the vibrational frequencies of molecules may be interpreted to give approximate values of interatomic distances by the use of BADGER's rule (*11, 12*) or a similar rule (*44, 45, 136, 137*). Measurements of *thermodynamic quantities* are also of occasional value in giving information about molecular configuration; thus GIAUQUE and KEMP (*51*) have evaluated the product of the three principal moments of inertia of the nitrogen dioxide molecule from the determination of the entropy of the substance by the application of the third law of thermodynamics, and have interpreted this product in terms of the configuration of the molecule.

By the application of these methods there has been collected a great body of detailed information about the arrangement of atoms in the molecules of organic substances. During the past few years it has been found possible to correlate the values of interatomic distances and bond angles in molecules with the chemical structure of the molecules, and to apply this correlation in the prediction of values of metrical quantities for substances which have not yet been subjected to x-ray or electron-diffraction investigation. The correlation is based largely on the electronic theory of valence suggested originally by G. N. LEWIS (*84, 1*) and later greatly extended by the application of the theory of quantum mechanics. The most important of the extensions of the LEWIS theory is the concept of the ***resonance*** of molecules among two or more valence-bond structures.

In the following sections of this review there are discussed first the modern electronic theory of valence as applied to molecules for which a single valence-bond structure can be satisfactorily written; then interatomic distances and bond angles in non-resonating molecules; restricted rotation about single bonds; the distances of non-bonded contact of atoms; the electronic structure of resonating molecules, with the discussion of examples, including the anthocyanidins; coplanarity of conjugated systems; the effect of resonance on interatomic distance; and, as an application, the structure and isomerism of some carotenoids.

## The Electronic Theory of Valence for Non-resonating Molecules.

In the nineteenth century the idea of the valence bond was conceived, and the convention was introduced of representing a bond by a line drawn between the symbols of the two bonded atoms. This symbol expresses in a concise way many chemical facts, but it has only qualitative significance with regard to molecular configuration and it carries no implications as to the nature of the bond. After the discovery of the electron numerous attempts were made to develop an electronic theory of the chemical bond. The idea of the sharing of electrons by atoms was discussed by W. RAMSAY, J. J. THOMSON, J. STARK, A. L. PARSON, and others; G. N. LEWIS (*84*) in 1916 then developed his theory of the formation of a chemical bond (a covalent bond) by the ***sharing of two electrons between two atoms***. LEWIS further emphasized the importance of the pairing of unshared electrons and the stability of the group of four electron pairs, shared or unshared, about the lighter atoms. Both LEWIS and KOSSEL (*76*) discussed the formation of ions by the transfer of electrons from atom to atom in order to complete stable electron shells, and the subsequent electrostatic attraction of the ions to form molecules and crystals containing ionic bonds. The LEWIS theory was then developed further by many investigators, of whom LANGMUIR may be given especial mention (*79, 80*). Among the books in which the LEWIS theory is discussed there may be mentioned those of LEWIS himself (*1*), SIDGWICK (*3, 4*), and PAULING (*2*).

The noble gas helium has a stable shell (called the K-shell) of two electrons. Other very light atoms strive to achieve a similar electronic configuration; thus the substance lithium hydride consists essentially of lithium cations $Li:^{+}$ and hydrogen anions $H:^{-}$, with structures similar to those of the helium atom He:. The LEWIS structure for the hydrogen molecule $H_2$ is H : H, corresponding to the valence-bond formula H—H. Here the two electrons may be considered to do double duty by completing the K-shell for each of the two hydrogen atoms.

Before 1927 the nature of this covalent bond formed by the sharing of a pair of electrons between two atoms was not known. In that year it was shown by HEITLER and LONDON (*60*) that the theory of quantum mechanics predicts that two hydrogen atoms should combine to form a molecule by sharing their electrons, and now we have a complete understanding of the nature of the covalent bond in terms of fundamental concepts of atomic structure. A refined quantum-mechanical calculation of the structure of the hydrogen molecule has been carried out by JAMES and COOLIDGE (*71*), leading to theoretical values of the properties of molecular hydrogen in close agreement with experiment.

The neon atom, with ten electrons, has two completed electron shells, the K-shell, with two electrons, and the L-shell, with ten electrons. Its structure is represented by LEWIS as $:\ddot{\underset{..}{\mathrm{Ne}}}:$, only the outer electrons being indicated. The atoms sodium and fluorine tend to lose and gain electrons to achieve the neon structure, shown by the sodium cation $:\ddot{\underset{..}{\mathrm{Na}}}:^+$ and the fluorine anion $:\ddot{\underset{..}{\mathrm{F}}}:^-$. Similarly two fluorine atoms in the molecule $F_2$ can achieve this structure by sharing one pair of electrons; the electronic formula $:\ddot{\underset{..}{\mathrm{F}}}:\ddot{\underset{..}{\mathrm{F}}}:$ corresponds to the valence-bond formula F—F. Electronic structures and valence-bond structures for representative molecules are given below:

```
     H  H
     |  |                        H H
  H—C—C—H                      H:C:C:H
     |  |                        H H
     H  H

  H       H                    H     H
    \   /                        ·  ·
     C=C                         C::C
    /   \                        ·  ·
  H       H                    H     H

  H—C≡C—H                      H:C:::C:H

     H  H
     |  |                        H H
  H—C—C—OH                     H:C:C:O:H
     |  |                        H H
     H  H

    N≡N                         :N:::N:

  ⎡    H    ⎤+                 ⎡   H   ⎤+
  ⎢    |    ⎥                  ⎢       ⎥    ..
  ⎢ H—N—H   ⎥  Cl⁻             ⎢ H:N:H ⎥  :Cl:⁻
  ⎢    |    ⎥                  ⎢       ⎥    ..
  ⎣    H    ⎦                  ⎣   H   ⎦
```

According to the *octet rule* of LEWIS light atoms can be surrounded by a maximum of four outer electron pairs, shared or unshared. It has been found that this rule is given rigorously by the quantum mechanics for atoms of the first row of the periodic table (C, N, O), but that it need not hold in all cases for heavier atoms (*90*). Thus quinquevalent nitrogen cannot be represented as $-\overset{|}{\underset{|}{N}}\!\!<$, with five covalent bonds, but only as $-\overset{|\,+}{\underset{|}{N}}-$, with four covalent bonds and one ionic bond. On the other hand a heavier atom, phosphorus, can form five covalent bonds: in phosphorus pentachloride all five chlorine atoms are attached to the phosphorus atom by covalent bonds, corresponding to the structure

```
    Cl  Cl
    | /
Cl—P
    | \
    Cl  Cl
```

The configuration of the molecule is that of a trigonal bi-pyramid (*116, 120*).

## Interatomic Distances and Bond Angles in Non-resonating Organic Molecules.

There have been made in the past few years many careful structural studies of organic molecules by both the x-ray examination of molecular crystals and the electron-diffraction investigation of gases and vapors. The results can be described in terms of bond distances and bond angles. It is convenient to distinguish between molecules to which a single valence-bond structure can be satisfactorily assigned (non-resonating molecules) and those for which this can not be done (resonating molecules).

The results of many reliable bond-distance measurements for non-resonating organic molecules are given in *Table 1* (p. 208). The bonds C—C, C=C, C≡C, C—N, C≡N, C—O, C=O, C—Cl, C—Br, C—S, and C—H are included in the table; data are also available for other bonds. The values are given the probable errors estimated by the investigators or, in some cases, by the reviewer. Reported values with estimated probable errors greater than 0,03 Å have not been included in the table.

There is excellent agreement among the various values reported for a given bond distance; for C—Cl, for example, the ten values reported range from 1,75 Å to 1,77 Å.

Table 1. Bond Distances in Non-resonating Organic Molecules.

| | | |
|---|---|---|
| C—C bond distance: | | |
| Diamond | 1,542 ± 0,001 Å | (*5*) |
| Ethane | 1,55 ± 0,03 „ | (*98*) |
| Propane | 1,54 ± 0,02 „ | (*98*) |
| Isobutane | 1,54 ± 0,02 „ | (*98*) |
| Neopentane | 1,54 ± 0,02 „ | (*98*) |
| Cyclopropane | 1,53 ± 0,03 „ | (*98*) |
| Cyclopentane | 1,52 ± 0,03 „ | (*98*) |
| Cyclohexane | 1,53 ± 0,03 „ | (*98*) |
| Tetramethylethylene | 1,54 ± 0,02 „ | (*98*) |
| Mesitylene | 1,54 ± 0,01 „ | (*98*) |
| Hexamethylbenzene | 1,54 ± 0,01 „ | (*98*) |
| | 1,53 ± 0,02 „ | (*112*) |
| C=C: | | |
| Ethylene | 1,331 ± 0,005 „ | (*135*) |
| | 1,325 ± 0,005 „ | (*48*) |
| | 1,34 ± 0,02 „ | (*98*) |
| Allene | 1,330 ± 0,005 „ | (*48*) |
| | 1,34 ± 0,02 „ | (*98*) |
| C≡C: | | |
| Acetylene | 1,204 ± 0,002 „ | (*62*) |
| Methylacetylene | 1,20 ± 0,03 „ | (*102*) |
| Diacetylene | 1,19 ± 0,03 „ | (*102*) |
| Dimethyldiacetylene | 1,20 ± 0,02 „ | (*102*) |
| C—N: | | |
| Trimethylamine | 1,47 ± 0,02 „ | (*25*) |
| Hexamethylene tetramine | 1,47 ± 0,02 „ | (*59*) |
| C≡N: | | |
| Hydrogen cyanide | 1,154 ± 0,002 „ | (*64*) |
| Cyanogen | 1,16 ± 0,02 „ | (*102*) |
| Methyl cyanide | 1,16 ± 0,03 „ | (*102, 24*) |
| C—O: | | |
| Dimethyl ether | 1,42 ± 0,03 „ | (*133*) |
| Methyl alcohol | 1,41 ± 0,02 „ | (*124*) |
| *tert.* Butyl alcohol | 1,42 ± 0,02 „ | (*129*) |
| Paraldehyde | 1,43 ± 0,02 „ | (*27a*) |
| C=O: | | |
| Formaldehyde | 1,21 ± 0,01 „ | (*131*) |
| Acetaldehyde | 1,22 ± 0,02 „ | (*130*) |
| Glyoxal[1] | 1,20 ± 0,02 „ | (*86*) |

[1] The conjugation of the double bonds in glyoxal presumably has little effect on the C—O distance.

| | | |
|---|---|---|
| C—Cl: | | |
| Methyl chloride ............ | 1,77 ± 0,02 ,, | (*133*) |
| Methylene chloride .......... | 1,77 ± 0,02 ,, | (*133, 97*) |
| Chloroform ................ | 1,77 ± 0,02 ,, | (*133, 97*) |
| Carbon tetrachloride ........ | 1,760 ± 0,005 ,, | (*96*) |
| | 1,755 ± 0,005 ,, | (*97*) |
| Ethyl chloride ............. | 1,76 ± 0,02 ,, | (*16*) |
| Isopropyl chloride .......... | 1,75 ± 0,03 ,, | (*16*) |
| *tert.* Butyl chloride .......... | 1,76 ± 0,03 ,, | (*15*) |
| Methyl chloroform .......... | 1,76 ± 0,02 ,, | (*16*) |
| Ethylene chloride ........... | 1,76 ± 0,02 ,, | (*14*) |
| Ethylene chlorobromide ..... | 1,75 ± 0,02 ,, | (*17*) |
| C—Br: | | |
| Methylene bromide .......... | 1,91 ± 0,02 ,, | (*26*) |
| Carbon tetrabromide ........ | 1,91 ± 0,02 ,, | (*26*) |
| Ethyl bromide ............. | 1,91 ± 0,02 ,, | (*16*) |
| Isopropyl bromide .......... | 1,91 ± 0,03 ,, | (*16*) |
| *tert.* Butyl bromide ......... | 1,92 ± 0,03 ,, | (*15*) |
| Ethylene bromide .......... | 1,91 ± 0,02 ,, | (*17*) |
| Ethylene chlorobromide ..... | 1,90 ± 0,02 ,, | (*17*) |
| C—S: | | |
| Dimethyl sulfide ............ | 1,82 ± 0,03 ,, | (*25*) |
| Dimethyl disulfide .......... | 1,78 ± 0,03 ,, | (*128*) |
| C—H: | | |
| Methane ................... | 1,093 ± 0,003 ,, | (*55*) |
| Ethylene .................. | 1,087 ± 0,005 ,, | (*48*) |
| | 1,085 ± 0,005 ,, | (*135*) |
| Allene ..................... | 1,087 ± 0,005 ,, | (*48*) |
| Acetylene .................. | 1,057 ± 0,002 ,, | (*62*) |
| Hydrogen cyanide .......... | 1,057 ± 0,002 ,, | (*64*) |
| Benzene ................... | 1,090 ± 0,005 ,, | (*48*) |

Table 2. Best Experimental Values of Some Important Interatomic Distances.

| | | | |
|---|---|---|---|
| C—C ...... | 1,542 Å | C—F ..... | 1,36 to 1,42 Å |
| C=C ...... | 1,330 ,, | C—Cl ..... | 1,76 Å |
| C≡C ...... | 1,204 ,, | C—Br ..... | 1,91 ,, |
| C—N ...... | 1,47 ,, | C—I ...... | 2,10 ,, |
| C≡N ...... | 1,154 ,, | C—S ...... | 1,80 ,, |
| C—O ...... | 1,42 ,, | C—H ..... | 1,057 to 1,093 Å |
| C=O ...... | 1,21 ,, | N—H ..... | 1,01 Å |
| N=N ...... | 1,23 ,, | O—H ..... | 0,97 ,, |
| N≡N ...... | 1,093 ,, | | |

*Table 2* contains the best experimental values of the bond interatomic distances. It is seen on examining these values that they

satisfy with good approximation an additivity relation; thus the C≡N value, 1,154 Å, is very close to 1,149 Å, the mean of the values for C≡C, 1,204 Å, and N≡N, 1,093 Å. It is accordingly possible to assign single-bond, double-bond, and triple-bond covalent radii to the elements, such that the sum of two radii is equal to the corresponding interatomic distance. These covalent radii are contained in *Table 3*.

Table 3. Covalent Radii of Atoms.

| | C | N | O | F | |
|---|---|---|---|---|---|
| Single bond | 0,771 Å | 0,70 Å | 0,65 Å | 0,64 Å | |
| Double bond | 0,665 „ | 0,60 „ | 0,55 „ | 0,54 „ | |
| Triple bond | 0,602 „ | 0,55 „ | 0,50 „ | | |
| | Si | P | S | Cl | |
| Single bond | 1,17 Å | 1,10 Å | 1,04 Å | 0,99 Å | |
| Double bond | 1,07 „ | 1,00 „ | 0,94 „ | 0,89 „ | |
| Triple bond | 1,00 „ | 0,93 „ | | | |
| | Ge | As | Se | Br | |
| Single bond | 1,22 Å | 1,21 Å | 1,17 Å | 1,14 Å | |
| | Sn | Sb | Te | I | H |
| Single bond | 1,40 Å | 1,41 Å | 1,37 Å | 1,33 Å | 0,30 Å |

The history of the development of tables of atomic radii extends over a period of about twenty years. Shortly after the formulation by W. L. BRAGG (*22*) in 1920 of a rough set of radii for use in crystals of all types, it was recognized that the effective radius of an atom depends on the nature of the bonds which it forms with adjacent atoms; and between 1920 and 1927 a complete set of values of ionic radii, for use in ionic molecules and crystals, was developed by LANDÉ, WASASTJERNA, GOLDSCHMIDT, and PAULING. In 1926 HUGGINS (*68*) published a set of atomic radii for use in crystals containing covalent bonds. V. M. GOLDSCHMIDT in the same year published values of atomic radii obtained from metals as well as from covalent non-metallic crystals (*56*); more recently he has collected these and additional values into a table of radii for use in metals and intermetallic compounds (*57*). A survey of the interatomic-distance values for covalent crystals was then made by PAULING and HUGGINS (*100*), leading to the formulation of tables of tetrahedral radii, octahedral radii, and square radii, and by making small changes in the values of some of the tetrahedral radii, as indicated by the data available at that time for a few non-resonating covalent molecules, values of the single-bond covalent radii differing only a little from those in Table 3 were obtained. Values of some covalent radii were suggested also by SIDGWICK and BOWEN (*118*). A revised table of covalent radii was then published by PAULING (*2*); Table 3 reproduces this table, except for a few small changes.

The classical postulate of the ***tetrahedral carbon atom*** requires that the four bonds of the atom be directed toward the corners of a tetrahedron, which, however, need not be a regular tetrahedron; the bond angles need not adhere rigorously to the value 109° 28′ in order that such stereochemical phenomena as optical activity be accounted for. It is indicated by quantum-mechanical considerations (*91*), however, that the stable bond angles of the carbon atom should be very close to the regular tetrahedral value 109° 28′, and this prediction is verified by experiment. After the first structural investigations (electric dipole moment measurements, x-ray diffraction) of methylene chloride were made, the Cl—C—Cl bond angle was reported (*18*) to have the value 125°; but later careful electron-diffraction studies were made which gave the value 112° ± 2° for this angle. Values very close to 109° 28′ for bond angles of the carbon atom have been reported for many molecules; thus the C—C—C bond angle in propane is 111° 30′ ± 2°, the C—C—Cl bond angles in ethyl chloride, isopropyl chloride, and ***tert.*** butyl chloride are 111° 30′ ± 2°, 109° ± 3°, and 107° ± 2°, respectively, and the C—C—Br bond angles in the corresponding bromides are 109° ± 2°, 109° 30′ ± 3°, and 107° 30′ ± 2° (*15, 16*). With very few exceptions the reported values for carbon bond angles differ from 109° 28′ by less than 2°.

The picture of the carbon atom as a regular tetrahedron holds satisfactorily for unsaturated molecules also; the value for the C=C—C bond angle in both isobutene and tetramethylethylene is 124° 20′ ± 1° (*98*), which is very close to the value 125° 16′ corresponding to undistorted tetrahedral carbon atoms. Somewhat smaller values between single and double bonds (120° to 122°) are found in ethylene, formaldehyde, and acetaldehyde (*48, 135, 130, 131*).

It is predicted from quantum-mechanical theory [SLATER (*127*), PAULING (*91*)] that atoms with ***unshared*** electron pairs, such as nitrogen, oxygen, and sulfur, should form bonds at angles somewhere between 90° and 109° 28′. The experimental bond-angle values for nitrogen and oxygen are only a few degrees from tetrahedral; a few examples are $H_2O$, 105°; $(CH_3)_2O$, 110°; $NH_3$, 108°; $N(CH_3)_3$, 108°. For sulfur values near 103° are reported: $S_8$, 100° to 106°; $S_2(CH_3)_2$, 107°; $SCl_2$, 103°, the value for $H_2S$, 92°, being smaller. The heavier atoms arsenic, antimony, selenium, and tellurium show somewhat smaller values, from 95° to 100°.

In some molecules the geometry of three-dimensional space causes large deviations from the normal values of the bond angles; thus in cyclopropane the C—C—C bond angles are 60°. This is well known to be accompanied by strain, causing the molecule to be less stable than for an unstrained configuration. The strain energy is indicated by thermochemical data to amount to about 24 kcal./mole for cyclopropane.

## Restricted Rotation about Single Bonds.

From the physical point of view the configuration of a molecule such as 1,2-dichloroethane is not completely determined by the specification of the values of the bond lengths and bond angles; in addition the azimuthal orientation of the groups connected by the carbon-carbon single bond must be specified. It was for many years supposed, because of the failure to separate isomers corresponding to different orientations of groups about a single bond, that complete freedom of rotation about single bonds obtains; but evidence has been collected during the past two years showing that this conclusion is not correct. KEMP and PITZER (*74*) showed that the value of the entropy of ethane indicates very strongly that as the two methyl groups are rotated about the single carbon-carbon bond relative to one another the potential energy of the molecule changes by about 3000 cal./mole, the potential function having three maxima and three minima in a complete rotation, corresponding to the trigonal symmetry of the methyl groups. Further evidence supporting this restriction of rotation has been reported by KISTIAKOWSKY, LACHER and STITT (*75*), who find from heat-capacity data the value 2750 cal./mole for the height of the potential barrier. A similar barrier of height about 3300 cal./mole has been found by KEMP and EGAN (*73*) for propane, and the values 3800 cal./mole for isobutane and 4200 cal./mole for tetramethylmethane have been reported by PITZER (*109*), all from entropy measurements.

Although the thermodynamic measurements and spectroscopic data (*132*) for ethane do not permit the decision to be made as to whether the stable configuration of the molecule is that for which there is a plane of symmetry between the methyl groups (point group $D_{3h}$) or is the staggered configuration (point group $D_{3d}$), there is strong indirect evidence for the staggered configuration. Thus in many crystals which contain hydrocarbon chains these chains have been found by x-ray examination to have an extended zig-zag configuration, corresponding to the staggered configuration for ethane. Dr. V. SCHOMAKER (unpublished work) has also pointed out that the variation of values of heats of hydrogenation of unsaturated cyclic hydrocarbons can be interpreted in a convincing manner if it be assumed that the zig-zag configuration is stable. For example, the cyclopentane molecule, which is coplanar, with bond angles 108°, is made less stable than cyclohexane, with the staggered configuration, by an amount of energy equal to the height of the potential barrier per methylene group.

Electron-diffraction studies of 1,2-dichloroethane (*14*), 1,2-dibromoethane (*17*), 1,2-chlorobromoethane (*17*), and ***racemic*** and ***meso*** 2,3-dibromobutane (*123*) have been made; and it has been found that for all of these molecules there is ***restricted rotation*** about the carbon-carbon single bond, the stable orientation in each molecule being that in which the two halogen atoms are on opposite sides of the carbon-carbon axis.

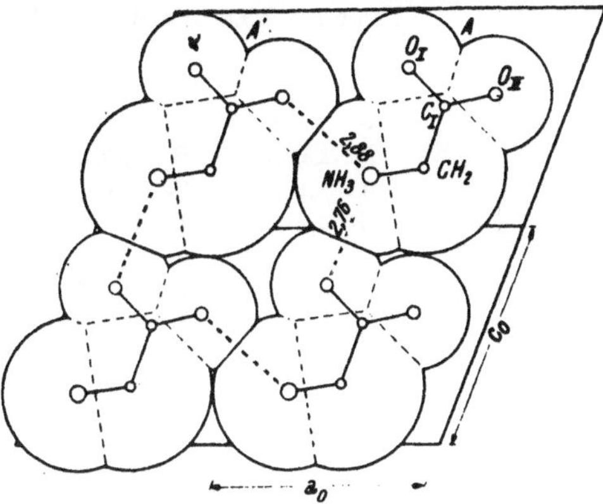


Fig. 1. Packing drawing for glycine showing a portion of one layer of molecules in the crystal. The atoms and groups are represented by circles with radii equal to the VAN DER WAALS radii given in Table 4 (p. 214). Distances between $NH_3$ and O are determined by hydrogen bonds (shown as double dashed lines). Contacts between methylene groups and other groups are VAN DER WAALS contacts [ALBRECHT and COREY (7)].

## The Distances of Non-bonded Contact of Atoms.

The molecules in a crystal are attracted toward one another by VAN DER WAALS attractive forces and repelled by repulsive forces which are set up when the outer parts of the electronic structures of the atoms begin to interpenetrate; that is, when the atoms come into contact. Equilibrium between the VAN DER WAALS attractive forces and the repulsive forces between atoms which are not bonded together occurs at interatomic distances which are much larger than covalent bond distances; thus the smallest interatomic distances between molecules are greater than the smallest interatomic distances within molecules, as shown in Figures 1 and 2 for glycine [ALBRECHT and COREY (7)].

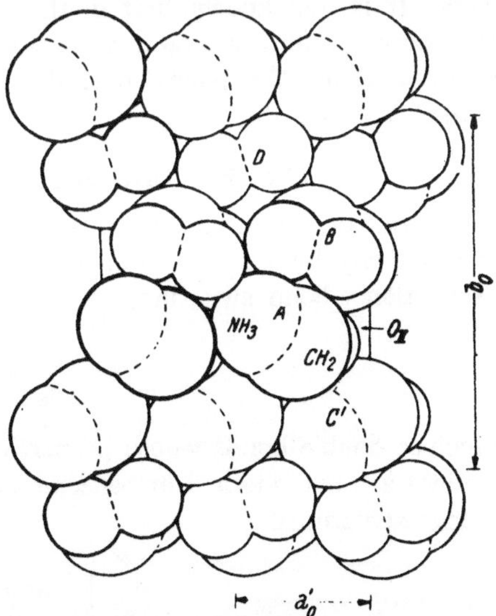


Fig. 2. A packing drawing of glycine viewed along the c-axis of the crystal [ALBRECHT and COREY (7)].

It is found (*61, 69, 87, 119, 2*) that the distances of non-bonded contacts can be represented as the sums of non-bonded or VAN DER WAALS radii of atoms, as given in *Table 4* (p. 214).

Table 4. VAN DER WAALS Radii of Atoms.

| | | |
|---|---|---|
| | H 1,0 to 1,2 Å | |
| N 1,5 Å | O 1,40 Å | F 1,35 Å |
| P 1,9 ,, | S 1,85 ,, | Cl 1,80 ,, |
| As 2,0 ,, | Se 2,00 ,, | Br 1,95 ,, |
| Sb 2,2 ,, | Te 2,20 ,, | I 2,15 ,, |

Radius of methyl group and methylene group, 2,0 Å.
Half-thickness of aromatic molecule, 1,85 Å.

Thus in the molecular crystal 1, 2, 3, 4, 5, 6-hexachlorocyclohexane (42) the observed intermolecular chlorine-chlorine distances are 3,60, 3,77, and 3,82 Å, which are close to the value 3,60 Å given by Table 4. The contact distances are $CH_2$—$CH_2$=3,96 Å, $CH_2$—O=3,32, 3,33 Å, $CH_2$—N=3,55, 3,69 Å in diketopiperazine [COREY (29)] and $CH_2$—$CH_2$=4,05 Å, $CH_2$—O=3,38, 3,52 Å in glycine [ALBRECHT and COREY (7)].

Contact distances between electronegative atoms are less than expected because of the formation of hydrogen bonds [(2), Chap. IX]. The O—H···O hydrogen bond distance is about 2,65 Å (2,5 to 2,8 Å) and the N—H···O distance about 2,85 Å (2,7 to 3,0 Å).

The VAN DER WAALS radii of atoms may be used in predicting whether or not the configuration of a molecule will be influenced by atomic contacts. It is well known that in the biphenyls with ortho substituents, for example, steric interactions of the substituent groups prevent easy rotation about the phenyl-phenyl bond, and permit the isolation of optical isomers.

## The Structure of Resonating Molecules.

There are many substances whose properties cannot be represented satisfactorily by a single valence-bond structure. Thus for benzene the best valence-bond structure,

involves double bonds whose properties (unsaturation) as shown by the olefines are not retained in benzene, and, moreover, there are two equivalent structures,

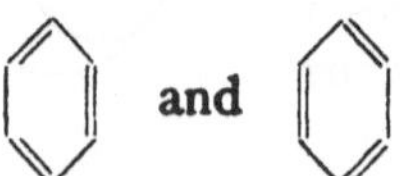

between which a choice is impossible. It was recognized less than a decade ago that the theory of quantum mechanics provides the solution to the problem of the structure of the molecules of these substances: *when an unambiguous assignment of a single valence-bond structure to a molecule cannot be made, the actual normal state of the molecule is not represented by any one of the alternative reasonable structures, but can be represented by a combination of them*, the extents to which the different structures contribute being determined by their nature and stability. The molecule is then described as *resonating* among the several valence-bond structures. In its normal state the benzene molecule can be represented by the symbol

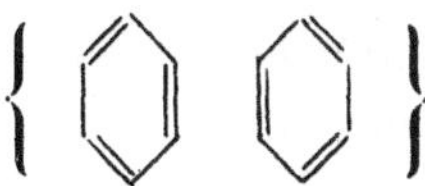

corresponding to resonance between the two KEKULÉ structures.

Early work on quantum-mechanical resonance of molecules, by SLATER, HÜCKEL, and PAULING and collaborators, is contained in references (*127*, *66*, *67*, *91*, *92*, *93*, *101*, and *103*). Earlier chemical theories bearing many points of resemblance to the theory of resonance were developed by THIELE (*134*), ARNDT (*9*, *10*), ROBINSON (*8*), INGOLD (*70*), and other chemists during the first quarter of the twentieth century, but the clarification of the phenomenon and its precise specification, including the recognition of such important features as the existence of resonance energy, were results of the progress of theoretical physics after the year 1925.

It is necessary to distinguish clearly between *resonance* (or mesomerism, as it is called by INGOLD) and *tautomerism*. A tautomeric substance consists of molecules of two (or more) different kinds; that is, with different configurations and properties. *The molecules of a resonating substance* such as benzene, on the other hand, *are all alike*. Their configuration and properties are not those corresponding to any one of the valence-bond structures among which resonance occurs, but rather to an average of all of them, with consideration also of the effects of the resonance itself.

The most important effect of resonance itself is an energetic effect: *resonance stabilizes the molecule*. The benzene molecule is more stable by about 37000 cal./mole than it would be if it had either KEKULÉ structure alone [PAULING and WHELAND (*103*)]. This great stabilization changes its chemical properties greatly, removing from its double bonds most of the properties of unsaturation shown by substances containing non-resonating (isolated) double bonds. For further discussion of resonance energy see PAULING and SHERMAN (*102*) and PAULING (*2*).

## Resonance and Molecular Configuration.

One of the most satisfying aspects of the resonance theory is that it permits predictions to be made regarding the properties of resonating molecules by use of information about non-resonating molecules. This can be illustrated by the discussion of the configuration of resonating molecules.

The KEKULÉ structures for *benzene*:

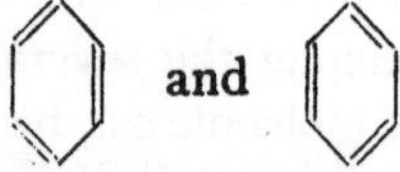

give each bond one-half double-bond character. The stereochemical property of coplanarity of bonds adjacent to a double bond accordingly applies to each of the carbon-carbon bonds of benzene, and the entire molecule must hence have a coplanar configuration. This is verified by experiment not only for benzene but also for naphthalene (*111*), and anthracene (*110*), and it must hold for all other polynuclear aromatic hydrocarbons also.

The principal resonating structures for *naphthalene* are (I), (II), and (III).

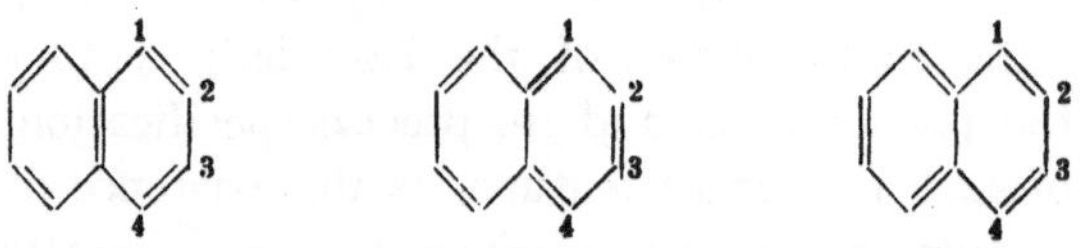

(I) (II) (III)

It will be observed that (assuming equal weights for the three) the 1,2 bonds are given two-thirds double-bond character and the 2,3 bonds only one-third double-bond character. This causes the 1 and 2 positions to be connected much more strongly than the 2 and 3 positions, and provides the explanation for the numerous experiments on coupling reactions which have been erroneously interpreted [FIESER (*49*)] as showing that naphthalene is to be represented by structure I alone. Similarly *anthracene* resonates among the structures (I) to (IV),

(I) (II)

(III) (IV)

which give three-quarters and one-quarter double-bond character to the 1,2 and 2,3 bonds, respectively.

For *phenanthrene* resonance occurs among five important structures, (I) to (V). This gives to

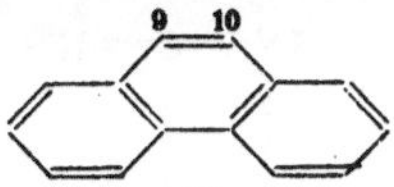

9 10

(I)

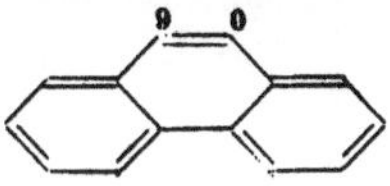

9 10

(II)

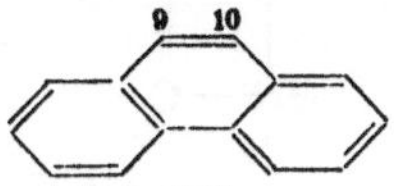

9 10

(III)

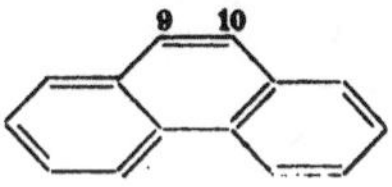

9 10

(IV)

9 10

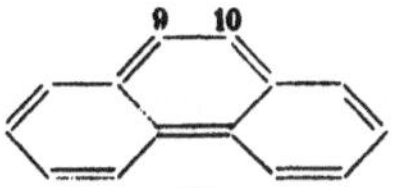

(V)

the 9,10 bond four-fifths double-bond character, which accounts for the reactivity of the 9, 10 positions.

Coplanarity has been verified for heterocyclic conjugated molecules also, including pyridine and pyrazine (*122*) and phthalocyanine (*113*) [see the article by KRATKY and MARK (*75a*) for a discussion of the x-ray work on phthalocyanine]. Although rigorous experimental verification is not yet at hand, it can be predicted with confidence that the ***porphin nucleus*** is also coplanar. Here resonance occurs among a large number of structures, of the type of (I), giving each bond nearly one-half double-bond character:

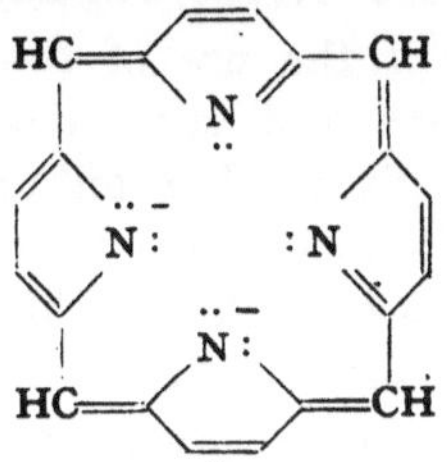

HC — CH — N — N: — :N — N: — HC — CH

(I)

Coplanarity is expected also for many other molecules; we may take ***uric acid*** as an example. In addition to the customarily-written structure (I), many other valence-bond structures enter into the resonance structure of this molecule. A few of these are shown (II), (III), (IV), with the unshared electron pairs indicated for the sake of clarity. It is seen that the type of

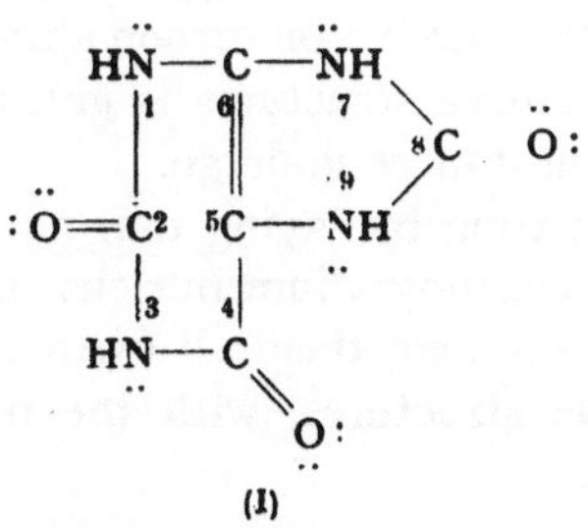

HN—C—NH — C O: — :O=C — C—NH — HN—C — O:

(I)

HN—C—NH — C—O:− — O=C — C—NH — HN—C — O:

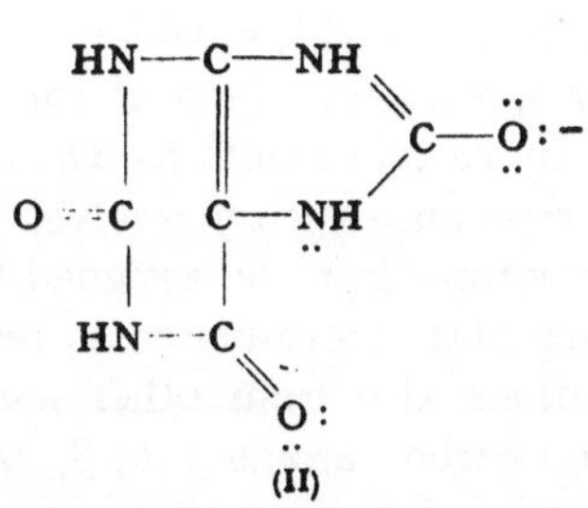

(II)

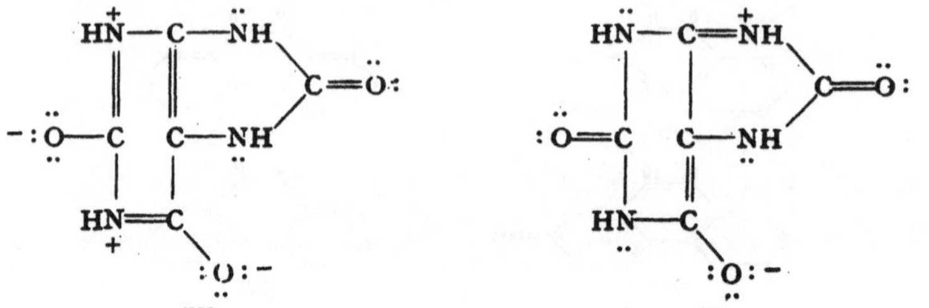

(III) (IV)

resonance represented here is that present in amides,

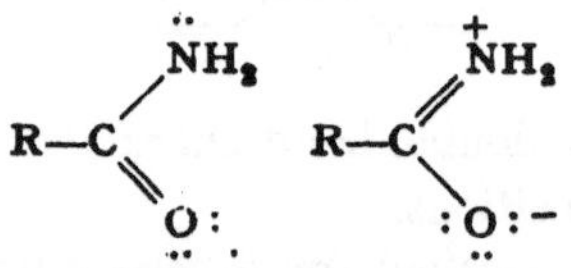

Structure (II) shows how double-bond character is obtained for the 7,8 bond, and structure (IV) for the 6,7 bond; similar structures can be written for the 8,9 and 5,9 bonds also, as well as for the C—N bonds in the six-ring. Structure (III) is a KEKULÉ-like structure; this and its companion enter into KEKULÉ resonance, making the six-ring similar to the benzene ring.

## The Structure of the Anthocyanidins.

As another illustration of the use of the concept of resonance in clarifying structural problems a discussion of the anthocyanidins and related substances may be given. The anthocyanidins are substituted 2-phenyl-benzopyrylium chlorides; there have been several alternative structures suggested for benzopyrylium chloride and its derivatives, differing in the point of attachment of the chlorine atom, or rather, since the bond to chlorine is ionic, in the location of the positive charge in the benzopyrylium cation. [References to the literature are given in the review by HILL (65).]

The structure usually assumed is an oxonium structure (I), the oxygen atom being quadrivalent, as the result of the formation of a single and a double bond with adjacent carbon atoms and the assumption of a positive charge (that is, the formation of an ionic bond with the associated anion). In addition various carbonium structures have been suggested, including (II), (III), and (V), in which the positive charge is on carbon atoms 2, 4, and 7, respectively. Each of these alternative structures is given some support by certain reactions which the substances undergo.

The resonance theory resolves the situation by saying that no one of these structures is to be assigned to the benzopyrylium nucleus; instead its normal state corresponds to resonance among them all (with smaller contributions also from other less stable structures, with the positive charge on carbon atoms 3, 6, 8, and 10).

The contributions of the various oxonium and carbonium structures to the normal state are not equal. It is seen that three stable oxonium structures, each with five double bonds (I a), (I b), (I c), can be written, whereas only two (II a), (II b) can be written for the carbonium structure involving carbon atom 2, two for carbon atom 4, and one each for the others. Consequently the oxonium structure is the most important, and can be expected to exert the greatest influence in determining the properties of the benzopyrylium salts. The carbonium structures involving atoms 2 and 4 are next in importance, with only a subsidiary rôle played by the other carbonium structures.

(I a) 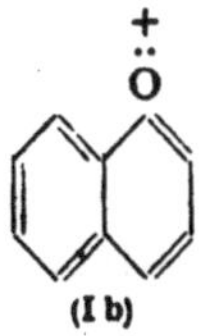 (I b) 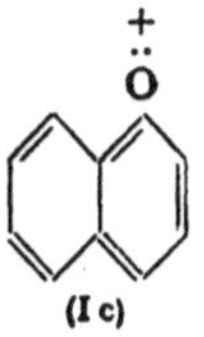 (I c)

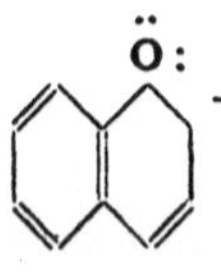

(II a) 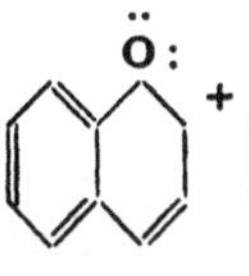 (II b) 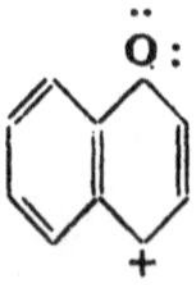 (III a) 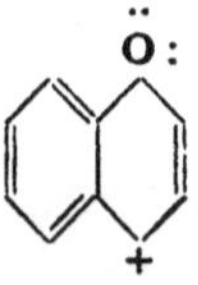 (III b)

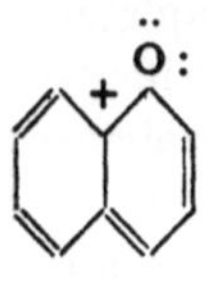

(IV) 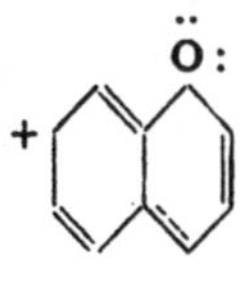 (V) 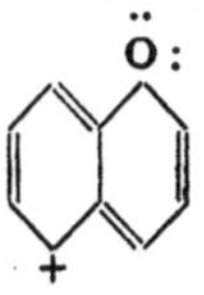 (VI)

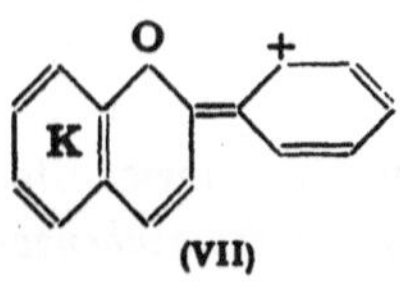

(VII) 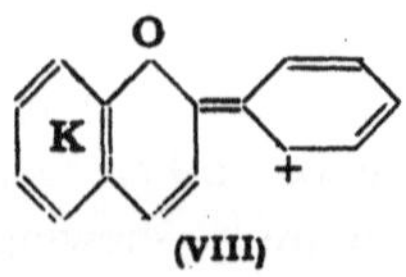 (VIII)

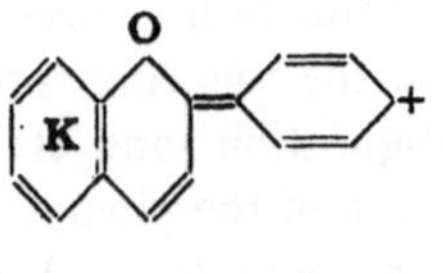

(IX) 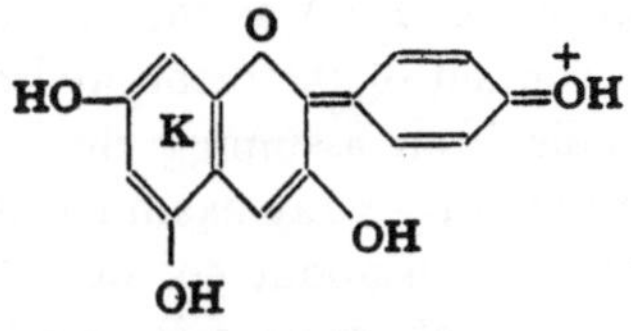 (X)

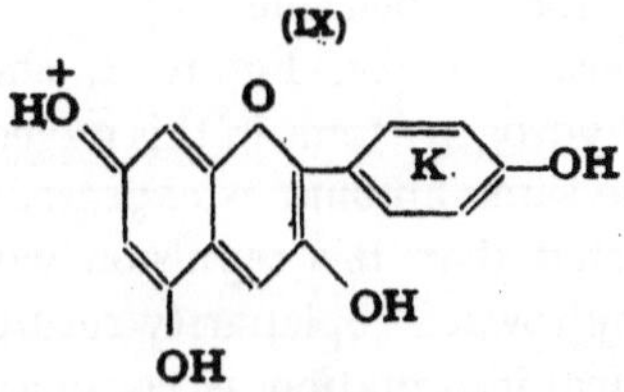

(XI) 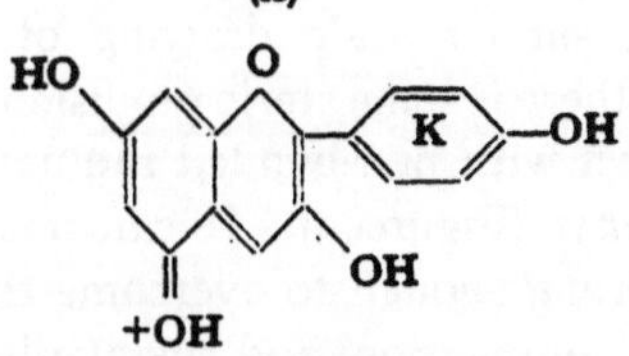 (XII)

For the 2-phenylbenzopyrylium ion the resonance involves the structures (VII), (VIII), and (IX) as well as (I) to (VI), and for the anthocyanidins the structures (X), (XI), and (XII); this makes the hydroxyl oxygen atoms positive, and increases the acid strength of these phenolic groups.

It has been shown by the development of a quantum-mechanical theory of color (*95*) that this resonance of positive charge from atom to atom in the molecule is responsible for the depth and intensity of color not only in the anthocyanins but in dyes in general.

## Coplanarity of Conjugated Systems.

A conjugated diene can be represented by the resonance formula

$$\mathrm{C{=}C{-}C{=}C,\ \overset{+}{C}{-}C{=}C{-}\overset{..}{C},\ \overset{..}{C}{-}C{=}C{-}\overset{+}{C}.}$$

The contribution of the structures other than the first has been shown by interatomic-distance measurements (*122*) and theoretical calculations to be about 20%; hence the 2,3 bond has about 20% double-bond character. This tends to keep adjacent bonds coplanar: *conjugated systems hence strive to be completely coplanar.*

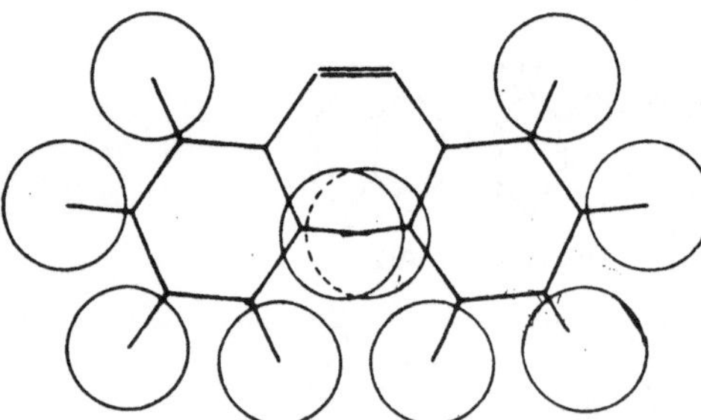

Fig. 3. A scale drawing of cis azobenzene, assuming coplanarity. The hydrogen atoms are shown with VAN DER WAALS radius 1,0 Å. It is seen that steric hindrance forces the phenyl groups out of the coplanar orientation.

Complete coplanarity has been verified for stilbene (*114*), trans-azobenzene (*78*), and some other conjugated molecules. Because the amount of double-bond character of the conjugated "single" bond is small, however, the forces which strive toward coplanarity are not very strong, and may be rather easily overcome by steric effects. This is illustrated by Figure 3, showing a molecule of *cis-azobenzene* drawn to scale, with use of 1,0 Å as the VAN DER WAALS radius of hydrogen. It is seen that contact of the ortho hydrogen atoms of the two rings prevents the molecule from assuming the coplanar configuration, and it has in fact been found by x-ray examination (*78*) that each of the phenyl groups is rotated through about 50° out of the coplanar orientation. A similar non-coplanar configuration is found for o-diphenylbenzene (*28*).

A similar scale drawing of *1,3,5-triphenylbenzene*, Figure 4, shows that there is some steric repulsion between hydrogen atoms in this molecule (drawn with non-bonded radius 1,0 Å); the same amount is expected for *biphenyl* (Figure 5). It can not be predicted that this repulsion would be strong enough to overcome the tendency toward coplanarity resulting from conjugation, and the available empirical information is conflicting:

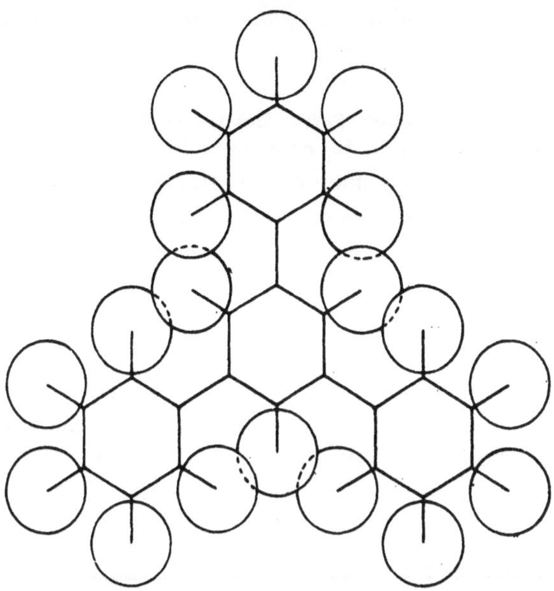

Fig. 4. Scale drawing of 1,3,5-triphenylbenzene, showing that steric interactions of hydrogen atoms tend to force the phenyl groups out of the coplanar orientation favored by conjugation.

triphenylbenzene is reported from x-ray study to be non-coplanar (*85*), whereas older studies of biphenyl (*41*) and p-diphenylbenzene (*106*) have led to coplanar structures.

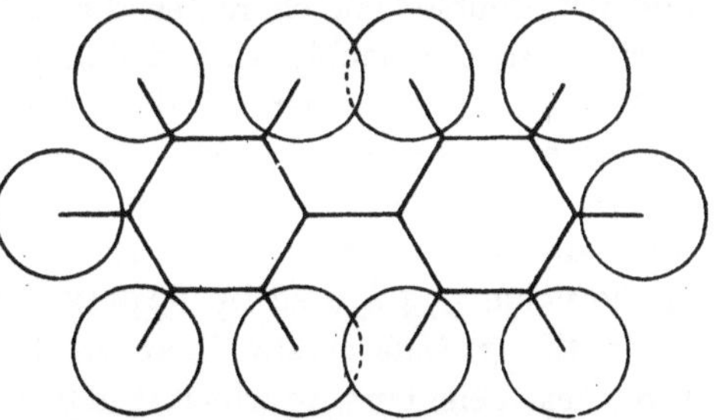

Fig. 5. Scale drawing of biphenyl, showing steric repulsion of hydrogen atoms.

Another type of conjugation which is of significance to molecular configuration is that of a double bond or benzene ring with an unshared electron pair of an adjacent atom. The normal state of the *phenol* molecule, for example, involves resonance of the customary structures (I) and (II) with other structures (III), (IV), and (V). This resonance is responsible for the characteristic differences in properties of phenols and saturated alcohols; thus the increased acid strengths of

:Ö—H (I) :Ö—H (II) $\overset{+}{\ddot{O}}$—H (III) $\overset{+}{\ddot{O}}$—H (IV) $\overset{+}{\ddot{O}}$—H (V)

phenols are due to the positive charge of the oxygen atom for structures (III) to (V), which repels the proton. The decreased basic strength of aniline as compared with aliphatic amines is similarly explained.

The double-bond character given the C—O bond by this resonance causes the entire molecule to be coplanar. It is hence to be expected that a substance such as o-chlorophenol should exist in two isomeric forms, A and B, which may be called *cis* and *trans*. These have never

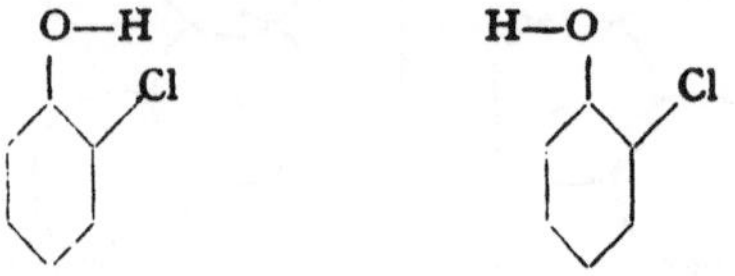

o-Chlorophenol (*cis*). o-Chlorophenol (*trans*).

been separated, presumably because their interconversion is very rapid, but it has been shown [PAULING (*94*)] that the work of WULF and his collaborators (*140*) provides strong spectroscopic evidence for their existence.

## The Effect of Resonance on Interatomic Distances.

It was pointed out in 1932 by PAULING (*93*) that the interatomic distance corresponding to resonance between a single bond and a double bond or a double bond and a triple bond lies close to the value corresponding to the stronger of the bonds involved in the resonance; thus in benzene, with KEKULÉ resonance giving each bond 50% single-bond character and 50% double-bond character, the carbon-carbon distance, 1,39 Å (*122*), is closer to the double-bond distance, 1,33 Å, than to the single-bond distance, 1,54 Å. An empirical relation connecting bond character with interatomic distance was proposed by PAULING, BROCKWAY, and BEACH (*99*) and revised by PAULING and BROCKWAY (*98*). (In the following discussion we shall make a further small revision, using 1,33 Å for C=C in place of the value 1,34 Å used by PAULING and BROCKWAY.)

In the *graphite* crystal there are layers of carbon atoms, each with three near neighbors, to which it is bonded. Each carbon atom can form one double bond and two single bonds; the layer accordingly resonates among many structures of the type of:

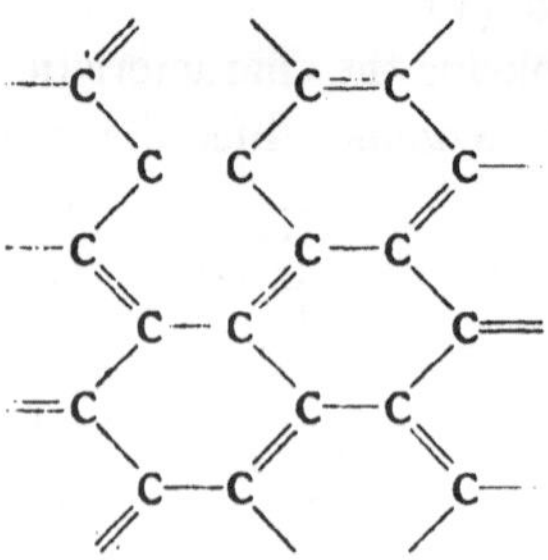

This resonance gives each bond two-thirds single-bond character and one-third double-bond character. The observed interatomic distance is 1,42 Å. With this point, the benzene point 1,39 Å, and the pure single-bond and double-bond points 1,54 and 1,33 Å, respectively, we can draw an empirical curve connecting bond type and interatomic distance, as shown in Figure 6.

This can be applied directly to determine the type of carbon-carbon bonds from measured values of interatomic distances. The measurements of lengths of single bonds in conjugated systems reported in *Table 5* (p. 224) have thus been interpreted (*102*) as showing that a single bond between two double bonds or benzene rings has about 20% double-bond character, a single bond between a benzene ring and a triple bond about 30%, and a single bond between two triple bonds about 40%. In this calculation correction is made for the direct effect of a triple bond on an adjacent single bond, as shown in Table 5 for methylacetylene and related substances; the nature of this effect has been discussed by PAULING, SPRINGALL and PALMER (*102*).

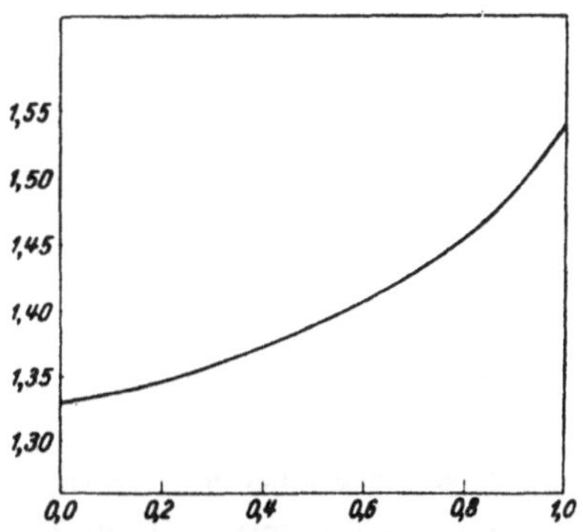


Fig. 6. An empirical curve relating carbon-carbon interatomic distance to bond type for single-bond-double-bond resonance; this curve is based on the experimental points for ethylene (1,33 Å), benzene (1,39 Å), graphite (1,42 Å), and diamond (1,54 Å).

In a series of papers (*81, 83, 104, 30, 105, 31, 32, 82*) LENNARD-JONES, PENNEY and COULSON have made quantum-mechanical calculations of the expected interatomic distances in aromatic and conjugated molecules. Their values, which are based on the empirical values for pure single and double bonds, agree excellently with the experimental values reported in Table 5. In addition predictions have been made regarding long conjugated chains; for *octatetraene* the predicted values are

$$\mathrm{CH_2{=\!=}CH{-\!-}CH{=\!=}CH{=\!=}CH{-\!-}CH{-\!-}CH{=\!=}CH_2}$$

1,353  1,422  1,371  1,415 Å

and for a conjugated chain of infinite length

$$\mathrm{CH_2{=\!=}CH{-\!-}CH{=\!=}CH{-\!-}CH{=\!=}CH{-\!-}CH{=\!=}CH{-\!-}\cdots}$$

1,355  1,419  1,377  1,407  1,383  1,403  1,386 Å

Asymptotic value, 1,394 Å.

The character of each bond is reflected in its interatomic distance –1,330 Å representing a pure double bond, 1,394 Å a half double-half single bond as in benzene, and 1,542 Å a pure single bond. The close approximation of the bonds in a long conjugated chain (other than those at the ends of the chain) to benzene bonds is striking.

Table 5. Interatomic Distances in Conjugated Systems.

| | | |
|---|---|---|
| C—C single bond between double bonds or benzene rings: | | |
| Butadiene, $CH_2=CH-CH=CH_2$ | 1,40 ± 0,03 Å | (*122*) |
| Cyclopentadiene, CH—CH / ‖ ‖ / CH CH / $CH_2$ | 1,40 ± 0,03 „ | (*122*) |
| Stilbene, ⬡—$CH=CH_2$ | 1,44 ± 0,02 „ | (*114*) |
| p-Diphenylbenzene, ⬡—⬡—⬡ | 1,46 ± 0,03 „ | (*106*) |
| C—C single bond between a benzene ring and a triple bond: | | |
| Tolane, ⬡—C CH | 1,40 ± 0,02 „ | (*115*) |
| C—C single bond between two triple bonds: | | |
| Diacetylene, $CH\equiv C-C\equiv CH$ | 1,36 ± 0,03 „ | (*102*) |
| Dimethyldiacetylene, $CH_3C\equiv C-C\equiv CCH_3$ | 1,38 ± 0,03 „ | (*102*) |
| Cyanogen, $N\equiv C-C\equiv N$ | 1,37 ± 0,02 „ | (*102*) |
| C—C single bond adjacent to a triple bond: | | |
| Methylacetylene, $CH_3-C\equiv CH$ | { 1,462 ± 0,005 „ | (*63, 13*) |
| | { 1,46 ± 0,02 „ | (*102*) |
| Dimethylacetylene, $CH_3-C\equiv C-CH_3$ | 1,47 ± 0,02 „ | (*102*) |
| Dimethyldiacetylene, $CH_3-C\equiv C-C\equiv C-CH_3$ | 1,47 ± 0,02 „ | (*102*) |
| Methyl cyanide, $CH_3-C\equiv N$ | 1,49 ± 0,03 „ | (*102*) |

As an example of the use of interatomic distances in the discussion of the structure of natural products we may mention the recent work of COREY (*29*) on ***diketopiperazine*** and of ALBRECHT and COREY (*7*) on ***glycine***. These two investigations represent the only complete structure determinations which have been made of any substances related to proteins. The x-ray work on proteins themselves which has been done by ASTBURY and his collaborators, HERZOG and JANCKE, BRILL, MEYER and MARK, and COREY and WYCKOFF, described by KRATKY and MARK (*75a*), has provided much valuable information about the general nature of proteins, but has not led to a complete structure determination for any protein.

The structure found by ALBRECHT and COREY for the glycine molecule in crystalline glycine is shown in Figure 7. It is seen that the carbon-carbon distance, 1,52 Å, is close to the expected single-bond distance, 1,54 Å. For the carboxyl-ion group, for which resonance of the type

$$-C\begin{matrix}\diagup \ddot{\underset{..}{O}}:^- \\ \diagdown\!\!\diagdown \ddot{\underset{..}{O}}:\end{matrix} \qquad -C\begin{matrix}\diagup\!\!\diagup \ddot{O}: \\ \diagdown \ddot{\underset{..}{O}}:^-\end{matrix}$$

is expected, the two C—O distances are predicted from the resonance curve (Figure 6, p. 223) and the table of covalent radii to have the same value 1,27 Å, the bond angle O—C—O being predicted to be 125° 16′:

—C (1,27 Å) O, (1,27 Å) O; 125°

The configuration found by experiment

—C (1,27 Å) O, (1,25 Å) O; 122°,

agrees with this to within the probable errors of the determination.

The value found for the carbon-nitrogen distance in the molecule, 1,39 Å, is less than the single-bond carbon-nitrogen value, 1,47 Å; the reason for this unexpected feature is not known with certainty: it may be in part the result of the positive charge of the $—\overset{+}{N}H_3$ group.

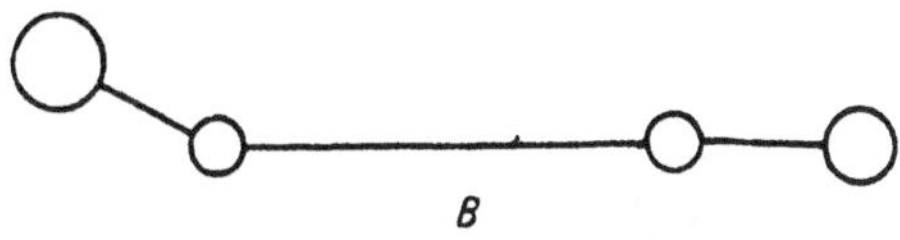


Fig. 7. The configuration of the glycine molecule in crystalline glycine [ALBRECHT and COREY (7)]. *A* shows the dimensions of the molecule, and *B* the deviation of the $C—\overset{+}{N}H_3$ bond from the plane of the C—C(O)(O) group.

The configuration found by COREY for the diketopiperazine molecule is shown in Figure 8. It is seen that there occurs for this

—C(=O)—NH—

group resonance similar to that of the carboxyl group; to wit,

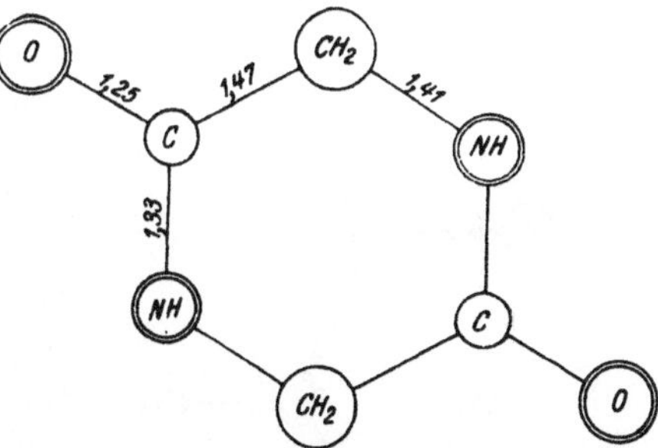


Fig. 8. The configuration of the diketopiperazine molecule in the crystalline substance [COREY (29)]. The molecule is accurately coplanar, except for the hydrogen atoms.

—C(=Ö:)—N̈H—      —C(—Ö:⁻)=$\overset{+}{N}$H—

The configuration predicted for complete resonance, giving both the C—O and the C—N bond one-half double-bond character, is

$$-\mathrm{C}\begin{matrix} \overset{1{,}27\ \text{Å}}{\diagup}\ \mathrm{O} \\ \underset{1{,}33\ \text{Å}}{\diagdown}\ \mathrm{NH} \end{matrix} \qquad \text{The observed configuration,} \quad -\mathrm{C}\begin{matrix} \overset{1{,}25\ \text{Å}}{\diagup}\ \mathrm{O} \\ \updownarrow\ 120^\circ, \\ \underset{1{,}33\ \text{Å}}{\diagdown}\ \mathrm{NH} \end{matrix}$$

is in essential agreement with this.

The bonds to the methylene group in diketopiperazine,

$$\mathrm{C}\overset{1{,}47\ \text{Å}}{\diagup}\mathrm{CH_2}\overset{1{,}41\ \text{Å}}{\diagdown}\mathrm{NH}$$

are shorter than the expected single bond lengths, C—C = 1,54 Å and C—N = 1,47 Å. There is still uncertainty as to the significance of this shortening, which will presumably be resolved by the results of future investigations of other amino acids and peptides.

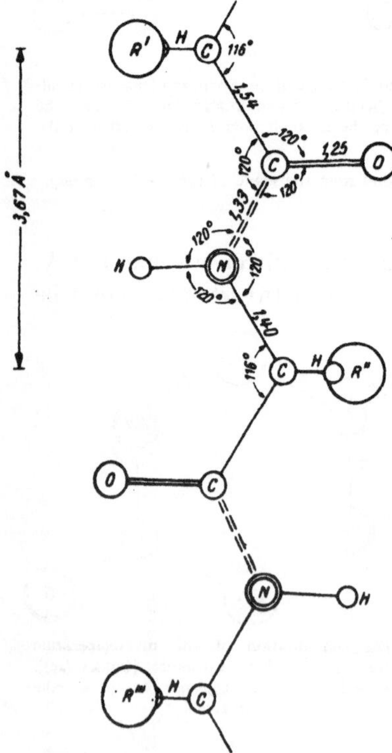


Fig. 9. The predicted configuration of an extended polypeptide chain [COREY (29 a)].

COREY (29a) has made a preliminary study of the application of the structural information from glycine and diketopiperazine in the interpretation of the available x-ray data for the fibrous proteins. The predicted detailed structure of an extended polypeptide chain is shown in Figure 9. The length of the chain per amino-acid residue is predicted to be 3,67 Å. This is somewhat larger than the largest values found experimentally for fibrous proteins, 3,2 to 3,5 Å; hence the conclusion is drawn that the polypeptide chains in these proteins do not have their maximum extension, but are somewhat distorted from this configuration. The nature of this distortion is not known. COREY has also shown that some distortion from the ideal structure is necessitated by the VAN DER WAALS contacts of the atoms.

Although the problem of the structure of proteins is a very complex one, it may be hoped that this x-ray attack, beginning with amino acids and peptides, will in the course of time be successful, and will provide the same detailed structural information which is now available for simpler substances.

## Isomerism and Structure of the Carotenoids.

As an example of the use of covalent radii and VAN DER WAALS radii of atoms, let us discuss the possibilities of stereoisomerism for the carotenoids. These substances contain long conjugated systems, usually with about eleven conjugated double bonds; β-carotene, for example, has the formula

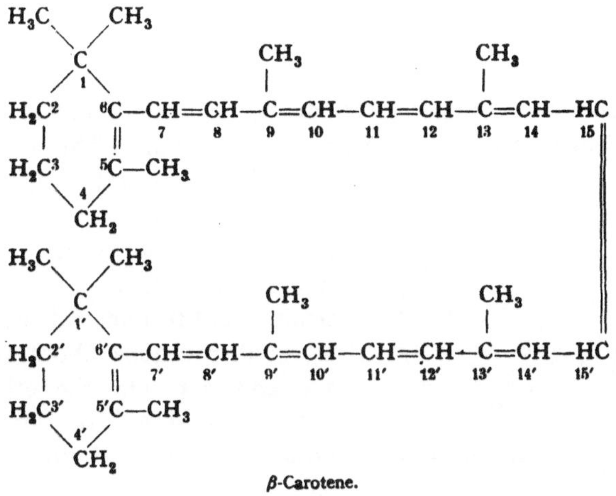

```
H3C    CH3
   \  /
    C                 CH3                 CH3
   /1\                 |                   |
H2C2   6C—CH=CH—C=CH—CH=CH—C=CH—HC
 |      ||   7    8  9  10   11  12   13  14  15||
H2C3   5C—CH3                                   ||
   \4/                                          ||
   CH2                                          ||
H3C    CH3                                      ||
   \  /                                         ||
    C                 CH3                 CH3   ||
   /1'\                |                   |    ||
H2C2'  6'C—CH=CH—C=CH—CH=CH—C=CH—HC
 |      ||   7'   8'  9' 10'  11' 12'  13' 14'  15'
H2C3'  5'C—CH3
   \4'/
   CH2
```

β-Carotene.

The separation of carotenoid isomers which are presumably *cis-trans* isomers has been reported by KUHN and WINTERSTEIN (*77*), GILLAM and EL RIDI (*52*, *53*), GILLAM, EL RIDI and KON (*54*), ZECHMEISTER and TUZSON (*142*, *143*), and ZECHMEISTER, CHOLNOKY, and POLGÁR (*141*), but no evidence has become available as to the precise nature of these isomers. Since this problem will surely not be easy of solution, the aid provided by general structural information may well be of value.

As the result of resonance of the type

$$C{=}C{-}C{=}C, \quad C{-}C{=}C{-}C$$

each of the single bonds in the conjugated system has sufficient double-bond character to keep the entire system coplanar. It is this resonance stabilization of configuration about the single bonds which permits the easy crystallization of the carotenoids. The bond distances have average value 1,40 Å, with the double bonds somewhat shorter (1,35 to 1,39 Å) and the single bonds somewhat longer (1,42 to 1,40 Å), as shown by the calculations of COULSON (*32*) quoted above. The bond angles along the chain can be confidently assumed to be close to 125° 16′, the value given by the theory of the tetrahedral carbon atom and supported by electron-diffraction results for simpler substances.

The configuration about the double bonds 5,6 and 5',6' is determined by the ring. The remaining double bonds are of several different kinds: (*a*) 15–15'; (*b*) 13–14 and 13'–14'; (*c*) 9–10 and 9'–10'; (*d*) 11–12 and 11'–12'; and (*e*) 7–8 and 7'–8'. Now let us consider a chain

—CX—CR=CR'—CX'—

with the cis configuration:

R R'

C=C

2 3

—C1 4C—

X X'

From the structural parameters it can be calculated that if X and X' are both hydrogen atoms they will be 1,7 Å apart. This is somewhat less than the usual distance of VAN DER WAALS contact (2,0 to 2,4 Å), and will tend to make the molecule less stable than for the trans configuration (with R, R' = H); but the strain could be removed in large part by small rotations about the bonds 1,2 and 3,4. On the other hand, with X = methyl or some similar group and X' = H the distance is only 1,6 Å; this is so very small compared with the expected distance of VAN DER WAALS contact, 3,2 Å, that the cis configuration would surely be unstable. Hence we conclude that *the cis configuration will be assumed only by those double bonds which are of the type* —CH—CR=CR'—CH—; that is, which are adjoined by two CH groups. Hence the bonds of types *d* and *e* must have the trans configuration.

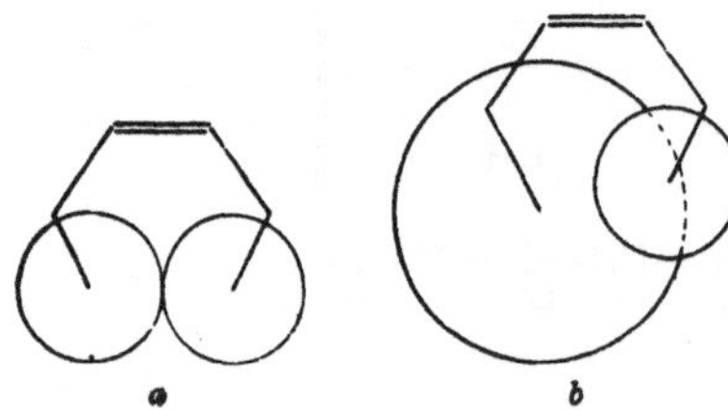


Fig. 10. Diagrams showing steric interactions of (*a*) —CH—CR=CR—CH— and (*b*) —C(CH$_3$)—CR=CR—CH groups for the cis-configuration about the double bond.

Twenty isomers can be formed by cis and trans isomerization about the remaining five double bonds (thirty-two for an unsymmetrical carotenoid such as α-carotene). The fact that two isomers only are reported for several carotenoids (lycopene, β-carotene, kryptoxanthene) suggests that the principal isomerization is that about the central double bond. For lutein, however, three isomers are reported, and for zeaxanthin and taraxanthin four (*141*, *143*); hence other double bonds (*b*, *c*) must be involved here. It seems probable that the exact nature of these isomers will be determined only by x-ray investigation of their crystals.

Some evidence bearing on the nature of the isomers is provided by the observation by ZECHMEISTER and TUZSON (*143*) that the intensity of absorption of light by *neo*lycopene is only about two-thirds as great as that by lycopene. The theory of the color of conjugated molecules which has been developed during the past year [MULLIKEN (*88*, *89*); PAULING (*95*)] leads to the conclusion that the intensity of absorption of cis-trans isomers should be related to their configuration. In particular the integrated absorption coefficients for the two configurations A and B:

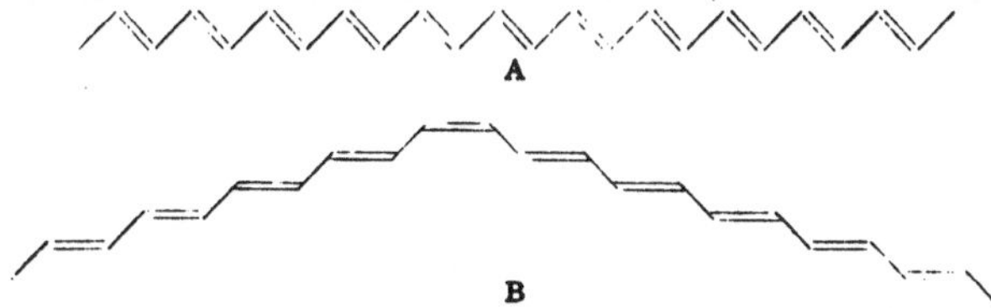


should be proportional to the squares of the actual distances between their ends. The ratio of these distances is 1 : 0,78 (for 125° 16′ bond angles), and the ratio of their squares, 1 : 0,61, is in excellent agreement with the intensity ratio 1 : 0,67 reported by ZECHMEISTER and TUZSON (*143*). This agreement provides support for the postulate that lycopene (and presumably the normal isomers of other carotenoids) have the completely extended configuration A and *neo*lycopene the configuration B.

## References.

*Books.*

*1.* LEWIS, G. N.: Valence and the Structure of Atoms and Molecules. New York: The Chemical Catalog Co., Inc., 1923.

*2.* PAULING, L.: The Nature of the Chemical Bond. Ithaca, N. Y.: Cornell University Press, 1939.

*3.* SIDGWICK, N. V.: The Electronic Theory of Valency. London: Oxford University Press, 1929.

*4.* — The Covalent Link in Chemistry. Ithaca, N. Y.: Cornell University Press, 1933.

*5.* EWALD, P. P. and C. HERMANN: Ergänzungsband, Z. Kristallogr., Strukturbericht, 1913—1928.

*6.* EISTERT, B.: Tautomerie und Mesomerie, Gleichgewicht und „Resonanz". Stuttgart: F. Enke, 1938.

*Journal articles.*

*7.* ALBRECHT, G. and R. B. COREY: The Crystal Structure of Glycine. J. Amer. chem. Soc. **61**, 1087 (1939).

*8.* ALLAN, J., A. E. OXFORD, R. ROBINSON, and J. C. SMITH: The Relative Directive Powers of Groups of the Forms RO and RR′N in Aromatic Substitution. Part. IV. A Discussion of the Observations Recorded in Parts I, II, and III. J. chem. Soc. London **1926**, 401.

*9.* ARNDT, F.: Gleichgewicht und „Zwischenstufe". Ber. dtsch. chem. Ges. **63**, 2963 (1930).

*10.* — E. SCHOLZ u. F. NACHTWEY: Über Dipyrylene und über die Bindungsverhältnisse in Pyron-Ringsystemen. Ber. dtsch. chem. Ges. **57**, 1903 (1924).

*11.* BADGER, R. M.: A Relation between Internuclear Distances and Bond Force Constants. J. chem. Phys. **2**, 128 (1934).
*12.* — The Relation between Internuclear Distances and Force Constants of Molecules and its Application to Polyatomic Molecules. J. chem. Phys. **3**, 710 (1935).
*13.* — and S. H. BAUER: The Infrared Spectrum and Internuclear Distances of Methyl Acetylene. J. chem. Phys. **5**, 599 (1937).
*14.* BEACH, J. Y. and K. J. PALMER: Internal Rotation in Ethylene Chloride. J. chem. Phys. **6**, 639 (1938).
*15.* — and D. P. STEVENSON: The Electron Diffraction Investigation of the Molecular Structures of Isobutane, t-Butyl Chloride and t-Butyl Bromide. J. Amer. chem. Soc. **60**, 475 (1938).
*16.* — — The Electron Diffraction Investigation of the Molecular Structures of Ethyl Chloride, Ethyl Bromide, Isopropyl Chloride, Isopropyl Bromide, Methyl Chloroform, and Isocrotyl Chloride. J. Amer. chem. Soc. **61**, 2643 (1939).
*17.* — and A. TURKEVICH: Internal Rotation in Ethylene Chlorobromide and Ethylene Bromide. J. Amer. chem. Soc. **61**, 303 (1939).
*18.* BEWILOGUA, L.: Interferometrische Messungen an einzelnen Molekeln der Chlor-Substitutionsprodukte des Methan. Physik. Z. **32**, 265 (1931).
*19.* BRAGG, W. H. and W. L. BRAGG: The Reflection of X-rays by Crystals. Proc. Roy. Soc. London, A **88**, 428 (1913).
*20.* BRAGG, W. L.: The Structure of some Crystals as Indicated by their Diffraction of X-rays. Proc. Roy. Soc. London, A **89**, 248 (1913).
*21.* — The Analysis of Crystals by the X-ray Spectrometer. Proc. Roy. Soc. London, A **89**, 468 (1914).
*22.* — The Arrangement of Atoms in Crystals. Philos. Mag. J. Sci. **40**, 169 (1920).
*23.* BROCKWAY, L. O.: Electron Diffraction by Gas Molecules. Rev. Modern Phys. **8**, 231 (1936).
*24.* — The CN Bond in Methyl Cyanide and Methyl Isocyanide. J. Amer. chem. Soc. **58**, 2516 (1936).
*25.* — and H. O. JENKINS: The Molecular Structures of the Methyl Derivatives of Silicon, Germanium, Tin, Lead, Nitrogen, Sulfur, and Mercury, and the Covalent Radii of the Non-Metallic Elements. J. Amer. chem. Soc. **58**, 2036 (1936).
*26.* — and H. LÉVY: The Molecular Structure of the Bromomethanes. J. Amer. chem. Soc. **59**, 1662 (1937).
*27.* DE BROGLIE, L.: Thèse, Paris, 1924.
*27a.* CARPENTER, D. C. and L. O. BROCKWAY: The Electron Diffraction Study of Paraldehyde. J. Amer. chem. Soc. **58**, 1270 (1936).
*28.* CLEWS, C. J. B. and K. LONSDALE: Structure of 1,2-Diphenylbenzene. Proc. Roy. Soc. London, A **161**, 493 (1937).
*29.* COREY, R. B.: The Crystal Structure of Diketopiperazine. J. Amer. chem. Soc. **60**, 1598 (1938).
*29a.* — Interatomic Distances in Proteins and Related Substances. Chem. Reviews [to be published].
*30.* COULSON, C. A.: IV. The Nature of the Links of Certain Free Radicals. Proc. Roy. Soc. London, A **164**, 383 (1938).
*31.* — The Electronic Structure of some Polyenes and Aromatic Molecules. VII. Bonds of Fractional Order by the Molecular Orbital Method. Proc. Roy. Soc. London, A **169**, 413 (1939).
*32.* — The Lengths of the Links of Unsaturated Hydrocarbon Molecules. J. chem. Phys. **7**, Nov. (1939).

33. Davisson, C. and L. H. Germer: Diffraction of Electrons by a Crystal of Nickel. Physic. Rev. **30**, 707 (1927).

34. Degard, C.: Interprétation des expériences de diffraction d'électrons par les molecules des gaz. Bull. Soc. roy. Sci. Liège **1937**, 383.

35. Debye, P.: Zerstreuung von Röntgenstrahlen. Ann. Physik **46**, 809 (1915).

36. — L. Bewilogua u. F. Ehrhardt: Zerstreuung von Röntgenstrahlen an einzelnen Molekeln. Physik. Z. **30**, 84 (1929).

37. — Interferometrische Messungen an Molekeln. Physik. Z. **30**, 524 (1929).

38. — Röntgeninterferenzen an isomeren Molekülen. Physik. Z. **31**, 142 (1930).

39. — Interferometrische Bestimmung der Struktur von Einzelmolekülen. Z. Elektrochem. **36**, 612 (1930).

40. — Elektroneninterferenzen an leichten Molekülen nach dem Sektorverfahren. Physik. Z. **40**, 404 (1939).

41. Dhar, J.: X-ray Analysis of the Structure of Biphenyl. Indian J. Physics **7**, 43 (1932).

42. Dickinson, R. G. and C. Bilicke: The Crystal Structure of Beta-Benzene Hexabromide and Hexachloride. J. Amer. chem. Soc. **50**, 764 (1928).

43. — R. T. Dillon, and F. Rasetti: Raman Spectra of Polyatomic Gases. Physic. Rev. **34**, 582 (1929).

44. Douglas-Clark, C. H.: The Relation between Vibration Frequency and Nuclear Separation for some simple non-Hydride Diatomic Molecules. Philos. Mag. J. Sci. **18**, 459 (1934).

45. — The Periodic Groups of Non-Hydride Di-Atoms. Trans. Faraday Soc. **31**, 1017 (1935).

46. Ehrenfest, P.: Über Interferenzerscheinungen, die zu erwarten sind, wenn Röntgenstrahlen durch ein zweiatomiges Gas gehen. Amsterdam Akad. **23**, 1132 (1915).

47. Ehrhardt, F.: Röntgeninterferenzen an Molekülen mit zwei Kohlenstoffatomen. Physik. Z. **33**, 605 (1932).

48. Eyster, E. H.: The Spectrum of Allene in the Photographic Infra-Red. J. chem. Phys. **6**, 580 (1938).

49. Fieser, L. F. and W. C. Lothrop: The Structure of Naphthalene. J. Amer. chem. Soc. **57**, 1459 (1935).

50. Friedrich, W., P. Knipping u. M. Laue: Interferenzerscheinungen bei Röntgenstrahlen. Münch. Sitz.ber. **1912**, 303.

51. Giauque, W. F. and J. D. Kemp: Entropies of Nitrogen Tetroxide and Nitrogen Dioxide. J. chem. Phys. **6**, 40 (1938).

52. Gillam, A. E. and M. S. El Ridi: Adsorption of Grass and Butter Carotenes on Alumina. Nature (London) **136**, 914 (1935).

53. — — The Isomerization of Carotenes by Chromatographic Adsorption. I. Pseudo-α-carotene. Biochemical J. **30**, 1735 (1936).

54. — — and S. K. Kon: The Isomerization of Carotenes by Chromatographic Adsorption. II. Neo-α-carotene. Biochemical J. **31**, 1605 (1937).

55. Ginsburg, N. and E. F. Barker: The Infrared Absorption Spectrum of Methyl Deuteride. J. chem. Phys. **3**, 668 (1935).

56. Goldschmidt, V. M.: Geochemische Verteilungsgesetze der Elemente. Norske Vidensk. Selsk. Skr. **1926**.

57. — Crystal Structure and Chemical Constitution. Trans. Faraday Soc. **25**, 253 (1929).

58. van der Grinten, W.: Temperatureinfluß und Verwendung von monochromatischer Strahlung bei der Streuung von Röntgenstrahlen an Tetrachlorkohlenstoffgas. Physik. Z. **34**, 609 (1933).

59. HAMPSON, G. C. and A. J. STOSICK: The Molecular Structure of Arsenious Oxide, $As_4O_6$, Phosphorus Trioxide, $P_4O_6$, Phosphorus Pentoxide, $P_4O_{10}$, and Hexamethylene Tetramine, $(CH_2)_6N_4$, by Electron Diffraction. J. Amer. chem. Soc. **60**, 1814 (1938).

60. HEITLER, W. u. F. LONDON: Wechselwirkung neutraler Atome und homeopolare Bindung nach der Quantenmechanik. Z. Physik **44**, 455 (1927).

61. HENDRICKS, S. B.: The Crystal Structures of Organic Compounds. Chem. Reviews **7**, 431 (1930).

62. HERZBERG, G., F. PATAT u. H. VERLEGER: Rotationsschwingungen im photographischen Ultrarot von Molekülen, die das Wasserstoffisotop der Masse 2 enthalten. II. Das $C_2$HD-Spektrum und der C—C- und C—H-Abstand im Acetylen. Z. Physik **102**, 1 (1936).

63. — — — On the Photographic Infra-red Spectrum of Methylacetylene (Allylene) and the C—C Single Bond Distance. J. physic. Chem. **41**, 123 (1937).

64. — and J. W. T. SPINKS: Absorption Bands of HCN in the Photographic Infra-red. Proc. Roy. Soc. London, A **147**, 434 (1934).

65. HILL, D. W.: The Synthesis and Structure of Benzopyrylium (Chromylium) Salts. Chem. Reviews **19**, 27 (1936).

66. HÜCKEL, E.: Quantentheoretische Beiträge zum Benzolproblem. I. Die Elektronenkonfiguration des Benzols und verwandter Verbindungen. Z. Physik **70**, 204 (1931).

67. — Quantentheoretische Beiträge zum Benzolproblem. II. Quantentheorie der induzierten Polaritäten. Z. Physik **72**, 310 (1931).

68. HUGGINS, M. L.: Atomic Radii. II. Physic. Rev. **28**, 1086 (1926).

69. — Some Significant Results of Crystal Structure Analysis. Chem. Reviews **10**, 427 (1932).

70. INGOLD, C. K. and E. H. INGOLD: The Nature of the Alternating Effect in Carbon Chains. Part V. A Discussion of Aromatic Substitution with Special Reference to the Respective Roles of Polar and Non-polar Dissociation; and a Further Study of the Relative Directive Efficiencies of Oxygen and Nitrogen. J. chem. Soc. London **1926**, 1310.

71. JAMES, H. M. and A. S. COOLIDGE: The Ground State of the Hydrogen Molecule. J. chem. Phys. **1**, 825 (1933).

72. JAMES, R. W.: Über den Einfluß der Temperatur auf die Streuung der Röntgenstrahlen durch Gasmoleküle. Physik. Z. **33**, 737 (1932).

73. KEMP, J. D. and J. EGAN: Hindered Rotation of the Methyl Groups in Propane. J. Amer. chem. Soc. **60**, 1521 (1938).

74. — and K. S. PITZER: The Entropy of Ethane and the Third Law of Thermodynamics. Hindered Rotation of Methyl Groups. J. Amer. chem. Soc. **59**, 276 (1937).

75. KISTIAKOWSKY, G. B., J. R. LACHER, and FR. STITT: The Low Temperature Gaseous Heat Capacities of $C_2H_6$ and $C_2D_6$. J. chem. Phys. **7**, 289 (1939).

75a. KRATKY, O. u. H. MARK: Anwendung physikalischer Methoden zur Erforschung von Naturstoffen: Form und Größe dispergierter Moleküle. — Röntgenographie. Fortschr. Chem. organ. Naturstoffe **1**, 255 (1938).

76. KOSSEL, W.: Über Molekülbildung als Frage des Atombaus. Ann. Physik **49**, 229 (1916).

77. KUHN, R. u. A. WINTERSTEIN: Die Dihydroverbindung der isomeren Bixine und die Elektronen-Konfiguration der Polyene. Ber. dtsch. chem. Ges. **65**, 646 (1932).

78. DE LANGE, J. J., J. M. ROBERTSON, and I. WOODWARD: X-Ray Crystal Analysis of Trans-Azobenzene. Proc. Roy. Soc. London, A **171**, 398 (1939).

79. LANGMUIR, I.: The Arrangement of Electrons in Atoms and Molecules. J. Amer. chem. Soc. *41*, 868 (1919).

80. — Isomorphism, Isosterism and Covalence. J. Amer. chem. Soc. **41**, 1543 (1919).

81. LENNARD-JONES, J. E.: The Electronic Structures of Some Polyenes and Aromatic Molecules. I. The Nature of the Links by the Method of Molecular Orbitals. Proc. Roy. Soc. London, A **158**, 280 (1937).

82. — and C. A. COULSON: The Structure and Energies of some Hydrocarbon Molecules. Trans. Faraday Soc. **35**, 811 (1939).

83. — and J. TURKEVICH: II. The Nature of the Links of Some Aromatic Molecules. Proc. Roy. Soc. London, A **158**, 297 (1937).

84. LEWIS, G. N.: The Atom and the Molecule. J. Amer. chem. Soc. **38**, 762 (1916).

85. LONSDALE, K.: Non-planar Aromatic Molecules. Z. Kristallogr. A **97**, 91 (1937).

86. LUVALLE, J. E. and V. SCHOMAKER: The Electron Diffraction Study of Glyoxal, Dimethylglyoxal, and Oxalyl Chloride. J. Amer. chem. Soc. **61**, Dec. (1939).

87. MACK, E., jr.: The Spacing of Non-Polar Molecules in Crystal Lattices. The Atomic Domain of Hydrogen. A New Feature of Structure of the Benzene Ring. J. Amer. chem. Soc. **54**, 2141 (1932).

88. MULLIKEN, R. S.: Intensities of Electronic Transitions in Molecular Spectra. III. Organic Molecules with Double Bonds. Conjugated Dienes. J. chem. Phys. **7**, 121 (1939).

89. — Intensities of Electronic Transitions in Molecular Spectra. VII. Conjugated Polyenes and Carotenoids. J. chem. Phys. **7**, 364 (1939).

90. PAULING, L.: The Shared-Electron Chemical Bond. Proc. Nat. Acad. Sci. USA. **14**, 359 (1928).

91. — The Nature of the Chemical Bond. Applications of Results Obtained from the Quantum Mechanics and from a Theory of Paramagnetic Susceptibility to the Structure of Molecules. J. Amer. chem. Soc. **53**, 1367 (1931).

92. — The Nature of the Chemical Bond. II. The One-electron Bond and the Three-electron Bond. J. Amer. chem. Soc. **53**, 3225 (1931).

93. — Interatomic Distances in Covalent Molecules and Resonance between Two or More Lewis Electronic Structures. Proc. Nat. Acad. Sci. USA. **18**, 293 (1932).

94. — Note on the Interpretation of the Infra-red Absorption of Organic Compounds Containing Hydroxyl and Imino Groups. J. Amer. chem. Soc. **58**, 94 (1936).

95. — A Theory of the Color of Dyes. Proc. Nat. Acad. Sci. USA. **25**, Nov. (1939).

96. — and L. O. BROCKWAY: A Study of Methods of Interpretation of Electron-Diffraction Photographs of Gas Molecules, with Results for Benzene and Carbon Tetrachloride. J. chem. Phys. **2**, 867 (1934).

97. — — The Radial Distribution Method of Interpretation of Electron Diffraction Photographs of Gas Molecules. J. Amer. chem. Soc. **57**, 2684 (1935).

98. — — Carbon-Carbon Bond Distances. The Electron Diffraction Investigation of Ethane, Propane, Isobutane, Neopentane, Cyclopropane, Cyclopentane, Cyclohexane, Allene, Ethylene, Isobutene, Tetramethylethylene, Mesitylene, and Hexamethylbenzene. Revised Values of Covalent Radii. J. Amer. chem. Soc. **59**, 1223 (1937).

99. — — and J. Y. BEACH: The Dependence of Interatomic Distance on Single Bond-Double Bond Resonance. J. Amer. chem. Soc. **57**, 2705 (1935).

100. — and M. L. HUGGINS: Covalent Radii of Atoms and Interatomic Distances in Crystals Containing Electron-Pair Bonds. Z. Kristallogr. **87**, 205 (1934).

101. PAULING, L. and J. SHERMAN: The Nature of the Chemical Bond. VI. The Calculation from Thermochemical Data of the Energy of Resonance of Molecules among Several Electronic Structures. J. chem. Phys. **1**, 606 (1933).

102. — H. D. SPRINGALL, and K. J. PALMER: The Electron Diffraction Investigation of Methylacetylene, Dimethylacetylene, Dimethyldiacetylene, Methyl Cyanide, Diacetylene, and Cyanogen. J. Amer. chem. Soc. **61**, 927 (1939).

103. — and G. W. WHELAND: The Nature of the Chemical Bond. V. The Quantum Mechanical Calculation of the Resonance Energy of Benzene and Naphthalene and the Hydrocarbon Free Radicals. J. chem. Phys. **1**, 362 (1933).

104. PENNEY, W. G.: The Electronic Structure of Some Polyenes and Aromatic Molecules. III. Bonds of Fractional Order by the Pair Method. Proc. Roy. Soc. London, A **158**, 306 (1937).

105. — and G. J. KYNCH: VI. Phenylethylene, Stilbene, Tolane, and the Phenylmethyl Radical. Proc. Roy. Soc. London, A **164**, 409 (1938).

106. PICKETT, L. W.: An X-ray Study of p-Diphenylbenzene. Proc. Roy. Soc. London, A **142**, 333 (1933).

107. PIERCE, W. C.: The Scattering of X-Rays by the Gaseous Dichlorbenzenes. Physic. Rev. **43**, 145 (1933).

108. — X-Ray Diffraction by Gaseous Benzene Derivatives. J. chem. Phys. **2**, 1 (1934).

109. PITZER, K. S.: Thermodynamics of Gaseous Hydrocarbons. J. chem. Phys. **5**, 473 (1937).

110. ROBERTSON, J. M.: The Crystalline Structure of Anthracene. A Quantitative X-Ray Investigation. Proc. Roy. Soc. London, A **140**, 79 (1933).

111. — The Crystalline Structure of Naphthalene. A Quantitative X-Ray Investigation. Proc. Roy. Soc. London, A **142**, 674 (1933).

112. — and L. O. BROCKWAY: The Crystal Structure of Hexamethylbenzene. J. chem. Soc. London **1939**, 1324.

113. — and I. WOODWARD: A X-Ray Study of the Phthalocyanines. Part III. Quantitative Structure Determination of Nickel Phthalocyanine. J. chem. Soc. London **1937**, 219.

114. — — X-Ray Analysis of the Dibenzyl Series. IV. Detailed Structure of Stilbene. Proc. Roy. Soc. London, A **162**, 568 (1937).

115. — — X-Ray Analysis of the Dibenzyl Series. V. Tolane and the Triple Bond. Proc. Roy. Soc. London, A **164**, 436 (1938).

116. ROUAULT, M.: La structure de la molécule $PCl_5$ par diffraction des électrons. C. R. Acad. Sciences **207**, 620 (1938).

117. SCHÄFER, K.: Zur Kenntnis der inneren Rotation und der Normalschwingungen des Äthans. III. Die statistische Berechnung der Rotationswärme und der Entropie des Äthans. Z. physik. Chem., B **40**, 357 (1938).

118. SIDGWICK, N. V. and E. J. BOWEN: The Structure of Simple Molecules. Ann. Reports chem. Soc. London **28**, 384 (1931).

119. — The Covalency Rule and Atomic Dimensions. Ann. Reports chem. Soc. London **29**, 64 (1933).

120. SCHOMAKER, V.: The Electron-Diffraction Investigation of Phosphorus Pentachloride. J. Amer. chem. Soc. **61**, Dec. (1939).

121. — An Improved Radial Distribution Treatment of Electron Diffraction Photographs. J. Amer. chem. Soc. (to be published).

122. — and L. PAULING: The Electron Diffraction Investigation of the Structure of Benzene, Pyridine, Pyrazine, Butadiene, Cyclopentadiene, Furan, Pyrrole, and Thiophene. J. Amer. chem. Soc. **61**, 1769 (1939).

*123.* **Schomaker**, V. and D. P. **Stevenson**: The Electron Diffraction Investigation of the Molecular Structures of Meso and Racemic 2,3-Dibromobutane. J. Amer. chem. Soc. **61**, Nov. (1939).
*124.* — — The Electron-Diffraction Study of Methyl Alcohol. J. Amer. chem. Soc. (to be published).
*125.* — — The Comparison of Results of Electron Diffraction and Spectroscopic Studies of Methane, Oxygen, Nitrogen, Chlorine, Bromine, Iodine, and Carbon Dioxide. J. Amer. chem. Soc **61**, Dec. (1939).
*126.* **Schrödinger**, E.: Quantisierung als Eigenwertproblem. Ann. Physik **79**, 489 (1926).
*127.* **Slater**, J. C.: Directed Valence in Polyatomic Molecules. Physic. Rev. **37**, 481 (1931).
*128.* **Stevenson**, D. P. and J. Y. **Beach**: The Electron Diffraction Investigation of the Molecular Structures of Hydrogen Disulfide, Dimethyl Disulfide and Sulfur Dichloride. J. Amer. chem. Soc. **60**, 2872 (1938).
*129.* — — The Molecular Structure of *tert.* Butyl Alcohol. J. Amer. chem. Soc. (to be published).
*130.* — H. D. **Burnham**, and **Verner Schomaker**: The Molecular Structure of Acetaldehyde. J. Amer. chem. Soc. **61**, 2922 (1939).
*131.* — J. E. **Luvalle**, and V. **Schomaker**: The Structure of Formaldehyde from Electron Diffraction. J. Amer. chem. Soc. **61**, 2508 (1939).
*132.* **Stitt**, F.: Infra-Red and Raman Spectra of Polyatomic Molecules. VII. $C_2D_6$. J. chem. Phys. **7**, 297 (1939).
*133.* **Sutton**, L. E. and L. O. **Brockway**: The Electron Diffraction Investigation of the Molecular Structures of (1) Chlorine Monoxide, Oxygen Fluoride, Dimethyl Ether and 1,4-Dioxane and of (2) Methyl Chloride, Methylene Chloride, and Chloroform, with Some Applications of the Results. J. Amer. chem. Soc. **57**, 473 (1935).
*134.* **Thiele**, J.: Zur Kenntnis der ungesättigten Verbindungen. I. Theorie der ungesättigten und aromatischen Verbindungen. Liebigs Ann. Chem. **306**, 87 (1899).
*135.* **Thompson**, H. W.: The Structure of Ethylene. Trans. Faraday Soc. **35**, 697 (1939).
*136.* — and J. W. **Linnett**: Force Constants and Molecular Structure. Part V. The Relation between Force Constant and Bond Length. J. chem. Soc. London **1937**, 1396.
*137.* — — Force Constants and Molecular Structure. Part VI. Compound Containing the Cyanide Link. J. chem. Soc. London **1937**, 1399.
*138.* **Thompson**, G. P. and A. **Reid**: Diffraction of Cathode Rays by a Thin Film. Nature (London) **119**, 890 (1927).
*139.* **Wierl**, R.: Elektronenbeugung und Molekülbau. I. Ann. Physik **8**, 521 (1931); II. Ann. Physik **13**, 453 (1932).
*140.* **Wulf**, O. R. and U. **Liddel**: Quantitative Studies of the Infra-red Absorption of Organic Compounds Containing NH and OH Groups. J. Amer. chem. Soc. **57**, 1464 (1935); and later papers.
*141.* **Zechmeister**, L., L. v. **Cholnoky** u. A. **Polgár**: Isomerisierung des Zeaxanthins und Physaliens. Ber. dtsch. chem. Ges. **72**, 1678 (1939).
*142.* — and P. **Tuzson**: Isomerization of Carotenoids. Biochemical J. **32**, 1305 (1938).
*143.* — — Umkehrbare Isomerisierung von Carotinoiden durch Jod-Katalyse. Ber. dtsch. chem. Ges. **72**, 1340 (1939).

*(Received, August 26, 1939.)*

# Namenverzeichnis.

Die *kursiv gedruckten* Ziffern beziehen sich auf die Literaturverzeichnisse.

# Sachverzeichnis.